Nicole Hoefs, Petra Führmann

Auf Hundepfoten durch die Jahrhunderte

Kulturgeschichten rund um den Hund

Marito carissimo.
Tibi pro amore et auxilio in omnibus rebus,
quas ago, gratias maximas.

Nicole Hoefs
Petra Führmann

Auf Hundepfoten durch die Jahrhunderte

Kulturgeschichten rund um den Hund

KOSMOS

INHALT

WIE ALLES (ODER DOCH SO MANCHES) BEGANN

Über die Bedeutung des Hundes gibt es zu allen Zeiten viel zu staunen – mit wunderbarer Selbstverständlichkeit finden wir ihn in alle nur erdenklichen Lebensbereiche integriert. Er erscheint als Begleiter himmlischer übersinnlicher Kräfte ebenso wie, mal verachtet, mal privilegiert, an der Seite höchst irdischer Mächte; wir begegnen ihm im friedlichen Alltag und als Teilnehmer an verheerenden Kriegen. Bei all dem ist er stets Spiegel der Lebenswelten und Anschauungen des Menschen und auf das Engste mit dessen Schicksal verbunden. Der gemeinsame Weg von Mensch und Hund beginnt in grauer, kalter Vorzeit, führt durch die Landmarken der uns schon vertrauteren alten Griechen und Römer, in deren kulturellen Wiegen der Hund schon ein erstaunlich bequemes Plätzchen findet, schlängelt sich durch das steinige Mittelalter über keineswegs immer bequeme Pfade der Neuzeit bis in die Gegenwart. Begleiten wir ihn auf seinen Etappen durch die Jahrhunderte – los geht's.

An einem Wohnplatz unserer Vorfahren *Homines erecti* bei Peking fanden Forscher Knochenreste einer kleinen Wolfsform. Eine halbe Million Jahre, so stellte sich heraus, waren diese Überreste des Hundestammvaters alt. Der Fund blieb kein Einzelfall und man weiß: Der Wolf ist in der Nähe altsteinzeitlicher Menschen, wie etwa bei den Mammutjägern Osteuropas, regelmäßig anzutreffen. Doch was fingen diese frühen Menschen mit den Wölfen an? Waren sie ihnen Freund oder Feind?

Der *Homo erectus* und auch der Neandertaler werden mitunter recht einseitig als verhaltensmäßig den Affen ähnliche Wesen beschrieben: opportunistisch, nur auf den eigenen Vorteil bedacht und in Eintracht höchstens mit genetisch engen Verwandten lebend. Irgendwann aber müssen diese frühen Menschen oder ihre Nachfolger zu einer Form der sozialen Intelligenz gefunden haben, die es ihnen ermöglichte, in immer größeren Gruppen zusammenzuleben und einander von Nutzen zu sein. Wo nahm der spätere *Homo sapiens* diese Fähigkeiten her? Waren sie, wie einige Forscher vermuten, schon lange im Menschen angelegt? Oder kann man anderen Glauben schenken, die eine äußerst erstaunliche Antwort geben: Eine bereits seit hunderttausend Jahren existierende Koevolution von Caniden und Hominiden sei verantwortlich dafür, dass der anatomisch moderne Mensch auch zum ethisch modernen Menschen werden konnte. Von den Hundeartigen habe der Mensch das Soziale gelernt und sich im Laufe der Zeit an deren Verhaltensweisen angepasst. Hat also der Hund den Menschen domestiziert und gar nicht umgekehrt? Ja geradezu kultiviert und zu dem gemacht, was ihn noch heute auszeichnet?

Eine schöne Vorstellung und ernsthaft diskutierte Theorie, und doch ist der Hund an der Seite des Menschen vor 100 000 Jahren durch Knochenfunde noch nicht nachweisbar und der Wolf in Menschennähe diente zunächst mit hoher Wahrscheinlichkeit vor allem der Fleisch- und Fellgewinnung. Vor etwa 27 000 Jahren aber, in der letzten Eiszeit, beginnen sich tatsächlich die Anzeichen für eine Zähmung von Wölfen, deren Verbreitungsgebiete Eurasien mit Ausnahme der tropischen Gebiete, die Arabische Halbinsel und später Nordamerika waren, zu mehren, was man an domestikations- bzw. zähmungsbedingten Zahnveränderungen der Tiere ziemlich zweifelsfrei ablesen konnte. Der eigentlichen Haustierwerdung ging also offenbar eine lange Phase der Wolfszähmung voraus, an deren Ende der Hund als ältestes Haustier der Menschheit stand – einer Menschheit, die selbst noch gar nicht sesshaft war und in Jäger-und-

Sammler-Gemeinschaften dem sich verändernden Nahrungsangebot ihrer Umwelt hinterherziehen musste. Da eine Zähmung nur in den ersten Wochen nach der Geburt überhaupt möglich ist, wurden wohl sehr junge Tiere, deren Eltern man vielleicht getötet hatte, von den Streifzügen mit nach Hause genommen und dort aufgezogen. Jungtiere aller Arten aufzunehmen, bis zur Geschlechtsreife zu behalten und zu dulden, scheint dabei gar nichts Ungewöhnliches gewesen zu sein, sondern eine Verhaltensweise, die mit der hohen Kindersterblichkeit zusammenhängen könnte. Kinder waren bei und direkt nach der Geburt sowie in der Phase des Abstillens stark gefährdet, wenn die sterile und optimal zusammengesetzte Muttermilch durch die übliche Nahrung ersetzt wurde. Die Aufnahme und Aufzucht eines jungen hilfsbedürftigen Wolfswelpen nach einem solchen Verlust ist jedenfalls nachvollziehbar und plausibel.

Bei den erfolgreichen Mammutjägern Osteuropas dürften Wölfe in Zeiten eines entsprechenden Nahrungsangebotes auch kaum als Konkurrenten empfunden worden sein, sondern waren wahrscheinlich als Aas- und Abfallvertilger sogar gern gesehen, was aber keineswegs für andere Jäger-und-Sammler-Gruppen zu anderen Zeiten gelten muss. Ob die Unterstützung bei der Jagd eine weitere Ursache der Annäherung war? Ein sinnvoller jagdlicher Einsatz verlangt eigentlich entsprechend angepasstere Tiere, als es die ersten gezähmten Wölfe gewesen sein können, und zumindest für die Jäger der Mammuts im Osten bestand wahrscheinlich gar keine Notwendigkeit, einen wie auch immer gearteten Jagdeinsatz von Wölfen zu erwägen.

Als Jagdgehilfe scheint tatsächlich erst der Hund eine bedeutende Rolle gespielt zu haben, als sich nämlich in der frühen Nacheiszeit nach 10 000 v. Chr. der Wald immer weitere Gebiete zurückeroberte und der Sichtjäger Mensch eines Helfers bedurfte, dessen Fähigkeiten auch weiterhin Jagderfolge sicherten.

Dass sich aber zunächst einmal ausgerechnet der Wolf und kein anderes Wildtier an der Seite des Menschen durchsetzen konnte, hat überaus gute Gründe. Seine Verhaltensähnlichkeiten prädestinieren ihn wie kein anderes Lebewesen zum Gefährten von Anbeginn. Um sein Überleben zu sichern, ist er durch die Größe der Beutetiere zur gemeinschaftlichen Jagd gezwungen. Dies erfordert neben einer Arbeitsteilung die unbedingte Entwicklung und Aufrechterhaltung sozialer Strukturen, gegenseitige Fürsorge und Verständigung. Wölfe leben in Langzeitmonogamien, die Jungenpflege und -betreuung wird vom ganzen Rudel übernommen, sie haben außerordentliche kommunikative Fähigkeiten, die der ganzen Gruppe dienen, und in jungen Jahren ein hohes Spielbedürfnis. Erst diese vielen Übereinstimmungen machten überhaupt möglich, was man Domestikation nennt und an deren Ende der Hund steht, der den Menschen nun nicht wieder verlassen wird.

Als ältester Beleg für die Anwesenheit eines Hundes gilt zurzeit ein 14 000 Jahre altes Grab, das man in der Nähe von Bonn fand. Einen etwa 50-jährigen Mann und eine 20- bis 25-jährige Frau hatte man dort gemeinsam bestattet – und ihnen Tiere mit ins Grab gegeben, von denen sich eines eindeutig als Hund entpuppte. Was mag zu Lebzeiten die Aufgabe dieses Hundes gewesen sein? Verschaffte sich sein noch immer nicht sesshafter Besitzer bei der Jagd durch den Spürsinn des Tieres einen entscheidenden Überlebensvorteil? Aus der Epoche, in der der Mann und die Frau gelebt hatten, finden sich noch weitere archäologische Hundefunde bei Jäger und Sammler-Gruppen, was für diese These spricht. Doch nicht alle Funde können eindeutig zugeordnet werden, und völlig zweifelsfrei vom Wolf zu unterscheiden, tritt der Hund in größerer Zahl schließlich in der Nacheiszeit, also nach 10 000 v. Chr., auf.

Ob der Prozess von der Zähmung zur Domestikation an mehreren Stellen der Erde unabhängig voneinander stattfand oder ein einmaliges, sich sodann über die ganze Welt verbreitendes Phänomen war, ist bis heute strittig. Als die Menschen aber je nach Region zwischen 10 000 und 5 000 v. Chr. endlich sesshaft wurden, war der

Hund bereits weitverbreitet und seine Formenvielfalt nahm nun deutlich zu, was offenbar in Zusammenhang mit einer breiteren Übertragung von Aufgaben steht. Dennoch sind auch aus dieser Zeit, etwa von Dänemarks Küste, Knochenfunde bekannt, die auf eine primäre Nutzung der Tiere als Nahrung weisen, wie man sie noch heute bei nordischen Jägergruppen kennt, die ihre Hunde, zumindest in Zeiten großer Not, essen. Trotzdem bleibt generell die Haltung zur Ernährung oder Einkleidung des Menschen unwahrscheinlich und eine Randerscheinung, die kaum als Auslöser für den späteren Siegeszug um die ganze Welt gelten kann. Als Vertilger von Aas, Knochen und Abfällen hingegen dürften sie eine ähnlich wichtige Funktion gehabt haben wie die ersten Wölfe in Menschennähe. Ein Grab aus der Zeit um 10 000 v. Chr. deutet genauer in die heute so vertraute Richtung: Einen alten Menschen hatte man hier bestattet und ihm einen etwa drei bis fünf Monate alten Welpen mit auf seine letzte Reise gegeben. Es ist nicht zweifelsfrei geklärt, ob das junge Tier noch Wolf oder schon Hund ist. Dass es aber überhaupt in den Bestattungskult miteinbezogen wurde, legt eine besondere Mensch-Tier-Verbindung nahe und vor allem die Pose des Verstorbenen spricht für eine emotionale Beziehung:

> Seine Hand ruht auf dem Körper des Welpen –
> der wahrscheinlich allein ausschlaggebende
> Keim für Zähmung, Domestikation, Hinwendung
> und eine lange gemeinsame Geschichte.

GEFÄHRTE IM ALTERTUM

Argos, der alte Jagdhund des Odysseus, hatte bessere Tage gekannt. Einst jagte er Ziegen, Hasen und Hirsche, kein Tier war seinem Spürsinn, seiner Kraft und Schnelligkeit entkommen. Nunmehr jedoch verbringt er seine Tage liegend auf einem Misthaufen vor dem Palast seines abwesenden Herren, vergessen von seiner Umgebung, schwach, räudig, nahezu blind und von Ungeziefer zerfressen. Zehn Jahre hatte der Kampf um Troja gedauert, in dem Odysseus an der Seite Achilles' gekämpft hatte, und zehn weitere lange Jahre hatte der König von Ithaka bekanntlich durch die Welt irren müssen. Sämtliche, ihm nach dem Krieg noch verbliebene Kameraden hatte er auf dem verlustreichen Weg nach Hause verloren und war dabei selbst dem Tode in vielerlei Gestalt immer wieder knapp entronnen. Nicht der Zorn der Götter, nicht weibliche Verlockungen noch die Aussicht auf ewige Jugend, die ihm Kalypso versprach, hatten ihn von seinem Ziel, die Heimat und seine Frau Penelope wiederzusehen, abbringen können. Um die 120 Fürsten zu überlisten, die seine standhafte Frau umlagern, nähert er sich seinem Hof, verkleidet als Bettler in schmutzigen Fetzen. Niemand erkennt ihn, nicht der treue alte Schweinehirt des Palastes, Eumaios, nicht der eigene Vater, nicht der Sohn Telemach und auch nicht Penelope.

Allein Argos ist es, der seinen heimgekehrten Herren nach zwanzigjähriger Abwesenheit trotz äußerlicher Tarnung sofort erkennt: Als er Odysseus bemerkt, wedelt er mit dem Schwanz und senkt die Ohren, auf seinen Herrn zuzugehen aber, hat er die Kraft nicht mehr.

Und Odysseus, dem weitgereisten und leidgeprüften Krieger und Fürsten Ithakas, treibt es beim Anblick seines Hundes Tränen in die Augen. »Den Argos aber umfing, gleich nachdem er Odysseus erkannt im zwanzigsten Jahr, des dunklen Todes Verhängnis.«

WO DER HUND ÜBERALL ZU HAUSE WAR ...

Wie hätte man eine lang ersehnte Rückkehr nach Hause bewegender darstellen können, als durch die Reaktion eines alten, geliebten Hundes, der sich, anders als seine Umgebung, nicht von seines Herren äußerer Erscheinung täuschen lässt und trotz seines hohen Alters den tot geglaubten Besitzer wiedererkennt. Dass diese Szene auf so vielen Edelsteinen, Reliefs und Münzen dargestellt wurde, zeigt, wie lehrreich für das Wesen des Hundes man sie empfunden haben muss. Und egal, wie viel Zeit vergangen sein mag, seit Homer die Odyssee verfasste, das Verhalten des Hundes dürfte dem Zuhörer und Leser heute wie damals gleich verständlich sein. Denn diese Schilderung zeigt, worüber sich zeitübergreifend alle Beobachter dieses alten Freundes des Menschen einig sind: sein scharfes Unterscheidungsvermögen und vor allem seine hohe Bindungsbereitschaft und -fähigkeit, die ihn vor allen anderen domestizierten Tieren auszeichnen:

Argos spiegelt ein zeitübergreifendes Verständnis vom Hund.

Doch diese uns so vertraute Rolle ist nur ein Bereich im alltäglichen Leben alter Welten, in dem Hunde ganz selbstverständlich ihren Platz hatten. Zu den markantesten Unterschieden, die das Leben eines Hundes in der Antike prägten, gehört, dass den Tieren damals eine wesentlich umfangreichere Bedeutung als heute zukam! Diese vergangene Welt band nämlich auch den Hund in Bereiche mit ein, die heute auf den ersten Blick fremd und unverständlich scheinen.

Neben seiner Rolle als Freund und Begleiter besaß der Hund seine Funktion in der Arbeitswelt der damaligen Menschen, in der Muße und Unterhaltung, im Bereich der Religion, etwa des Totenkultes sowie überhaupt innerhalb kultischer und magischer Zeremonien. Auch als Wächter, Jäger, im Krieg und bei öffentlichen Schaukämpfen hatte er seinen Platz. Das nicht selten widersprüchliche Bild, das man sich von ihm machte, war dabei – ganz ähnlich wie heute – häufig von menschlichen Projektionen und Wunschvorstellungen bestimmt.

EINE RASSIGE VIELFALT

Die Beliebtheit von Hunden spiegelte sich in einer ungeheuren Rassevielfalt, die man damals kannte. Wie in der Gegenwart schmückte man sich gern mit einheimischen, aber auch importierten Rassehunden, sofern man es sich leisten konnte. Bereits Aristoteles, der berühmte griechische Philosoph, unterschied eine große Anzahl an Rassen, die man nach dem Land oder der Stadt benannte, aus der sie ursprünglich kamen. Man scheint wenig Hemmungen gekannt zu haben, verschiedene Rassen miteinander zu kreuzen, sofern man sich davon eine Verbesserung bestimmter Eigenschaften versprach, wozu man sich heute, zweitausend Jahre später, nur sehr selten überwinden kann.

Eines ausgezeichneten Rufes erfreuten sich bei Griechen wie Römern gleichermaßen doggenartige Hunde asiatischer Herkunft, über die die sagenhaftesten Erzählungen kursierten, wobei die von den alten Schriftstellern als indische Hunde bezeichneten Tiere immer wieder hervorgehoben und gerühmt werden. Sie müssen unvergleichlich groß gewesen sein und ihre außerordentliche Kühnheit glaubte man sich zuweilen nur aus einer ursprünglichen Verbindung zwischen einem Tiger und einer Hündin erklären zu können. So hieß es über diese Hunde, die wohl vorwiegend zur Jagd und zum

Kampf eingesetzt wurden, sie verachteten es, sich mit einem unebenbürtigen Gegner einzulassen, griffen dagegen die stärksten Keiler, Stiere, Bären, Löwen und sogar Elefanten mit wilder Kühnheit an, und was sie einmal mit ihren Zähnen gepackt hätten, ließen sie nicht wieder los. In ihrer asiatischen Heimat müssen sie mit Eifer gezüchtet und in großen Meuten gehalten worden sein. Die dortigen Machthaber schätzten sie wohl sehr. Es wird berichtet, dass vier Dörfer für ihren Unterhalt zu sorgen hatten, dafür aber immerhin von weiteren, für alle anderen Untertanen üblichen Abgaben an den König befreit waren. Alexander der Große soll, wie man sich immer wieder erzählte, einst angeblich folgende Probe von der Stärke dieser Tiere erhalten haben: Man ließ zuerst einen Hirschen los, und der Hund verhielt sich ruhig, dann ein Schwein und schließlich einen Bären, der Hund aber blieb unbewegt. Als endlich ein Löwe losgelassen wurde und der Hund ihn erblickte, durchdrang ihn der Zorn, als ob ihm erst jetzt ein wahrer Gegner vor die Augen gekommen sei. Er packte ihn mit aller Kraft und hielt ihn selbst dann noch fest, als man begann, dem bedauernswerten Hund nacheinander alle Gliedmaßen abzuhauen, um dessen außerordentliche Tapferkeit unter Beweis zu stellen. Ähnlich Sagenhaftes erzählte man über die albanischen und hyrkanischen Rassen, die ebenfalls doggenartig gewesen sein müssen. Von den Hyrkaniern übrigens, einem alten Volksstamm am Kaspischen Meer, berichtet Cicero, sie ließen ihre Toten nicht beerdigen, sondern von großen Hunden zerreißen und hielten diese Hunde sogar eigens zum Zweck der Leichenbeseitigung auf Staatskosten, was eine der ältesten Bestattungsformen überhaupt darstellt. Und Plinius, der bei dem dramatischen Ausbruch des Vesuvs im Jahre 79 n. Chr. ums Leben kam, kannte von der albanischen Rasse eine ähnlich charakteristische Geschichte wie die bereits erwähnte: Der König von Albanien schenkte Alexander dem Großen zwei Hunde dieser Rasse. Der erste verschmähte den Kampf gegen Bären, sodass Alexander, erbittert über die angebliche Trägheit des Tieres, dieses töten ließ. Der zweite, den der albanische König mit der

Bemerkung geschenkt hatte, es gäbe seinesgleichen nicht mehr, überwand erst einen Löwen und brachte dann durch äußerst geschickten Angriff einen Elefanten zu Fall. Es soll ein für alle Zuschauer unvergesslicher Anblick gewesen sein, wie der Hund unter drohendem Bellen und mit borstig gesträubtem Haar den an Größe und Kraft weit überlegenen Gegner derart einzuschüchtern und zu ermüden verstand, dass dieser dröhnend zu Boden stürzte.

Es ist hier gar nicht wichtig, ob sich diese Ereignisse genauso zugetragen haben oder nicht, denn mit Erzählungen der geschilderten Art wollte man in erster Linie die Tapferkeit dieser Hunde preisen und zeigen, dass sie einer so großen Persönlichkeit wie Alexander des Großen unbedingt würdig waren und dass man selbst als Erzähler einen anderen an Fabulierkunst übertreffen konnte, um noch mehr zu beeindrucken. Dennoch erfahren wir bei allen Abstrichen viel: Für Fähigkeiten der geschilderten Art empfand man offenbar große Achtung und sie dürften den beschriebenen tatsächlich recht nahegekommen sein, denn anders ist die Verbreitung und Lebensdauer solcher Erzählungen schwerlich zu erklären.

Die ebenfalls bekannte und beliebte assyrisch-babylonische Dogge muss der sogenannten indischen recht ähnlich gewesen sein. Reliefs eines babylonischen Herrscherpalastes aus dem 7. Jahrhundert v. Chr. geben ein Bild von ihrem Äußeren, welches sich in einigen heute noch verbreiteten Rassen auffallend spiegelt: lang gestreckte muskulöse Körper, massive Köpfe, eine auffällige Stärke des Nackens und herabhängende, faltige Gesichtshaut. Neben dem glatthaarigen Typ soll es sogar einen bemähnten gegeben haben. Des Weiteren schätzte man unter den griechischen und italischen Jägern die lydische Rasse ganz außerordentlich, die aus dem kleinasiatischen Raum stammte und bei der Großwildjagd Verwendung fand. Der Besitzer einer solchen Hündin namens Lydia, die ihr Leben im Kampf mit einem Eber verloren hatte, war über diesen Verlust offenbar so erschüttert, dass er dem Andenken des Tieres ein Denkmal über den Tod hinaus setzen wollte. Lydia erhielt ein eigenes Grab mitsamt Inschrift, welche in poetischer Form ihre Vorzüge preist und von der Art ihres Todes erzählt:

> »Aufgewachsen bin ich unter den Dompteuren des Amphitheaters, ein Jagdhund, in den Wäldern grimmig, doch possierlich daheim ... Nicht hat mich die Länge meiner Lebenszeit, nicht das nutzlose Alter dahingerafft ... Vom blitzenden Hauer eines schäumenden Ebers wurde ich erledigt ... Nicht beklage ich mich, wenngleich ich rasch ins Schattenreich entführt wurde. Nicht hätte ich eines edleren Todes sterben können.«

Ihrem Besitzer war dabei das Beste offenbar gerade gut genug, denn diese Inschrift verfasste nicht irgendwer, sondern Marcus Valerius Martialis, der bedeutendste Epigrammatiker des kaiserzeitlichen Rom.

Vom afrikanischen Kontinent waren bei den Griechen und Römern vor allem Windhunde und die aus ihnen gezüchteten Jagdhunde, die sich in zahlreichen Schlägen in alle Ecken der antiken Welt verbreiteten, bekannt und begehrt. In einigen Gebieten ihrer zumeist ägyptischen Heimat muss diesen edlen Tieren eine ungeheure, zum Teil sogar göttliche Verehrung zugekommen sein und von tributpflichtigen Völkern ließ man sich zuweilen Hunde anstelle von Naturalien geben, sofern diese Untertanen Hunde hatten, die einen hohen Stellenwert besaßen. Trat in Ägypten die alljährlich stattfindende Nilschwemme ein, für die man das Erscheinen des Hundssternes am Himmel verantwortlich machte und die dem Land Fruchtbarkeit und Wohlergehen schenkte, so kam den Hunden besondere Achtung und Aufmerksamkeit zu und es heißt, sie hätten dann sogar am Tisch ihrer Besitzer Platz nehmen und mitspeisen dürfen, was aber wohl nur den edlen Windhunden galt. In vielen ägyptischen Grabkammern auch der ältesten Herrscherdynastien finden sich Darstellungen dieses hochbeinigen, extrem schlanken Hundes mit schmal zulaufendem Fang, stehenden Ohren und geringelter Rute, wobei er oft vom Menschen an Koppeln geführt oder Antilopen hetzend gezeigt wird. Verstarb ein solcher Hund, so sollen die menschlichen Hausgenossen regelrechte Trauerrituale vollzogen haben. Die im Haus befindlichen Speisen ließ man unberührt, schor sich am ganzen Leib und begrub das einbalsamierte Tier in geweihten Grüften, wovon der Vater der antiken griechischen Geschichtsschreibung, Herodot, zu berichten wusste, und Plinius hält ungeheuer Verblüffendes über die, wie man heute sagen würde, verhaltensökologische Anpassungsfähigkeit der ägyptischen Windhunde fest:

> »Von ihrer Klugheit zeugt der Umstand, dass sie aus Furcht vor den zahlreichen Krokodilen ihren Durst am Nil nie stehend, sondern immer im eiligen Lauf stillten.«

Die berühmtesten Hunde des alten Ägypten sind sicherlich die fünf Hunde des Königs Antef II., der um 2070 vor unserer Zeitrechnung herrschte und sich mit diesen namentlich auf seinem Grabstein verewigen ließ.

Das durch beständige Eroberungen und Kriegszüge immer weiter wachsende Römische Reich brachte die Römer mit Rassen der nördlichen Provinzen des Imperiums in Berührung, die sich schnell entsprechender Beliebtheit erfreuten. Großen Eindruck müssen dabei die gallischen Hunde hinterlassen haben, die als besonders gute Jagdhunde und Hasenfänger gerühmt wurden und von denen es hieß:

> »Die Besten sehen am schlechtesten aus.«

Flink, kampfeslustig und bissig sollen sie gewesen sein, mit langen, zugespitzten Schnauzen, breiter Brustpartie, muskulösen Schenkeln und dünnen Ruten mit Haarbüscheln am Ende. Seit der Eroberung

Britanniens kannte man in Rom die sogenannten britannischen Bullenbeißer, kleinere, aber ungemein wendige und kräftige Hunde, die als vorzügliche Fährtensucher derart beliebt wurden, dass man sie zu importieren begann. Ihre gewaltigen Klauen und Zähne sowie die vorherrschende Überzeugung, sie seien stark genug, einem Stier das Genick zu brechen, führten dazu, dass man sie auch als Kämpfer gegen Gladiatoren und Tiere in Arenen einsetzte.

Der kriegerische Kontakt mit dem germanischen Volksstamm der Kimbern im 2. Jahrhundert v. Chr. ließ die Römer auch die Kampfeskraft ihrer Hunde kennenlernen. Beeindruckt wurde berichtet, man habe, nachdem die eigentliche Schlacht gegen die Kimbern schon gewonnen war, noch eine zweite führen müssen, und zwar gegen die treuen Hunde des Stammes, die die Wagenburgen, hinter denen sich Frauen und Kinder verschanzt hatten, auf das Hartnäckigste verteidigten. Die Wertschätzung, der sich Hunde aus dem Ausland erfreuten, führte in der griechisch-römischen Welt keineswegs zu einer Abwertung einheimischer Rassen – im Gegenteil. Plutarch, ein griechischer Schriftsteller des ersten nachchristlichen Jahrhunderts, rühmt die europäischen Rassen mit den folgenden Worten und lobt – wie würde man es von einem antiken Autoren anders erwarten – rhetorisch geschickt das eigene Volk gleich mit:

> »Wenn auch die europäischen Rassen an Größe und Wildheit den asiatischen nachstehen, sind sie ihnen an Mut zumindest ebenbürtig, wenn nicht gar überlegen. Wie kein anderes Tier passt sich der Hund dem Menschen an. Die Erfahrung lehrt, dass die Hunde eines gebildeten Volkes besonders klug und gelehrig sind, ja dass sich geradezu die Eigentümlichkeit des Charakters ihrer Herren in ihnen widerspiegelt.«

Die antiken Autoren, die sich über den Hund äußerten und hier häufiger zitiert werden, sollte man keinesfalls für No-Names halten: Persönlichkeiten von höchstem Rang waren es, die in der Antike auch den Hund zum Gegenstand ihrer Betrachtungen und Untersuchungen machten, was das Beispiel Plutarchs belegt: Er war ein Schriftsteller von großer Bekanntheit und umfangreichem Œuvre, der sowohl politisch als auch schriftstellerisch tätig war und Funktionen in religiösen Ämtern wahrnahm. Vorbildhaft war er stets bemüht, seine Leser zur allein beglückenden sittlichen Lebensführung durch Kultivierung der Leidenschaften zu bewegen, wozu ebenso das richtige Verhalten und Verständnis für das Lebewesen gehört. Stets rang er um Selbstvervollkommnung, um Freundes- und Menschenliebe, und die Politik war für ihn selbstverständlich eine Disziplin, die unter die Ethik fällt.

Doch zurück zum Hund. In ihrer Beliebtheit allen voran schritten die molosserartigen Hunde Griechenlands, deren Ursprung sehr wahrscheinlich auf asiatische Doggen zurückzuführen ist oder zumindest auf Einkreuzungen derselben. Antike Abbildungen zeigen zwei Typen: den bullenbeißerähnlichen Typ mit stark verkürztem Fang, tief hängenden Lefzen und kurzen Ohren und den ebenfalls äußerst kräftig gebauten Hund mit längerer Schnauze und einer stärkeren Hals-, Brust- und Hinterschenkelbehaarung. Gelobt wird immer wieder ihr Geruchssinn, ihre Wildschärfe, ihre Bissigkeit gegen Fremde und weithin schallende Stimme, ihre gewaltige Größe, Schönheit, Treue und ihr Mut. Und auch bei den Molossern trifft man auf das häufig zu beobachtende antike Phänomen, dass die Schriftsteller ihre Verskunst auf den Hund anwenden, so etwa der Römer Lucretius aus dem 1. Jahrhundert v. Chr.:

»Wird die molossische Dogge gereizt
und öffnet sie leise/
Knurrend die hängenden Lefzen
und bleckt die gewaltigen Zähne,/
Klingt ihr verhaltener Zorn weit anders,
als wenn sie nun endlich/
Lautes Gebell aufschlägt, dass es schallt
und die Ohren uns gellen./
Wenn sie dann eifrig die Jungen beleckt
mit zärtlicher Zunge/
Oder im Spiel mit den Tatzen sie rollt
und mit Bissen sie anfällt,/
Sie mit Verschlingen bedroht,
indes in der Tat sie nur Scherz treibt,/
Tönt ihr schmeichelnd Geknurr ganz anders,
als wenn sie zu Hause/
Hinter verschlossener Tür aufheult
und als wenn sie den Schlägen/
Jämmerlich winselnd entflieht,
indem sie am Boden sich fortdrückt.«

Diese hoch geschätzten Hunde müssen äußerst vielseitig gewesen sein, denn ihre Einsatzfelder waren es ebenso. Zu Repräsentationszwecken wurden sie von Königen und reichen Privatleuten gehalten, als begehrte Beschützer und Wächter von Haus und Hof kamen sie in der Stadt und auf dem Land zum Einsatz, und die Griechen ließen Frauengemächer von ihnen bewachen. Als Hirten- und Haushunde sollen sie allen anderen Rassen weit überlegen gewesen sein, und ihr Einsatzwille machte sie in raubtierreichen Gegenden zu einem unübertrefflichen Schutzhund der Viehherden.

Von der alten griechischen Welt bis weit in die späte römische Kaiserzeit hinein waren die spartanischen oder auch lakonisch genannten Rassen unter den Jagdhunden die weitaus bekanntesten und beliebtesten. Stark verbreitet galten sie als der ideale Gefährte des Jägers. Wie der Name schon sagt, hatten sie ihren Ursprung in und um Sparta, wo es in Anpassung an die gemeinschaftliche Gesellschafts- und Lebensform der Spartaner eine regelrechte Verstaatlichung der Hunde gegeben hat. Alle Bürger Spartas waren zur Jagd verpflichtet, und wer auf die Jagd gehen wollte, aber keinen eigenen Hund besaß, konnte sich einen aus den dort existierenden Gemeindeställen holen, in denen die Tiere lebten und versorgt wurden. Einstmals soll sich der spartanische Gesetzgeber Lykurg das Interesse für die Jagdhunde zunutze gemacht haben, um die Bürger Spartas über den Sinn und Zweck von Erziehung zu belehren: Dazu nahm er zwei Welpen aus einem Wurf und zog sie auf unterschiedliche Weise auf, sodass der eine ein gefräßiges Leckermaul, der andere aber ein geschickter Jagd- und Spürhund wurde. Und als die Spartaner wieder einmal versammelt waren, sagte er zu ihnen:

> »Ihr Männer von Sparta, wie großen Einfluss Erziehung, Ausbildung und Training für den Erwerb der Tüchtigkeit haben, das will ich euch jetzt gleich vor Augen führen.«

Darauf führte er die beiden Hunde vor, brachte sie direkt vor eine Futterschüssel und einen Hasen und ließ sie los. Da jagte der eine sogleich dem Hasen nach, der andere aber stürzte sich auf die Futterschüssel. »Diese beiden Hunde«, erklärte Lykurg, »stammen von denselben Eltern aus einem Wurf; sie haben aber eine ganz unterschiedliche Erziehung gehabt, und so ist der eine auf Leckerbissen aus, der andere aber ist ein Jäger geworden.«

Die spartanischen Hunde wurden derart geschätzt, dass oft auch anderen Jagdhunden der Name Lakoner beigegeben wurde, um sich mit ihrem Ruhm zu schmücken. Die Lakoner waren mittelgroß und im Vergleich zu den doggen- und molosserartigen Hunden schmächtig, hatten kurzes, glattes Fell, kleine spitze Ohren und eine nach oben gebogene Rute. Von diesem so unspektakulär klingenden

Äußeren ließ man sich in der alten Welt offenbar nicht täuschen und schätzte stattdessen die den Lakonern typische Schnelligkeit, ihren großen Spürsinn, der sie auch im tiefsten Dickicht nie die Spur des Wildes verlieren ließ, und ihre Fähigkeit, sich anzuschleichen, ohne dabei auch nur den geringsten Laut von sich zu geben. Sie galten als wahre jagdliche Alleskönner, die sowohl Hase als auch Wildschwein bejagten. Bei der Saujagd kamen sie als Finder zum Einsatz. Waren die mächtigen Wildschweine mit ihrer Hilfe einmal aufgespürt und gestellt, so ließ man stärkere Hunde los, um den gefährlichen Gegner zu überwältigen. Ihre sprichwörtliche Spürkraft wurde auch literarisch genutzt: So vergleicht der griechische Dichter Sophokles den Spürsinn des Odysseus einmal mit dem der lakonischen Hunde und gibt damit eine Charakteristik des Archetyps aller Helden, die jeden, der diese Hunde kannte, unmittelbar beeindrucken musste. Das Überraschendste an diesen berühmten Hunden jedoch ist ein Umstand, der heute unvorstellbar scheint: Neben ihrer Verwendung als Jagdhund konnten und wurden sie gleichzeitig auch als Beschützer von Herden eingesetzt und müssen hier ebenso Beachtliches geleistet haben. Man kannte und schätzte noch viele weitere griechische und italische Jagd- und Hirtenhundrassen, so zum Beispiel die Umbrier, die zur Jagd speziell auf Hirsche, aber auch zum Bewachen und sogar zum Treiben der Herden eingesetzt wurden! Die kretische Rasse war als schnellfüßige und ausdauernde Windhundrasse, die besonders im Klettern geübt gewesen sein soll, den Menschen ein weithin bekannter Begriff.

Die griechisch-römische Antike, für die Verflechtungen von menschlichen und göttlichen Wesen selbstverständlicher Bestandteil der Weltanschauung waren, liebte es, auch die Herkunft besonders schöner und tüchtiger Hunde von Göttern oder Heroen abzuleiten, und so hatten spätestens die Römer auch für den kretischen Jagdhund eine solche Herkunftsmythe parat: Demnach war es kein Geringerer als Volcanus, der römische Gott des Feuers und der Schmiedekunst, der einen solchen Hund aus Erz formte und ihm sodann Leben einhauchte. Danach soll er ihn Jupiter, dem Gott und Schutzherren Roms, geschenkt haben, dieser wiederum gab das Tier der Europa und jene dem gemeinsamen Sohn Minos, der es an Prokris weiterreichte, und die nun schenkte den Hund schließlich ihrem Gatten und Jäger Kephalos.

Als Wächter der Herden und des Menschen erfreuten sich sizilische Hunde eines hervorragenden Rufes, die übrigens bei Aufständen der Hirtensklaven einst eine nicht unerhebliche Rolle gespielt haben sollen. Die Sklaven versammelten sich, begleitet von ihren Hunden, in Gruppen und überfielen Höfe und Dörfer, sodass vielen Grundbesitzern der Aufenthalt auf dem Land für eine ganze Weile nicht mehr geheuer war. Auf Sizilien gab es eine große Zucht dieser doggenartigen Hunde, die so berühmt waren, dass man sie auf Münzen abbildete. Sogar eine eigene, wenn auch nur lokale Schutzgottheit namens Krimisos besaßen sie, welche man sich äußerlich selbst als Hund vorstellte.

Keineswegs aber war die Wertschätzung des Hundes in erster und ausschließlicher Weise mit dessen Arbeitsfähigkeit verbunden und eine rein zweckmäßige. Die Beliebtheit und große Verbreitung des sogenannten melitäischen Hündchens zeigt, dass man den Hund als Freund und Gefährte jenseits der klassischen Einsatzfelder ebenso wichtig nahm. Die älteste Abbildung eines solchen Hundes, der sich optisch von dem heutigen Malteser durch ein spitz zulaufendes Schnäuzchen und einen Ringelschwanz unterscheidet, findet sich auf einer in Athen um das Jahr 500 v. Chr. angefertigten Amphore, auf der das Tier durch eine Bildunterschrift als Melitäer bezeichnet wird; die erste schriftliche Erwähnung macht Aristoteles. Unzählige Male wurden Melitäer auf Vasen und Grabsteinen abgebildet und als Statuetten dargestellt. Die edelste Zucht blühte damals auf dem phönizisch-punischen Malta, wohin man sie aus Karthago (Nordafrika) importiert haben soll. Zart, feingliedrig und mit langem weißen Seidenhaar waren sie in allen Schichten der antiken Gesellschaft die bevorzugten Kleinhunde und am römischen Kaiserhof ebenso daheim wie bei der römischen Matrone oder der griechischen Hetäre. Doch galten sie nicht nur als Freund junger Mädchen und Frauen, sondern auch der Männer. Jegliche Aufmerksamkeit muss ihnen zuteil geworden sein, sie wurden gebadet, gehegt und gepflegt und teilten nicht selten das Lager ihrer Besitzer. Gingen die adligen Damen aus, so folgte ihnen in der Regel eine Sklavin nach, die den Hund trug und ihn bei schlechtem Wetter in ein Tuch wickelte. Verreiste man aufs Land, so fuhren die Hündchen im Reisewagen ihrer Besitzerin mit. Die Namen, die man ihnen gab, hingen oft mit der Beschaffenheit ihrer Gestalt, ihres Fells oder ihrer Augen zusammen, was zeigt, wie sehr man ihre äußere Gestalt schätzte. Sie galten als äußerst sanft und man unterstellte ihnen sogar einen besonderen Hang zur Musik: Viele Vasenbilder zeigen sie neben harfenspielenden Musen, Liederdichtern und fahrenden Spielleuten, und von ihrer großen Treue erzählt die Geschichte des bekannten Musikers Theodorus, der ein Melitäerhündchen besessen hatte, welches so anhänglich gewesen sein soll, dass es in den Sarg seines verstorbenen Herren sprang und sich mit ihm begraben ließ.

WOFÜR MAN DEN HUND LIEBTE

Neben dem Lob für die Besonderheiten spezieller Rassen rühmten die Schriftsteller auch die allgemeinen Fähigkeiten von Hunden in hohen Tönen. Man betrachtete den Hund als selbstverständlichen Bestandteil der Paläste der Reichen, der Hütten der Armen und als Freund blinder Bettler. Ihre Verteidigungsbereitschaft bis zum letzten Atemzug rang den Menschen große Achtung ab, ebenso wie die Fähigkeit, sich den Gewohnheiten des Menschen anzupassen wie kein anderes Tier. Man ließ sich von ihnen begleiten auf beschwerlichen Wanderungen und in die Volksversammlung. Stets betonte man, es gäbe keinen besseren Wächter, der sich auch durch hingeworfene Leckerbissen nicht bestechen ließe, weil er Freund und Feind unterscheiden könne.

Seine Treue und Liebe hielt man für unübertrefflich, keinen Diener, keinen Wächter, keinen Verteidiger glaubte man beständiger als den Hund. Sich den Besitz eines Hundes nicht leisten zu können, galt als Zeichen großer Armut.

Man war der festen Überzeugung, dass der Hund durch seine vielen trefflichen Eigenschaften und seine geistigen Kräfte anderen Tieren bei Weitem überlegen sei. Vor diesem Hintergrund waren Erzählungen von bedingungsloser Treue über den Tod hinaus weitverbreitet: Hunde, die gemeinsam mit ihren verstorbenen Besitzern den Tod suchten, wie das erwähnte Melitäerhündchen, solche, die neben ihren toten Herren ausharrten und niemanden an sich heranließen, bis man auch sie tötete, waren dabei immer wiederkehrende Hauptdarsteller.

Eine der bekanntesten Erzählungen berichten die römischen Chronisten. Der Hund eines gewissen Titus Sabinus, der wegen Mordes hingerichtet werden sollte, ließ sich nicht vom Gefängnis, in dem sein Besitzer gefangen gehalten wurde, vertreiben. Als später dessen Körper auf die Straße geworfen wurde, soll der Hund nicht von seiner Seite gewichen sein und ein Stück Fleisch, dass man dem Tier zugeworfen hatte, zum Mund seines toten Herren getragen haben. Als dieser dann in den Tiber geworfen wurde, schwamm er ihm nach und versuchte, seinen Körper über dem Wasser zu halten. Viele Menschen sollen bei diesem Schauspiel zugegen gewesen sein und die Treue des Hundes bewundert haben. Ganz gleich, wie viel menschliche Deutung, die nicht immer zu den richtigen Schlüssen führt, in derartigen Geschichten auch enthalten sein mag, Erzählungen dieser Art zeigen, dass man unverbrüchliche Treue für ein charakteristisches Merkmal des Verhältnisses zwischen Mensch und Hund hielt.

GESUND UND MUNTER

Die Antike kannte eine intensive Auseinandersetzung mit der richtigen Haltung und Fütterung von Hunden, differenzierte verschiedene Ansprüche bei unterschiedlichen Belastungen, Aufgaben und Lebensphasen, und auch die Bekämpfung von Krankheiten wurde ernst genommen.

Man riet, den Hund zu pflegen, nicht am Essen für ihn zu sparen und ihn zu liebkosen. Der Jagdschriftsteller Arrian empfahl, den Hund auf den Kopf zu küssen und in einem eigenen Bett schlafen zu lassen. Den Hund mit Luxus zu umgeben, war, sofern man es sich leisten konnte, sehr beliebt. Halsbänder waren oft mit den Namen der Besitzer versehen, und die Reichen verzierten sie gerne mit Goldtäfelchen, edlen Steinen und Korallen. Die Halsbänder dieser Luxushunde müssen derart kostbar gewesen sein, dass man in einem Roman des 2. Jahrhunderts sogar ausdrücklich über die Schmuckmengen für die Jagdhunde klagte, die bei dem Verlust eines Schiffes verloren gegangen seien. Während die Hunde der Reichen gelegentlich sogar Gänseleber und Eier zum Austrinken bekamen, war die gängige Kost, zumal der Arbeitshunde, freilich bescheidener und vor allem vernunftorientierter. Anders als heute erhielten sie vorwiegend pflanzliche Kost in Form von Weizen-, Dinkel- oder Gerstenbrot, in festen Stücken oder eingeweicht in abgekochter Milch oder Molke. Bei geringerer Belastung wurde empfohlen, das Brot mit Bohnenbrühe anzumachen. Knochensuppe, am besten von zerstoßenen Knochen, sollte den Tieren Kraft geben. Des Weiteren kannte man spezielles »Hundebrot«, das aus Abgängen der Mühlen hergestellt wurde und in der Regel aus Hirse bestand. Aber auch, was der Mensch übrig ließ, vor allem Knochenabfälle, gab man zu fressen. Übrigens versprach man sich durch das Füttern von Speiseabfällen auch erzieherische Wirkung, nämlich, dass die Hunde nicht wegliefen bzw. die Lust daran verlören. Fleisch scheint keineswegs täglich auf dem Speisezettel gestanden zu haben und zumindest die

Jagd- und Hirtenhunde mussten wohl zum Teil sogar ganz darauf verzichten, denn man war der Meinung, Jagdhunde würden durch den Genuss von Fleisch ihren Geruchssinn einbüßen, und bei den Hirtenhunden befürchtete man, sie würden sich auch an den lebendigen Schafen vergreifen, hätten sie nur erst einmal ein totes zu fressen bekommen. Hirtenhunde erhielten ihr Futter in der Nähe der Herde, doch möglichst getrennt, um Beißereien zwischen den Hunden zu verhindern, und auch ausreichend, da man vermeiden wollte, dass die Hunde die Herde verließen, um sich selbstständig auf Futtersuche zu begeben. Man warnte vor zu schwerer Nahrung für junge Hunde und riet zur leichten Kost in der frühen Jugend, da anderenfalls mit Krankheiten und krummen Läufen zu rechnen sei. Bestimmten Fütterungsarten sprach man negative Auswirkungen auf den Charakter zu, ähnlich wie heute dem Nachgeben von Betteleien der Hunde am Tisch:

> »Manchen gereicht es zum Vergnügen, den Hunden die zugeworfenen Stücke Brot oder Fleisch mit offenem Rachen aufschnappen zu lassen, was sie fangen, verschlingen sie und gieren stets nach mehr. So werden sie zu Sinnbildern von Menschen, die haben und immer mehr haben wollen.«

Lebensverkürzend aber kann die Fütterung der Hunde in Zeiten ohne Futtermittelindustrie nicht gewesen sein, denn die Lebenserwartung der Tiere betrug damals durchaus 10 bis 12 Jahre, bei einigen Rassen ist sogar von 14 bis 15 Jahren die Rede.

Bedrohlicher für die Tiere war eine Anzahl epidemischer und in der Regel tödlicher Krankheiten, allen voran die Tollwut, die eine ungeheure Plage für Tier und Mensch gewesen sein muss, wofür in dieser Zeit eine wahre Flut an Ansätzen spricht, diese Erkrankung entweder prophylaktisch zu bekämpfen oder sie zu behandeln. Dabei kursierten zahlreiche Vermutungen über die Entstehung der Tollwut, deren eigentliche Ursache man erst im 19. Jahrhundert ausmachen konnte. So machte man unter anderem die Götter sowohl für die Heimsuchung der Tollwut als für die Heilung verantwortlich, manche glaubten, die Einwirkung des Sirius, des hellsten Fixsterns im Sternbild Kleiner Hund sei am Auftreten der Tollwut schuld. Die Entstehung der Krankheit auf äußere Einflüsse zurückzuführen, reichte jedoch vielen Ärzten und Naturforschern dieser Epoche nicht, und so wurde sie zum Gegenstand weitläufiger Untersuchungen. Zur Zeit des Kaisers Augustus wirkte in Rom ein Arzt, der ein Buch über die sogenannte Hundswut verfasste und deren Sitz im Magen des Tieres vermutete, und immerhin wusste man auch seit dem ersten nachchristlichen Jahrhundert, dass das »Gift« durch den Biss eines Hundes in die Wunde eines Menschen gelangte. Die vielen empfohlenen, prophylaktischen und heilenden Maßnahmen, wie das Kupieren des Schwanzes, die Behandlung mit Schröpfköpfen sowie das Ausbrennen und Ausschneiden der Bissstellen, lange Schwitzkuren, das Bereiben der Wunde mit verbrannten Haaren aus dem Hundeschwanz, das Auflegen von rötlichem Hühnermist mit Essig, Umschläge von Ziegenmilch oder Wein und so fort mögen mit heutigem Wissen zwar recht grotesk wirken, zeigen aber den unbedingten Willen, sich nicht kampflos in das Schicksal einer Krankheit zu ergeben, gegen die man letztendlich machtlos war.

Regelmäßig müssen Hunde an einer zumeist tödlich verlaufenden Krankheit namens Kynanche gelitten haben, die schon Aristoteles kannte und beschrieb. Die Symptome der Teilnahmslosigkeit, Lethargie, Husten und Halsentzündung deuten darauf hin, dass es sich hier um Staupe gehandelt haben könnte, an der nicht geimpfte Hunde heute noch erkranken und sterben können. Ebenfalls lebensbedrohlich war eine Art Räude, Scrapies genannt, von der nicht nur Hunde, sondern auch Schafe und Rinder bedroht waren, und die die Existenzgrundlage eines Hirten vollständig vernichten konnte, denn die Tiere wurden durch den dauernden Juckreiz so stark geschwächt und gequält, dass sie schließlich starben. Während man leichtere Fälle noch mit einer Salbenmischung aus Olivenöl und Erdharz heilen konnte, musste man stark befallene Tiere töten, wollte man sie nicht qualvoll verenden lassen. Als schlimme Plagegeister der Hunde galten schon den damaligen Zeitgenossen Zecken, die man als scheußlichste aller Tiere bezeichnete, und Flöhe, denen man unter anderem mit Einreibungen aus zerstoßenem Kümmel oder alter Ölhefe zu Leibe rückte. Auch gegen fliegendes Ungeziefer kannte man Mittel: Geriebene bittere Nüsse sollten lästige Fliegen fernhalten. Die Stiche dieser Insekten müssen den Hunden schlimmste Geschwüre bereitet haben, die man mit einer Mischung aus warmem Holzteer und Schweinefett behandelte. Mitunter waren die Ohren der Hunde jedoch derart wund, dass auch Einreibungen nicht mehr halfen und die Tiere ihre Ohren ganz oder teilweise einbüßten.

BROT UND SPIELE

Die vergnügungsbereiten Römer wären nicht gewesen, was sie waren, hätten sie nicht auch den Hund in seinem Potential, das Volk zu belustigen und zu unterhalten, erkannt und genutzt. Regelmäßig traten im Zirkus Hunde auf, vollführten dort die tollsten Possen, von denen die Menschen gerne und ausführlich sprachen. Zu einiger Berühmtheit gelangte ein Hund, der im Theater des Marcellus mit seinem Zirkusmeister folgendes Schauspiel zum Besten gab: Sein Herr erklärte dem Tier und den Zuschauern, dass in dem Bissen, den der Hund nun zu sich nehmen sollte, Gift enthalten sei. Der Hund nahm den Bissen und verschluckte ihn, worauf er auf höchst natürliche Weise zu zittern und zu wanken begann. Schließlich ließ er sich fallen und lag scheinbar tot auf dem Boden. Daraufhin wurde er von der Darstellerschar über die Bühne geschleift, ohne ein einziges Lebenszeichen von sich zu geben. Auf ein Stichwort hin begann er, sich schließlich sachte zu regen und lief wie aus tiefem Schlaf erwacht wedelnd auf die Zuschauer zu. Zu Lebzeiten des Kaisers Justinian machte ein Zirkushund Furore, von dem man sagte, er habe aus einem Häufchen zusammengetragener Ringe der Zuschauer jedem Besitzer den seinen zurückgebracht, außerdem Arme und Reiche und sogar Ledige und Verheiratete unterscheiden können.

Bei den im Römischen Reich verbreiteten öffentlichen Tierschauen und Tierhetzen wurde dem Hund vor allem eine indirekte Rolle zuteil und doch wären sie ohne ihn kaum oder nur in wesentlich bescheidenerem Maße denkbar gewesen, denn die dazu benötigten wilden Tiere mussten zunächst einmal eingefangen werden. Die Tiere für Vivarien und Schaukämpfe herbeizuschaffen, war mit unglaublichem Aufwand verbunden. In ihren Herkunftsländern mussten sie gefangen und per Schiff oder auf dem Landweg ins Römische Reich transportiert werden. In einer großen antiken Landvilla auf der Insel Sizilien ist eine solche Jagd auf einem Mosaik dargestellt, welches den Boden eines Korridors von beeindruckenden 64 Metern Länge bedeckt.

Unzählige Berufsjäger mit ihren Jagdhunden waren daran beteiligt, diese Form der Massenunterhaltung am Laufen zu halten, denn sie sorgten dafür, dass es den Vivarien und Arenen, in denen zudem stets Tierpfleger, Dompteure und Tierärzte beschäftigt werden mussten, nicht an Nachschub fehlte. Die Tierhetzen und die Errichtung pompöser Vivarien im Römischen Kaiserreich sollten die Massen belustigen und unterhalten, dienten aber auch der demonstrativen Zurschaustellung der Macht der Herrschenden. In den großen Tiergärten stellte man dem Volk zum Staunen eine Vielzahl exotischer Tiere aus, wie Elefanten, Elche, Löwen, Hyänen, Flusspferde und Giraffen. Die beliebtesten aller Veranstaltungen rund um das Tier jedoch waren die Wagenrennen mit Pferden, bei denen es regelrechte Pferdestars gab, von denen viele individuelle Namen trugen, die von den Zuschauern sprechchorartig gerufen wurden. Bei den Tierhetzen, wo Tier gegen Tier oder Tier gegen Mann kämpfen mussten, ging es weitaus dramatischer zu. Berufsmäßige Tierkämpfer brachten unter anderem Löwen, Bären, Stiere und sogar Elefanten zur Strecke – oder umgekehrt. Zeitweise wurden auch christliche

Märtyrer an die Stelle der professionellen Kämpfer gezwungen, deren Überlebenschance gleich Null war. Nur gelegentlich setzte man zu diesen Schaukämpfen Hunde ein. Und wenn, dann vorwiegend der britannischen Rasse, die besonders geeignet schien.

Die wohl bekanntesten Veranstalter von Kämpfen mit Stieren waren Kaiser Claudius und Kaiser Nero, doch es gab kaum eine Stadt im Römischen Reich, die ihren Bürgern das zweifelhafte Vergnügen der Betrachtung kämpfender und sterbender Tiere nicht geboten hätte. Die Zahl der zu bestimmten Anlässen durchgeführten Tierhetzen wurde in der Regel sorgfältig festgehalten und erreichte zum Teil ungeheure Ausmaße. So soll allein Kaiser Augustus insgesamt 26 Tierhetzen veranstaltet haben, bei denen 3500 Tiere ihr Leben lassen mussten. Diese Schlachtorgien fanden durchaus populäre Kritiker wie den berühmten Cicero, der den fragwürdigen Höhepunkt dieser kaiserzeitlichen Massenvergnügungsveranstaltungen gar nicht mehr erlebte, und offenbar hatte auch das Publikum eine Schamgrenze:

»Der letzte Tag gehörte den Elefanten. Da staunte die Menge und der Pöbel mächtig, aber Vergnügen wollte partout nicht aufkommen; im Gegenteil, am Ende regte sich sogar so etwas wie Mitleid: Dieser Koloss hatte irgendwie eine Wesensverwandschaft mit dem Menschen. Wie kann ein kultivierter Mann seinen Spaß daran finden, wenn ein schwacher Mensch von einer kraftstrotzenden Bestie zerrissen oder ein prachtvolles Tier vom Jagdspieß durchbohrt wird?«

Und auch Plutarch bemerkte, die Tiere seien zwar dem Zwang ausgesetzt, Widerstand zu leisten und um ihr Leben zu kämpfen oder zugrunde zu gehen, aber ohne die ihnen natürlicherweise zur Selbstverteidigung zu Gebote stehenden Mittel.

Die voyeuristische Gier nach Sensationellem und Aufregendem sollte man nicht von oben herab für überwunden halten, denn sie ist kaum weit entfernt von dem, was viele moderne Fernsehformate heute bedienen. Die Inszenierung des Vergnügens funktioniert dort sogar bei der Zurschaustellung der eigenen Art. Als wäre es selbstverständlich, beobachtet man Menschen durch die bequeme Distanz des Mediums dabei, wie sie sich freiwillig in demütigenden, bloßstellenden und höchst intimen Situationen der Öffentlichkeit vorwerfen.

LIEBE ÜBER DEN TOD HINAUS

Tausendfach dargestellt und abgebildet finden wir den Hund in der antiken bildenden Kunst, auf archäologischen Denkmälern und Überresten aller Art in den verschiedensten Lebenslagen. Überlebensgroße Statuen waren ebenso beliebt wie kleine Hundestatuetten aus Ton, die Kindern als Spielzeug dienten oder einfach Haus und Garten verschönern sollten. Zwei Erzgießer des Altertums namens Lysippos und Myron sowie der Maler Nikias aus Athen verdankten ihren guten Ruf sogar der Tatsache, dass sie den Hund so naturgemäß und lebendig darzustellen vermochten!

Ganz außergewöhnlich spiegelt sich die unvergleichliche Nähe zwischen Mensch und Hund etwa innerhalb der Grabkunst und der Begräbniskultur der griechisch-römischen Antike, in der Hunde einen festen Platz hatten. Gräber für Hunde mit Gedenk-Stelen, auf denen die Tiere entweder abgebildet wurden oder eine Widmung erhielten, sind vor allem aus der Römischen Kaiserzeit bekannt. Dabei waren diese posthumen Ehrungen durch ein Denkmal, dessen Inschrift in poetischer Weise den Namen, die Abstammung, die Eigenarten und die Todesart angaben, wie im Falle der erwähnten lydischen Hündin, keineswegs eine Einzelerscheinung und in ihrer Gestaltung individueller als so mancher Grabspruch von heute. In einer Inschrift auf dem Grab einer weiteren Jagdhündin heißt es:

»Vor ihren im Grabe bleichenden
Gebeinen erzittert noch das Wild.«

Und ein Epitaph auf dem Grabstein einer Hündin namens Parthenope aus Mytilene betont, sie habe sich mit ihrer Liebe zu ihrem Herren dieses Denkmal verdient, und fordert den Vorübergehenden auf, sich einen ebenso guten Gefährten zu gewinnen. Die Stele für Parthenope, die einen liegenden Hund mit zottigem Fell und kleinen spitzen Stehohren zeigt, kann heute übrigens immer noch im Archäologischen Museum in Istanbul bewundert werden. Die Grabinschrift einer gallischen Jagdhündin mit Namen Margarita erzählt, die Hündin sei ebenso kühn gewesen wie schön, habe gelernt, allen Gefahren des Waldes tapfer zu trotzen und das struppige Wild auf den Höhen zu jagen. Nie, so heißt es weiter, habe sie an schwerer Kette liegen, nie ihr schneeweißer Leib die strenge Peitsche spüren müssen, im weichen Schoß ihres Herren und ihrer Herrin habe sie gelegen, doch ein unseliger Wurf [Welpen; Anmerk. d. Autorin] wurde ihr zum Schicksal und sie starb. Dieses Beispiel zeigt, dass auch der Arbeitshund neben aller Wertschätzung seiner rassetypischen Fertigkeiten von seinen Besitzern schlicht innig geliebt wurde. Auch von einer besonderen Beziehung zwischen einem Kind und einem Hund erzählen die Grabinschriften, wie beispielsweise auf einem Hundegrab in Rom:

»Alles was wir besaßen an Theia,
dem niedlichen Hündlein, /
Schließt der Hügel hier ein,
Schönheit und liebendes Herz. /
Jammernd sehnt sich das Mädchen
nach ihrem verzärtelten Liebling, /
Nimmer vergißt sie des Freundes,
der sie so treulich geliebt.«

Interessanterweise gilt mit Anyte aus Tegea, einer griechischen Lyrikerin, die um 300 v. Chr. wirkte, eine Frau als Begründerin der Sitte, Gedichte auf verstorbene Tiere zu verfassen. Denkmäler und Grabgedichte für Hunde müssen zeitweise so weit verbreitet gewesen sein, dass man sich zur Kritik aufgerufen fühlte. Theophrastos jedenfalls, der berühmteste Schüler des Aristoteles und ebenso ein anerkannter Gelehrter und Philosoph, brandmarkte Menschen, die Hunden Denkmäler setzen, als protzige Narren. Ein Hunde- oder Tierfeind indessen ist er deswegen nicht gewesen, befasste er sich doch unter anderem mit Tierkunde, und sein Werk enthielt, wie wir von mehreren antiken Gewährsmännern hören, eine tierpsychologische Abhandlung über die Intelligenz der Tiere – deren Untersuchung also keineswegs erst aus unseren Tagen stammt.

Die Menschen der griechisch-römischen Antike beschränkten sich in ihrer Begräbniskultur nicht darauf, dem Hund nach seinem Tod mit eigenem Grab nebst Inschriften zu gedenken. Mitunter wurden Hunde sogar im Familiengrab mit beigesetzt, eine heute geradezu unerhört anmutende Erscheinung! Dabei wurde die vom Besitzer eingesammelte Asche des Tieres in eine Urne gefüllt und dem Grab der Familie beigegeben; eine Praxis, die ebenfalls Spott und Tadel hervorrief sowie den Vorwurf, das richtige Maß verloren zu haben. Auf den Deckeln der Urnen befanden sich nicht selten Darstellungen eines ausgestreckten Hundes, wobei allerdings nicht immer einwandfrei geklärt ist, ob es sich hierbei tatsächlich um ein Behältnis für einen Hund oder doch für seinen Besitzer handelte, und auch ob das dargestellte Tier nun den Hund des Verstorbenen abbildet oder lediglich eine symbolische Darstellung von Treue und Zuneigung ist, bleibt offen.

Ein ebenso faszinierendes, epochentypisches Phänomen sind die gängigen Darstellungen von Hunden auf Grabmälern oder Sarkophagen für Menschen. Sie beweisen, dass die Tugenden des Hundes sogar Symbolcharakter bekamen:

Die Tugendhaftigkeit des verstorbenen Menschen sollte durch den Hundes verdeutlicht werden.

Die ersten Hunde auf solchen Grabreliefs tauchen im 6. Jahrhundert vor unserer Zeitrechnung im sogenannten griechischen Mutterland und in den von Griechenland beeinflussten Gebieten Kleinasiens und Ägyptens auf, und man begegnet ihnen bis in das 3. nachchristliche Jahrhundert im Römischen Reich. Der Hund, der durch diese Epoche hindurch neben dem Pferd und dem Vogel das auf Grabstelen am häufigsten abgebildete Tier bleibt, ziert dabei Grabmale von Frauen wie Männern, von Kindern und Jugendlichen. Häufig sind es die berühmten Lakoner, die man zusammen mit Männern während oder nach der gemeinsamen Jagd abbildete, doch auch andere Jagdhunde werden bei der Ausübung ganz unterschiedlicher Aufgaben gezeigt. Nicht selten begleiten Jagdhunde sogenannte Palästriten, griechische Athleten, die nackt dargestellt sind. Die hohe Präsenz von Jagdhunden hängt nicht nur damit zusammen, dass man sich dem Tier so eng verbunden fühlte. Vor allem in der Welt der alten Griechen waren Jagd und körperliche Ertüchtigung wesentliche Bestandteile der Erziehung und bildeten eine notwendige Vorbereitung auf das Leben in der Polis, zu dem auch der Krieg gehörte. Die Abbildung insbesondere jugendlicher Jäger und Athleten in Begleitung eines Jagdhundes diente in erster Linie dem Zweck, den Verstorbenen zu charakterisieren und ihn in seiner ganzen Nützlichkeit für die Gemeinschaft zu verewigen. Zudem wurde der gesellschaftliche Stand einer Person durch die bildliche Begleitung eines Jagdhundes betont, denn die Jagd war das Privileg der Adeligen.

Auch wenn Hunde am häufigsten mit dem Verstorbenen gemeinsam abgebildet wurden, sind Stelen für Menschen bekannt, auf denen nur Hunde zu sehen sind. Handelte es sich dabei um die alleinige Darstellung der angesehenen Lakoner, die sogar als Familienwappen vorkommen konnten, so wollte man symbolhaft die Vornehmheit der Gestorbenen aufzeigen. Die Darstellung einer konkreten Beziehung zwischen Mensch und Hund stand dabei im

Hintergrund. Dennoch gibt es auch eine Anzahl von Grabdenkmälern, die Mensch und Hund in so innigem körperlichen und auch spielerischem Kontakt darstellen, dass der Eindruck einer großen emotionalen Nähe zu einem ganz bestimmten Hund entsteht, die es zu Lebzeiten des Toten sicherlich ebenfalls gegeben hat. In großer Zahl schmiegen sich Hunde auf Sarkophagen neben die dort abgebildeten, auf dem Totenbett ruhenden Verstorbenen; offenbar betrachtete man den Hund ganz allgemein als so engen Begleiter des Menschen, dass man ihn auch als Gefährten und Wächter der letzten Reise für selbstverständlich hielt. Erstaunlich viele Hunde sind auf Grabstelen und Sarkophagen von Frauen und Kindern dargestellt. Eine heute im Nationaldenkmal von Athen befindliche Stele, die einer Frau gewidmet war, die um 440/430 v. Chr. gestorben sein muss, zeigt eine durch ausgeprägte Zitzen gekennzeichnete Hündin, bei der es sich dem Äußeren nach um einen Lakonerhund handeln muss. Doch ging es hier nicht etwa darum, einen weiblichen Jäger zu ehren. Durch die offenkundige, intensive Brutpflege, die Hündinnen betreiben, galten sie den Griechen als *das* Symbol der Mutterliebe: Die Darstellung eines eindeutig weiblichen Tieres auf dem Grab einer Frau charakterisierte diese als Sinnbild der sorgsamen Haus- bzw. Ehefrau und Mutter in all ihrer Treue und Wachsamkeit.

Neben dem Vogel galt – wie oben am Gedicht schon geschildert – der Hund als der Lieblingsspielgefährte der Kinder, und so finden sich auf Grabdenkmälern und Sarkophagen für Kinder und Jugendliche vorwiegend kleine Hunde, die nicht selten der melitäischen Rasse zugordnet werden können. Mit der Darstellung von kleinen Hunden wollte man wohl häufig die Kindlichkeit der zu früh Gestorbenen abbilden, und oft nehmen die kleinen Begleiter sehr lebensechte und spielerische Posen ein. Doch auch auf Grabstelen für Kinder hat der Hund durchaus die bereits bekannte Aufgabe, die Verstorbenen in idealer Weise zu zeigen: Die Totenstele eines mit zehn Jahren gestorbenen Mädchens namens Avita, die heute im British Museum in London zu sehen ist, zeigt ein Kind, das auf einem

Hocker sitzt und konzentriert in einer geöffneten Bücherrolle liest. Selbst von dem kleinen Hund, der um Aufmerksamkeit bemüht eine Pfote auf den Schemel legt, lässt es sich in seinem Lerneifer nicht ablenken und wird so für die Nachwelt vielleicht als besonders fleißige, kleine Schülerin charakterisiert.

Interessanterweise tauchen viele Kleinhunde überwiegend in den ersten beiden Jahrhunderten nach Christus auf Grabmalen für Männer auf, was nicht nur auf die große allgemeine Beliebtheit kleiner Hunde in dieser Zeit hinweist, sondern auch darauf, dass es zwischen dem männlichen Geschlecht und sogenannten Schoßhunden offenbar einmal weniger Berührungsängste gab, als das heute der Fall ist. Und selbst auf Stelen für Gladiatoren, auf denen man selbstredend molosser- oder doggenartige Hunde erwarten würde, hat es Abbildungen kleiner Hunde gegeben. Im Falle des Gladiatoren Chresteinos aus Pergamon, der im zweiten nachchristlichen Jahrhundert gestorben war, ist sogar ausschließlich ein kleiner Hund mit Hängeohren dargestellt. Die Frau des Chresteinos, Antonia, die dieses Grabmal in Auftrag gegeben hatte, ließ den Lieblingshund ihres Gatten von zwei Kränzen eingerahmt abbilden, und sogar der Name des Tieres, Mourdon, ist nach dem Namen des toten Gladiatoren in kleineren Buchstaben genannt.

JÄGER HUND

Der Jäger hieß in Griechenland *kynegeticos,* was so viel wie Hundeführer bedeutet, und diese sprachliche Verbindung von Mensch und Hund zeigt, dass die Jagd ohne Hunde offenbar undenkbar schien. Ihre Bedeutung für das alltägliche Leben im alten Griechenland kann nicht genug betont werden, denn man hielt die Jagd ja für die beste Vorbereitung auf den Krieg, war der Meinung, sie gewöhne an Gefahren und lehre die Verfolgung des Fliehenden. In der griechischen Kunst stößt man regelmäßig auf das Motiv des Kriegers in voller Rüstung, der von einem Jagdhund begleitet wird. Ernährungszwecken jedenfalls dürfte die Jagd kaum gedient haben. Ihre Bedeutung wurde nochmals dadurch erhöht, dass man die Jagdhunde und das Wild als Geschenk der Götter Apollon und Artemis ansah und die Jagd selbst von göttlicher Herkunft, durch deren Ausübung man sich Wohlwollen und Anerkennung dieser Götter sichern konnte. Das gewöhnliche Jagdwild war der Hase, gefolgt von Hirschen und Rehen, auch Wildziegen und Steinböcke bejagte man, des Weiteren Bären, Wölfe, Füchse und Wildschweine. Man kannte drei Haupttypen von Jagdhunden: die Leit- und Spürhunde, die Wind- und Parforcehunde sowie die schweren Hatzhunde, auch Saurüden genannt. Die Leithunde wurden an einem Seil geführt, spürten frische Fährten auf und bestätigten diese. Wichtig war, dass sie das Wild dabei nicht vor der Zeit in die Flucht schlugen. Dies einzuüben kostete die Jäger viel Mühe. Der Dichter Oppian beschreibt dramatisch, wie eine solche anspruchsvolle Ausbildung vor sich ging:

»Wenn ein Waidmann seine jungen Hunde erproben will, nimmt er einen toten oder lebendigen Hasen und trägt ihn hinaus vor die hohen Stadttore, wandelt mit ihm vorwärts vom Weg ab, bald gerade, bald quer, jetzt links, jetzt rechts im Zickzack, und wenn er recht weit von Stadt und Toren angelangt ist, gräbt er ins Erdreich ein Loch und bestattet den Hasen darin. Eilig wieder heimgekehrt in die Stadt holt er sofort den gelehrigen Hund in die Nähe des Weges; der fährt augenblicks auf und schnüffelt: denn er erkennt den Duft des Hasen. Am Boden forscht er nach Spuren und kann keine finden, so sehr's ihn verlangt. Unglücklich irrt er umher ... rennt kreuz und quer, von quälenden Schmerzen verzehrt, untersucht alles und alles, jeden Stein, Hügel, Fußsteig, Baum, Sträucher und Büsche und Fruchtland. Und hat ihm dann endlich ein Luftzug die Witterung verraten, da jubelt er auf und weiß sich nicht zu lassen vor Übermut, gerade wie ein kleines

Kälbchen, das am strotzenden Euter der Mutter hinaufspringt: so freudvoll ist ihm das Herz erregt und in wilder Hast läuft er in Windungen über die Felder und lässt sich nicht irremachen, auch wenn man ihn noch so weit fort triebe. Um nichts in der Welt lässt er los von dem lockenden Geruch und rennt geradewegs auf das Ziel los, bis er's erreicht und den Preis seiner Mühe gewonnen hat.«

Der Wind- und Parforcehund sollte laut vernehmlich der Fährte des Wildes folgen, es stellen und so lange verbellen, bis die herbeigeeilten Jäger schließlich den Rest besorgten. Die direkte Konfrontation vor allem mit wehrhaftem Wild war Aufgabe der Hatzhunde oder Saurüden, schwere Hunde mit scharfem Gebiss, die das Wild an möglichst empfindlicher Stelle packen und festhalten sollten. Formen des Missbrauchs der Fähigkeiten dieser Hunde kannte man auch schon in alten Zeiten. Der Tyrann Alexander von Pherai, der im vierten Jahrhundert vor Christus in der gleichnamigen griechischen Stadt als Herrscher für elf Jahre sein Unwesen trieb, benutzte seine Jagdhunde dazu, mit seinen politischen Widersachern abzurechnen, indem er sie in Bären- oder Eberhäute einnähen und sodann von seinen Hunden zerreißen ließ. Er selbst beteiligte sich mit Wurfspeeren an diesem grausamen Geschehen.

DER HUND BEWACHT NICHT NUR DIE HERDE …

Des »Schäfers treu ergebene Truppe« nennt der Dichter Horaz die vierbeinigen Wächter, deren Schutz den Hirten ebenso unersetzlich war wie den Bewohnern privater Häuser und Villen in den Städten und auf dem einsamen Land. Auch die zahlreichen Wachtürme des Limes, der das Römische Reich im Norden sichern sollte, waren für den wachsamen und verteidigungsbereiten Hund wie geschaffen. Bei der Arbeit an der Herde ging es vorwiegend darum, zu bewachen und zu beschützen, und wenn der Hund auch in der Lage sein sollte, einmal ein entflohenes Tier zurückzutreiben, ist beim Hirtenhund vom sonstigen Treiben in dieser Zeit kaum die Rede. In Rom selbst vertraute man den Hunden mit dem Jupitertempel auf dem Kapitol die Bewachung einer heiligen Stätte des römischen Staates an und bestrafte sie hart, als bei dem Einfall der Gallier nicht sie den Feind meldeten, sondern eine Gänseschar. Für den Herdendienst wählte man gerne weiße Hunde, da diese sich farblich besser vom Wolf absetzten. Zum Kampf zwischen dem Hund und seinem Stammvater, der sich zeitweise sogar bis in die Stadt Rom hineingewagt haben muss, scheint es nicht selten gekommen zu sein. Dem Wächter der Herden zum Schutz vor Wölfen und Bären daher unbedingt Stachelhalsbänder anzulegen, damit im Falle eines Kampfes der empfindliche Nackenbereich geschützt sei, war allgemein üblich. Diese Halsbänder waren in der Regel aus festem Leder und mit nach außen stehenden Nägeln versehen. Man versprach sich von ihnen großen Nutzen: Seien Bären und Wölfe erst einmal an einen Hund mit einem solchen Halsband geraten, griffen sie auch andere Hunde nicht mehr an, da sie aus dieser Erfahrung gelernt hätten. Auf jeden menschlichen Hüter kam üblicherweise wohl ein Hund, in raubtierreichen Gegenden benötigte man ihrer mehr. Die Wächtereigenschaften der Hunde waren den Hirten so wertvoll, dass sie das Ihrige auch in kultischen Handlungen erhielten: Bei den Palilien, einem jährlich stattfindenden Festtag zu Ehren der Göttin Pales, verantwortlich für Weiden, Hirten und Gesundheit der Herden, schlossen die Hirten ihre Hunde in die Gebete mit ein.

Wenn die Herdenwächter also im Allgemeinen sehr geschätzt und gut behandelt wurden, so kam es auch vor, dass sie von Hunger gequält, sich an dem anvertrauten Vieh vergriffen oder gar gelegentlich ausgesetzte Säuglinge fraßen; ein Vergehen, das man freilich mehr den Menschen als den hungrigen Hunden anlasten wird. Als einen schlechten Hirtenhund betrachtete man denjenigen, von dem es sprichwörtlich hieß:

»Aus dem Rachen, nicht des Wolfes,
sondern des Hundes errettet.«

Die Bewacher von Hof und Haus, die man nachts frei laufen ließ, wollte man am liebsten schwarz, damit sie auch am Tag entsprechenden Eindruck machten. Stark und gedrungen sollten sie sein, mit zottiger, breiter Brust, wobei der Kopf als der verhältnismäßig größte Teil des Körpers erscheinen sollte. Ihre Stimme wünschte man sich so durchdringend und Furcht einflößend, dass bereits das bloße Lautgeben Räuber von ihrem verwerflichen Vorhaben Abstand nehmen ließ. Die Augen sollten etwas hervortreten und dabei entweder schwarz oder dunkelgrün funkeln. Wenig verwunderlich, dass man solche Hunde bei den Griechen auch als Drachen bezeichnete, denen man wohl weder bei Tag noch bei Nacht begegnen wollte. Cave canem! Die berühmteste antike Abbildung eines Wachhundes in Angriffspose mit gespitzten Ohren und gebleckten Zähnen, die noch heute als Nachbildung an vielen Privathäusern Italiens prangt, befindet sich im Nationalmuseum in Neapel und hat nichts von ihrem abschreckendem Charakter verloren. Im alten Rom wurden die Wachhunde übrigens von den sogenannten Lares Praestites unterstützt, Gottheiten, die als Schützer des Hauses, der Grenzen und des Grundeigentums galten. Man stellte sie sich als speertragende Jünglinge vor, oft mit einem Hundefell bedeckt und von Hunden begleitet.

Griechen und Römer machten sich die Eigenschaften des Hundes auch für den Schutz ihrer heiligsten Stätten, der Tempel, gern zunutze, und so gab es an einigen Orten Tempelhunde, die, ebenso wie auf dem Kapitol, selbstständig Wache hielten. Eine große Anzahl an Geschichten rankt sich um die Wachsamkeit dieser Tempelhunde. So soll einst ein Dieb in Athen in den Tempel des griechischen Gottes der Heilkunst, Asklepios, eingedrungen sein. Dort raubte er wertvolle Weihgeschenke und floh, doch der treue, vierbeinige Wächter namens Kapparos folgte ihm. Der Dieb warf Steine nach seinem

Verfolger, doch der ließ sich nicht vertreiben und setzte dem Mann weiter nach. Als es diesem gelang, sein Haus zu erreichen, bezog der Tempelhund davor Stellung und bellte jedesmal, wenn der Übeltäter ausging. Der Mann, bemüht Aufsehen zu vermeiden, versuchte, den Hund mit Brot und Kuchen zu besänftigen, vergeblich. Durch das hartnäckige Verhalten des Tempelwächters nun wurden die Athener auf den Räuber aufmerksam, überführten und bestraften ihn. Den Hund aber ließ man von nun an per Beschluss auf Staatskosten versorgen. Täglich erhielt er eine festgesetzte Menge Futter, und ein Priester wurde zur beständigen Pflege des Tieres bestimmt. Derart gut bewachte Tempel scheinen auch Frauen auf der Flucht vor männlichen Verfolgern gelegentlich ein Zufluchtsort gewesen zu sein. Auf einer bekannten erhaltenen Vase ist eine Frau zu sehen, die sich vor einem Mann zum Altar flüchtet. Wiederum ist es ein Hund, der sich zu ihrem Schutz aufrichtet, als wolle er den Missetäter aufhalten.

Eines legendären Rufes erfreuten sich die Tempelhunde Siziliens. Angeblich soll es beim Tempel des Adranos, eines sizilischen Feuerdämons, nicht weniger als tausend Hunde gegeben haben, die die molossischen an Schönheit und Größe noch übertrafen. Dass man Hunde zum Schutz von Tempelanlagen und den dort vorhandenen Kostbarkeiten überhaupt einsetzte, hing nicht nur mit deren offensichtlichen Qualitäten zusammen. Man war von ihrer Fähigkeit, gute und schlechte Absichten der menschlichen Besucher unterscheiden zu können, überzeugt und berichtete von den Tempelhunden des Adranos, sie träten tagsüber jedem Fremden freundlich gegenüber, dienten auch des Nachts Weinseligen und Wankenden als Führer und geleiteten diese sogar nach Hause. Betrunkenen aber, die über die Stränge schlugen, zerrissen sie die Kleider, um sie zur Räson zu bringen, und mit Räubern machten sie gänzlich kurzen Prozess. Den Tempelhunden des griechischen Gottes des Erdfeuers und der Schmiedekunst, Hephaistos, auf Sizilien sprach man die Eigenschaft zu, Menschen zu erkennen, die sich etwas zuschulden hatten kommen lassen. Diese sollen sie gebissen haben, während sie Unschuldigen wohlgesonnen entgegentraten. Doch man traute den Tempelhunden noch mehr Eigenschaften zu, die sie als Wächter der heiligen Götterstätten geradezu vollkommen machten: Alles Schädigende, das dem Heiligtum drohte und für den Menschen dabei jedoch gänzlich unsichtbar blieb, wie böse Geister und unheilvolle Kräfte, sollten sie wahrnehmen und durch Gebell und Beißen abwehren, außerdem Zukünftiges vorausahnen können. Man hatte wohl insbesondere vor Naturkatastrophen oder herannahenden Unwettern bei Hunden ungewöhnliches Verhalten beobachtet und daraus übersinnliche Fähigkeiten abgeleitet. Weiß man doch bis heute, dass Hunde über Sinneswahrnehmungen verfügen, die den unseren weit überlegen sind, und etwa Stunden oder sogar Tage vor einschneidenden Naturereignissen Unruhe zeigen, wenn der Mensch vom Bevorstehenden noch nichts ahnt. Und so achtete man bei den Griechen und vor allem bei den Römern, für die die aufmerksame Beobachtung und Interpretation von Vorzeichen noch charakteristischer war, auf das Verhalten der Hunde und deutete es, je nachdem, teils als günstiges, teils als ungünstiges Omen, wobei den Römern nächtliches Geheul den Tod oder ähnliches Unglück ankündigte. Unzählige Autoren berichten vom Geheul der Hunde vor verschiedenen historischen Ereignissen, unter anderem beim Tode Julius Caesars. Die Vorstellung, der Hund besäße die Fähigkeit des Geistersehens und Todankündigens, verankerte sich tief im Volksglauben und ist in einigen ländlichen Gebieten Europas bis in die jüngste Vergangenheit lebendig geblieben.

Nicht zuletzt wurden Hunde in einigen Tempeln des Asklepios in Athen, in Rom und auf Kreta aber auch gehalten, weil man an ihre Heilkräfte glaubte und sich daher an erkrankten Stellen belecken ließ. Im Asklepios-Heiligtum bei Epidauros berichten Inschriften, dass Tempelhunde zur Heilung die Wunden von Kindern beleckten. Hier wurden Kuren im großen Stil betrieben, denn diese Stätte umfasste neben mehreren Tempeln für weitere Götter große Gebäude für die Unterbringung und Behandlung der Heilungssuchenden sowie sonstiger Besucher.

> Der weitaus bekannteste und gefürchtetste Hundewächter der antiken Welt jedoch ist der dämonische Kerberos, der in der Vorstellung der alten Griechen den Eingang zum Hades, zur Unterwelt also, bewacht.

Viele literarische Zeugnisse zeigen, dass man Angst hatte, nach dem Tod vom Kerberos gefressen zu werden, was vor allem denjenigen drohte, die den Tod nicht akzeptieren und die Unterwelt wieder verlassen wollten. Um ihn zu beschwichtigen jedenfalls, gab man den Verstorbenen Honigkuchen auf ihre letzte Reise mit. Das Äußere dieses furchteinflößenden Wächters entsprach seiner Aufgabe: So stellte man sich ihn zumeist als struppigen Riesen vor, an dessen Kopf oder Körper Schlangen entspringen oder dessen Schwanz in einer Schlange ausläuft, und auf Vasenbildern oder Reliefs erscheint er zwei- oder dreiköpfig, während ihm die Dichtung fünfzig oder gar hundert Köpfe gegeben hat.

Bei aller Wertschätzung schrieb man dem Hund also auch eine dämonische, unberechenbare und bedrohliche Rolle zu, die äußerst lang anhaltend und wirkungsmächtig menschliche Urängste verbildlicht: Der Hund als Todesdämon verbreitete sich im Glauben vieler Völker in ganz Eurasien bis nach Nordamerika.

GÖTTERWELT MIT HUND

Im klassischen Griechenland war jeder Lebensbereich der Menschen von Göttern, Dämonen und der Erinnerung an Heroen durchdrungen, deren aufregende Geschichten in mythologischen Erzählungen von Generation zu Generation weitergegeben wurden. Darauf beruhende religiöse Kulthandlungen gehörten zum Alltag aller Gesellschaftsschichten von der Gesellschaftsdame bis zum Feldherren, und die Teilnahme an diesen kollektiven, religiös-kultischen Ritualen sicherte dem Einzelnen die Zugehörigkeit zur Gemeinschaft. Dem Hund begegnet man in dieser Welt stets in Bereichen, die entweder seinem tatsächlichen Wesen sehr nahestehen oder Projektionen der Menschen spiegeln. So wird er in der Vorstellung der Menschen als wichtiger Begleiter einiger Götter und Helden geschildert.

Der bereits genannte Gott der Heilkunst, Asklepios, hätte wohl ohne den Hund kaum eine Überlebenschance gehabt, denn dem Mythos nach wurde er als Säugling ausgesetzt, von einer Ziege und einem Hirtenhund abwechselnd gesäugt und von Letzterem selbstverständlich auch bewacht. Der Hirte, dem die beiden Tiere gehörten, vermisste sie. Er begann, nach ihnen zu suchen, und fand sie mitsamt dem Kind. Er wollte das Kind mitnehmen, doch als er näher kam, sah er, dass ein helles Licht den Säugling umstrahlte. Er erkannte, dass es sich bei dem Kind um ein göttliches Wesen handelte und wandte sich voller Scheu ab.

Der Hund aber blieb das Attribut des Gottes Asklepios. In den Trümmern eines Asklepiostempels in Athen fand man Votivbilder mit Hundeabbildungen, kleine Geschenkgaben der Menschen an die Götter, mit denen man die Erfüllung eines Wunsches erbitten oder sich bedanken wollte.

Selbstverständlich besaßen alle Götter des Waldes und der Jagd ihre vierbeinigen Helfer. Mit der griechischen Jagdgöttin Artemis beziehungsweise ihrer römischen Variante Diana befanden sie sich an der Seite einer außerordentlich ernst zu nehmenden und respektablen Persönlichkeit. Stets mit Pfeil und Bogen bewaffnet, konnte die jungfräuliche Artemis den Sterblichen Seuchen und plötzlichen Tod, aber auch Heilung schicken. Zudem war sie Beschützerin der Kinder und der Tiere, wenngleich sie die Jagd außerordentlich liebte. Als Schutzgöttin der Gebärenden galt sie den Frauen als eine ungeheuer wichtige Gottheit, waren Geburten doch mit unvergleichlich größeren Schmerzen und Gefahren als heutzutage verbunden. Dass mit ihr nicht zu spaßen war und man ihre Gebote einzuhalten hatte, beweist das Schicksal des Aktaion, der, wie Ovid erzählt, die Göttin heimlich beim Baden beobachtete. Um zu verhindern, dass er sich später vor seinen Freunden brüsten würde, er habe Artemis nackt gesehen, verwandelte sie ihn in einen Hirschen und ließ ihn von seiner eigenen Hundemeute in Stücke reißen.

Ihren Günstlingen hingegen machte Artemis Hunde zum Geschenk, und von dem Gott Pan, ihrem männlichen Pendant, erhielt sie selbst drei langohrige, gefleckte Jagdhunde zum Geschenk, die laut Mythos gemeinsam über ausreichend Kraft verfügten, lebendige Löwen aus ihrer Hütte zu zerren. Sieben weitere Jagdhunde, die sie von ihm bekam, gehörten der berühmten lakonischen Rasse an. Der Göttin weniger edle Hunde anzubieten, hätte auch sicherlich niemand gewagt.

Artemis wurde so unzertrennlich vom Hund gedacht, dass sich sogar ihre Priesterinnen beim Festumzug zu Ehren der Göttin von Hunden begleiten ließen und ihre Tempel mit Hundeköpfen verziert wurden.

In den mythologischen Berichten über Götter und Helden findet sich viel Menschliches-Allzumenschliches. Ebenso fehlbar wie die Menschen begingen sie verhängnisvolle Fehler, für die sie bestraft wurden, mussten vergebliche und unerfüllte Liebe erdulden und hatten bei alldem dieselben Laster und Probleme wie die Sterblichen. Daphnis zum Beispiel, der Sohn des Gottes Hermes und einer Nymphe, hätte eigentlich ein glückliches und erfülltes Leben führen können. Er war ein schöner sizilianischer Junge, der zwar von seiner Mutter ausgesetzt, aber von Pflegeeltern ordentlich aufgezogen worden war. Sein Halbbruder Pan hatte ihn das Flötenspiel gelehrt, mit Artemis, die Freude an seiner Musik hatte, pflegte er zu jagen und sogar der große Apollon war ihm zugetan. Zudem war er Liebling der Nymphen und Musen. Doch war er auch fleißig und widmete sich mit großer Sorgfalt der Viehzucht. Der Nymphe Nomia schwor er ewige Treue, kaum einmal ordentlich betrunken jedoch, brach er seinen Schwur, wofür ihn Nomia mit Blindheit strafte. Vom Glück verlassen suchte er noch für eine Weile Trost in traurigen Liedern, bis er schließlich von Hermes in einen Stein verwandelt wurde. Aber, warum wir von Daphnis erzählen:

Treu blieben ihm allein noch seine fünf Hunde:
Sanos, Podargos, Lampas, Alkimos und Theon.
Das Leiden ihres Herren nicht länger ertragend,
wählten sie nach Wehklagen und lautem Jammern
aus Liebe zu ihm ebenfalls den Tod.

Den Hund als festintegrierten Bestandteil einer göttlichen Welt kannte auch das Alte Mesopotamien, das Zweistromland zwischen den Flüssen Euphrat und Tigris, welches erst im 7. Jahrhundert nach Christus arabisch wurde und wo nach dem Ersten Weltkrieg der Irak entstand. Hier entwickelten sich zwischen dem 4. Jahrtausend und dem 6. Jahrhundert vor Christus in den altorientalischen Reichen Babylonien und Assyrien früheste Hochkulturen der Menschheit. Das Zweistromland erlebte in dieser Zeit verschiedenste Herrschaftsepochen und Völkerschaften, deren kulturelle Leistungen beeindruckend sind: Bereits im 3. Jahrtausend vor Christus hatte man prosperierende Stadtstaaten geschaffen. An deren Spitze stand zumeist ein Monarch, der von einer äußerst differenzierten Beamtenschicht unterstützt wurde, die unter anderem die lebensnotwendige Be- und Entwässerung des Bodens durch straffe Organisation und kenntnisreiche Landvermessung gewährleistete und so mit einer blühenden Landwirtschaft die Grundlage für den Reichtum Mesopotamiens schuf. Handel, Import und Export waren ebenso selbstverständlich wie die Kenntnis und Nutzung von Kalendern. Zwischen den Dienststellen kommunizierte man schriftlich, weshalb es auch in fast allen größeren Städten, wie Ninive und Assur, Archive mit Tontafeln gab. Oberster Gesetzgeber war der König, die wohl berühmteste Gesetzessammlung – der Kodex Hammurabi –, den der Herrscher gleichen Namens um 1700 v. Christus hatte schriftlich fixieren lassen und der die wahrscheinlich erste schriftliche Regelung zum Schutz von Tieren enthält: Unter Androhung von Strafen wird Tierhaltern untersagt, ihre Nutztiere über die Maßen auszubeuten.

Die Rechtsprechung oblag Richtern, alle Rechtsangelegenheiten wurden schriftlich festgehalten und gewöhnlich vor Zeugen verhandelt. Die große Bedeutung der Schriftlichkeit spiegelte sich auch in einer hohen gesellschaftlichen Achtung, die man dem Berufsstand der Schreiber entgegenbrachte. Der Hund nun hatte seinen Platz in dem vielschichtigen Religionssystem der Menschen, die keine einheitliche Religion und – ähnlich den Griechen und Römern – keinen Ein-Gott-Glauben kannten. Die vielen Stadtstaaten des Alten Mesopotamiens besaßen und verehrten häufig einen eigenen Stadtgott mitsamt Familie und Hofstaat, unterschieden zudem Hauptgottheiten von kleineren Schutzgöttern, die sich dem Schicksal der Menschen annahmen und deren Nöte den Hauptgottheiten vortrugen; ebenso kannte man Unterweltsgötter, zahlreiche niedere Gottheiten sowie gute und böse Dämonen. Der tägliche religiöse Kult war von großer Bedeutung, zu bewusst war man sich in der Antike wohl, dass der erworbene Wohlstand nicht nur aus menschlicher Hand stammte. Der Kult strukturierte das ganze Jahr: Ein großer Festkalender gewährte jedem Gott einen eigenen Festtag, und um den Göttern beständig Genüge zu tun, hatte es zeitweise sage und schreibe 30 Klassen Priester und 20 Klassen Priesterinnen gegeben, denen an jedem Tempel ein Oberpriester vorstand. Die bedeutende Heilgöttin Gula, eine der ältesten mesopotamischen Gottheiten überhaupt, sah man als Herrin der Grenzen an – und den Hund als ihren steten Begleiter. Die Eintrittskarte in die Welt der Götter waren seine diesseitigen Vorzüge, wie Wachsamkeit und Treue. Auf in Stein gemeißelten Grenzverträgen wurde die Göttin gemeinsam mit Hund dargestellt, am Thron der Göttin zu ihren Füßen liegend. Mitunter war er aber auch ihr Stellvertreter: Schon die alleinige Abbildung des Hundes muss die Göttin in so deutlicher Weise symbolisiert haben, dass die Gültigkeit der steinernen Urkunden außer Frage stand. Für nicht ganz so gesetzestreue Zeitgenossen ging man offenbar auf Nummer sicher und rief die Heilgöttin in Inschriften auf, Zerstörer der Verträge mit den schrecklichsten Krankheiten zu bestrafen: eine Drohung von höchst wirksamer Art.

Im Tempelbereich Gulas sind wahrscheinlich ihr zur Ehren Hunde gezüchtet oder zumindest gehalten worden: So sind auf einer Opferliste für die Göttin Futterrationen für Hunde verzeichnet und in der Nähe eines ihrer Heiligtümer in Isin aus dem ersten Jahrtausend v. Chr. fand man 33 Hundegräber, was nach bisherigen Funden als eine einzigartige Erscheinung für den Alten Orient gilt. Womöglich handelte es sich bei diesen Hunden um Opfertiere, die man der Göttin darbrachte, um von ihr eine Krankheitsheilung zu erbitten, denn es war in Gesellschaften, die das Tieropfer kannten, keinesfalls unüblich, Gottheiten eben jene Tiere zu opfern, die man mit ihnen in Verbindung brachte. Doch können diese Hunde ebenso gut lebendige Symboltiere Gulas gewesen sein, die in Tempelnähe gehalten und nach ihrem natürlichen Tod dort begraben wurden. Die Göttin selbst jedenfalls soll jedem gezürnt haben, der achtlos an leidenden Hunden vorbeiging, ihnen nicht zur Hilfe kam, wenn es nötig war, oder es versäumte, einen toten Hund zu begraben.

Weiterhin üblich war es, der Göttin kleine Hundestatuetten, die man häufig mit Inschriften versah, zu opfern. Das wahrscheinlich berühmteste dieser Exemplare kann man heute bei einem Besuch im New Yorker Metropolitan Museum bewundern: Da sitzt er nun, 41 Zentimeter groß, in wachsamer Haltung mit kräftigem Kopf und ebensolchen Eckzähnen, kurzem Fell, Halsfalten und geflochtenem Halsband und mahnt noch immer, die Gesetze der Götter anzuerkennen.

SEELENTRÄGER, BEGLEITER DER TOTEN UND ZAUBERLEHRLING

Mit der engen Verbindung zur dämonischen griechischen Göttin Hekate betritt der Hund ganz andere Sphären, die eng mit der damaligen Vorstellung vom Leben nach dem Tod und dem Geisterwesen verbunden sind.

In der hierarchischen Götterwelt stand Hekate außerhalb des göttlichen Wohnorts Olymp, doch Göttervater Zeus hatte ihr Anteil an Erde, Meer und Himmel verliehen und ihr außerdem als Tribut an die allgemein gefürchteten thessalischen Hexen die Gabe belassen, den Menschen Wünsche zu erfüllen. Als Herrin der Hexen, des Spuks und des Zaubers stellte man sie sich fackeltragend und geißelschwingend vor, von einem Heer begleitet, mit dem sie nachts umherzog und die Menschen erschreckte. Ihr Geisterheer bestand aus den friedlosen Seelen derer, die kein ordnungsgemäßes Begräbnis erhalten hatten, eines gewaltsamen Todes gestorben waren oder ihrem Leben von eigener Hand ein Ende gesetzt hatten. Rein äußerlich dachte man sich diese unglücklichen Seelen als Hunde, die, bevor ihnen der endgültige Eingang in das Jenseits möglich war, an der Seite Hekates durch ein Zwischenreich wandern mussten.

Hekate galt außerdem als Beschützerin sich kreuzender Wege, wo man ihr häufig Speiseopfer darbrachte und die im Spukglauben vieler Völker eine gewichtige Rolle spielten. Als Schutzpatronin der Zauberinnen konnte sie jedoch auch Spuk und Zauberei abwehren, und die kultischen Handlungen der Menschen, die ihr galten, hatten vor allem dies zum Ziel. Offizielle Kulte ihr zu Ehren hat es im griechischen Mutterland nicht gegeben, innerhalb des Volksglaubens und privater Kulte aber war ihre Bedeutung außerordentlich, und insbesondere in den unteren Volksschichten genoss sie breite und ernste Verehrung. Ihre Beziehung zum Hund galt als so eng, dass man sie sich selbst sogar zuweilen als Hündin dachte. In einigen Gebeten rief man sie als Hund an, um sie gnädiger zu stimmen oder bellte gar, um sie herbeizurufen. Da die Hunde ihr so nahestanden, glaubte man, diese könnten das Herannahen Hekates erkennen und würden sie durch nächtliches Zittern und Heulen ankündigen. Wollte man sich gegen die Göttin schützen, so ritzte man eine dreigesichtige Hekate mit einem Hundegesicht in einen Stein. Wollte man sie durch Zauber herbeirufen, zeichnete man ihr ebenfalls dreigesichtiges Bild mit einem Hundekopf auf ein Flachsblatt. Diese volkstümliche »Hunde-Göttin« behielt ihre Bedeutung für die Volksreligion während des gesamten Altertums.

Dass das menschliche Schicksal mit göttlichem Wirken verflochten war und Götter Segen wie Schaden bringen konnten, war fest im Glauben verankert. Unzählige Mythen führten den Menschen drastisch vor Augen, welch' fürchterliche Folgen es haben konnte, wenn man die Götter missachtete. Um sie günstig zu stimmen oder ihnen zu danken, vollzog man Tieropfer; neben Tänzen, musikalischen sowie sportlichen Wettkämpfen, Gebeten und Prozessionen eine der wichtigsten rituellen Grundformen der antiken Welt. Üblicherweise brachte man dabei Rinder, Schafe und Ziegen dar. Bestimmten Göttern aber opferte man Hunde, wie eben der Göttin Hekate oder den bereits erwähnten römischen Hausgöttern Lares Praestites, von denen man sich den Schutz des Hauses erbat. In Rom opferte man ein Mal jährlich am Fest des Gottes Robigus und der Göttin Robigo, die man für die Entstehung des gefährlichen Getreide-Rostes verantwortlich machte, eine Hündin von rotbrauner Farbe, um den schädlichen Befall des Getreides abzuwenden.

Dort, wo der Mensch gute und böse Kräfte wirksam glaubte, denen er begegnete und Respekt zollen musste, hatte also auch der Hund einen Platz, und die Verbindung zur unheimlichen Hekate deutet an, dass das Bild von ihm kein durchweg positives war. Verdächtig und unrein galt er zuweilen, denn ebenso wie heute verhinderte die Nähe zwischen Mensch und Hund, dass man ihn konsequent als eine andere Art ansah, deren Verhalten nicht mit menschlichen Maßstäben von Scham, Pietät und Sauberkeit gemessen werden kann, sofern man gerecht urteilen möchte. Das hohe Maß an Verständigung mit dem Hund, welches mit keiner anderen Tierart erreicht werden kann, ließ und lässt eben immer wieder vergessen, dass man doch nicht vom selben Stamme ist. Dies gereichte dem Ruf des Hundes auch in der Antike zum Schaden, wenn man ihn als unsauber erachtete, weil er sich von menschlichen Exkrementen und Abfällen ernährte, als schamlos, weil er sich vor aller Augen paarte und auf den Schlachtfeldern die Gefallenen fraß. Neben allem Wohlwollen existierte so ebenfalls ein negatives Bild vom Hund, den man einerseits an bestimmten heiligen Stätten als Wächter einsetzte und verehrte, während er andere Heiligtümer erst gar nicht betreten durfte (Interessanterweise galt in einem Demeterheiligtum im griechischen Achaia dieses Tabu nur für männliche Hunde – und Männer). Die der sonstigen Wertschätzung zuwiderlaufende Haltung spiegelte sich ebenso in der Sprache, und wiederum wird deutlich, wie leicht Menschliches auf den Hund projizierbar ist: Römer und Griechen kannten das Wort Hund als Schimpfwort, um unverschämte Gesinnung, Schamlosigkeit, Wut, Unsauberkeit und Unterwürfigkeit eines Menschen zum Ausdruck zu bringen.

Eine zwiespältige Haltung zum Hund findet man auch im Volks- und Aberglauben der Griechen und Römer, wo man von der gefahrenabwehrenden Wirkung bestimmter Teile des Hundes überzeugt war (Eine Erscheinung, die man heute noch bei vielen Naturvölkern und Indianerstämmen beobachten kann). Verbreitet war zum Beispiel das Tragen des Zahns eines jungen Hundes als Amulett, um Schreckanfälle zu vertreiben, das Auflegen von Hunden oder das Abreiben des Körpers mit ihnen, um Krankheiten, für deren Entstehung man dämonische Kräfte verantwortlich machte, zu bannen. Melitäischen Hunden sagte man nach, sie heilten Magenschmerzen, wenn man sie nur oft genug auf den Bauch legte. Hundeblut sollte gegen krätzeartigen Ausschlag helfen und die Milch einer Hündin, die das erste Mal geworfen hatte, das Wachsen lästiger Haare verhindern. Hundeharn wendete man bei Warzenbefall an. Menschen, die etwas verbrochen hatten und der Sühnung bedurften, rieben sich zuweilen mit jungen Hunden rundherum ab, da man glaubte, die Tiere würden die inneren negativen Kräfte im Menschen dabei aufsaugen wie ein Schwamm. Das Besprengen der Wände eines Hauses mit Hundeblut sollte das betreffende Haus vor schädlichen Einflüssen schützen, und auch die Opferung von Hunden kam innerhalb dieser Sühne- und Reinigungsriten vor. Eine große Rolle spielte der Hund in sogenannten Liebeszauberriten, die man durchführte, um sich die geliebte Person gewogen zu machen. Dabei fertigte man zum Beispiel einen Hund aus Wachs oder Weizenmehl an. Bei diesem Herbeiführungszauber stellte man sich unter dem Tier den Kerberos oder einen anderen dämonischen Hund vor, den man auf diesem Weg zwingen wollte, den Geliebten oder die Geliebte herbeizuschaffen. Gefahrenbannende Wirkung wiederum schrieb man dem Hund im Alten Mesopotamien zu. In bestimmten Epochen dieser Hochkultur vergruben die Menschen deswegen kleine Hundefiguren aus Gold, Silber, Bronze, Kupfer oder Ton im Boden, um Gebäude wie Tempel und Paläste zu schützen. Mitunter wurden auf die Figuren Inschriften geritzt, aus denen ihre Wächteraufgabe hervorgeht, und häufig trugen die Menschen Hundeanhänger um den Hals, um Gefahren abzuwehren. Womöglich versetzte auch hier, wie so oft, der Glaube Berge. Oder diejenigen, die etwa mit einem Amulett abgeschreckt werden sollten, glaubten ebenfalls fest an dessen Kraft und ließen ihre schlechten Absichten fahren.

Der in der Antike weitverbreitete Volksglaube an die gefahrenabwehrende oder gar zaubermächtige Wirkung des Hundes durch bloße Symbolhandlungen ist ohne die Wertschätzung und Kenntnis seiner tatsächlichen Fähigkeiten unvorstellbar. Ein Wesen, welches eine so große Nähe zum Menschen pflegte, die kein anderes Tier auch nur ansatzweise zulässt, in seiner Bedeutung auf den Bereich des diesseitigen Alltags zu reduzieren, schien den damaligen Zeitgenossen offenbar unvorstellbar.

DAS RÖMISCHE REICH GEHT – DIE GERMANISCHEN VÖLKER KOMMEN

Bedeutende Untergangs- und Übergangsphasen erlebten Mensch und Hund unserer Breitengrade mit dem Zerfall des großen und kulturstiftenden Römischen Reiches und der bereits im 3. Jahrhundert einsetzenden Wanderungen germanischer Völker, die durch Klimaverschlechterung, Bevölkerungswachstum und Druck anderer Völker gezwungen waren, im Westen Land und Heimat zu finden. An die Stelle des Römischen Reiches traten nun germanische Ansiedelungen und Reiche, die zum Teil nur von kurzer Lebensdauer waren, wie das sagenhafte Reich der Burgunder am Mittelrhein. Zwischen Rhein und Elbe, ehemals ebenfalls zum Römischen Reich gehörend, entstanden durch Mischung und Zusammenschluss die germanischen Völker der Alamannen, Sachsen, Franken, Thüringer und Bayern.

Man darf sich die Völkerwanderung nicht als einen chaotischen, von ständigen Plünderungen begleiteten Zerstörungsfeldzug wilder Berserker vorstellen. Auch wenn die politische Landkarte Europas eine gründliche Umgestaltung erfuhr, gab es keineswegs einen völligen Bruch mit Altem. Unverkennbare und weiterhin prägende Spuren römischer Kultur gingen in den germanischen Reichen auf, von denen einzig das Reich der Franken, zunächst unter dem Herrscherhaus der Merowinger, weltgeschichtliche Bedeutung erlangte. Im Gegensatz zu einigen ostgermanischen Stämmen, die bei der Landnahme plündernd und marodierend vorgingen, betrachteten die Franken die römische Kultur und Zivilisation als eine erstrebenswerte

Sache und waren auf Assimilation bedacht. So ließ man private römische Grundbesitzer weitgehend unbehelligt, soziale und wirtschaftliche Strukturen sowie Teile der römischen Verwaltung wurden übernommen und das Lateinische blieb Amtssprache. Auch das Kirchengut blieb unangetastet, die Kirche wurde wichtigstes Bindeglied zwischen Römern und Franken und übernahm mit ihren Klosterschulen die Pflege und den Erhalt der geistigen Hinterlassenschaften der Antike. Mit der Übernahme des römisch-katholischen Christentums um 500 n. Chr. durch die Merowinger wurde die Verschmelzung perfekt – das deutsche Mittelalter konnte kommen.

Die ersten Erfahrungen mit germanischen Völkern machte das Römische Reich bekanntlich lange vor seinem endgültigen Untergang schon zu Zeiten Caesars und Augustus'. Vieles, was wir über die germanischen Völker wissen, stammt aus der Feder römischer Autoren und diese schrieben natürlich Latein. Latein lasen, schätzten und verwendeten auch im Mittelalter diejenigen, die für Bildung und Kultur verantwortlich waren, und so blieben viele Schriften antiker Autoren auch über die Germanen, die vor dem Kontakt mit dem Römischen Reich selbst keine Schriftkultur besaßen, für die Nachwelt erhalten. Literarische Quellen also, aber auch archäologische, geben einige Auskunft darüber, dass die Germanen Hunde besaßen und mit sich führten – man denke nur an die bereits erwähnten Kimbern, die im Kampf gegen die Römer von ihren Hunden auf so beeindruckende Weise unterstützt wurden. Neben den außerordentlich wertgeschätzten Pferden erhielten bei den Germanen nur die Hunde Eigennamen, wovon die reiche germanische Sagenwelt zu berichten weiß.

In der Mehrheit müssen mittelgroße und große Hunde mit einer Widerristhöhe zwischen 45 und 67 Zentimetern gehalten worden sein, die dem Wolfsspitz, dem Collie oder dem Deutschen Schäferhund geähnelt haben sollen. Kleinhunde, wie man sie in der Antike schätzte, gab es in germanischen Siedlungen wohl nur sehr selten.

In der Hauptsache verwandte man Hunde offenbar zum Hüten und Treiben von Vieh, worauf entsprechende Verletzungen an gefundenen Hundeknochen hinweisen.

Der Einsatz von Hunden zur Jagd war bei den Germanen ohne Zweifel ebenfalls stark verbreitet. Dabei scheinen sie bestehende und vorgefundene Jagdhundformen je nach Bedarf beeinflusst zu haben, entwickelten schwere Schläge für die Rot- und Schwarzwildjagd, leichtere für die Hasen- und Beizjagd und mittlere Schläge zur Reh- und Fuchsjagd.

Ein sogenannter »piparhund«, althochdeutsch für Biberhund, wurde zur Jagd auf Biber verwendet. Weitere althochdeutsche Bezeichnungen wie »leitihunt«, »spurihunt« und »trĭbhunt« verdeutlichen die Aufgaben, die auf der Jagd gefordert waren.

Weitere Erkenntnisse über Hunde dieser Epoche hält die Archäologie bereit und daher weiß man, dass Hunde auch im Kriegsdienst Wesentliches zu leisten hatten. Gemeinsam mit dem Pferd gehörten sie zur Ausstattung eines germanischen Reiterkriegers, was man völkerwanderungszeitlichen Reitergräbern im Mittelelbe-Saale-Gebiet ablas, in denen man 23 Hundeskelette fand. Bei den Funden handelte es sich fast ausschließlich um männliche Tiere zwischen 62 und 68 Zentimetern Schulterhöhe, die zum Zeitpunkt der Grablegung etwa zwei bis drei Jahre alt waren. Alter, Geschlecht und Größe der Tiere sprechen dafür, dass der Kriegsdienst keine leichte Sache war, sondern einiges an Anforderungen für die Tiere bereithielt. Doch muss es neben dem funktional motivierten Einsatz auch emotionale Beziehungen gegeben haben, worauf ein weiteres Mal Hundebestattungen – diesmal nicht in Reiterkriegergräbern – hinweisen: Höchstwahrscheinlich erfüllten die Tiere als Grabbeigabe verstorbener Menschen die Aufgabe eines treuen Begleiters in das Totenreich. Kultischen Charakter hatten Bestattungen von Hunden bei den Germanen im schützenswerten Bereich von Häusern beziehungsweise unter Türschwellen, neben Herdstellen und in Pfostengruben. Diese Grablegungen wurden in der Regel sehr sorgfältig ausgeführt und sollten wohl dafür sorgen, dass das Tier den Menschen noch aus dem Jenseits vor dem Bösen von Außen bewahrte.

Gemeinsame Kulthandlungen waren nach germanischer Auffassung für das Wohl eines Stammes unbedingt notwendig. Der Sieg über Feinde, eine gute Ernte, Jagdglück, Gesundheit und Kindersegen hing in deren Glauben vom guten Willen nicht-menschlicher, überirdischer Mächte ab. Und hier hatte auch der Hund seinen Platz, genauer gesagt, die Bewunderung gewisser, seiner Art eigener Fähigkeiten.

Der Glaube an eine mögliche Verwandlung in ein Tier war bei den germanischen Völkern allgegenwärtig, und bei vielen Fruchtbarkeits- oder Initiationsfesten erfolgte eine Art rituelle Identifikation mit dem Tier. Zu dieser Verwandlung hüllte man sich in Tierfelle oder trug Masken, die das jeweilige Tier symbolisierten. Dadurch wollten die Menschen an denjenigen Eigenschaften des Tieres teilhaben, über die sie selbst nicht oder in nur gering ausgeprägtem Maße verfügten. Häufig ging es bei den rituellen Verwandlungen um die Stärkung der männlichen Kampfeskraft. Hund und Wolf, bei den Germanen von heute aus gesehen oft schwer zu trennen, spielten dabei eine wichtige Rolle. So besaßen beispielsweise die Langobarden eine Art Kampfgruppe, die man *Cynocephali* (Hundsköpfige) nannte und deren Symbol- und Identifikationstier der Hund war. Vielen germanischen Stämmen waren derartige Hunde- und Wolfskrieger bekannt, Männerbünde, die sich im Ritus mit Tieren identifizierten, deren Eigenschaften in gewissen Bereichen den eigenen überlegen waren. Die Tiere symbolisierten neben dem bereits Genannten aber auch die Seelen der Toten.

Bestandteil der germanischen Götterwelt waren – ebenso wie bei den Griechen – auch dämonische Hunde, von denen man glaubte, sie seien die friedlosen Seelen Verstorbener: Freya, Fruchtbarkeitsgöttin und Herrin der Toten, stellte man sich von Hunden begleitet vor. Alte Chroniken überliefern, wem das Schicksal, in dem Zwischenreich zwischen Diesseits und Jenseits als Hund ausharren zu müssen, drohte: im Kampf gefallenen Kriegern und anderweitig gewaltsam ums Leben Gekommenen, Ekstatikern, deren Seelen nicht mehr in den Körper zurückkehrten, und all denjenigen, die die notwendigen Bestattungsriten nicht erhalten hatten.

WILLKOMMEN IM MITTELALTER! VON UNDERDOGS UND PRIVILEGIERTEN

Mit der dauerhaften Etablierung germanischer Reiche auf ehemals römischem Reichsboden, wie dem Frankenreich der Merowinger und Karolinger, vor allem aber mit der Übernahme der Schriftkultur und dem Christentum tauchen Mensch und Hund in neue, wenn auch alt beeinflusste Lebenswelten ein und sind mittendrin im Mittelalter, welches beiden viel abverlangt.

Von obrigkeitlicher Seite werden Hunde streng nach ihrem Nutzen bemessen und müssen sich in hohem Maße an die gesellschaftlichen Verhältnisse anpassen. Aufgrund ihrer herausragenden Fähigkeiten haben sie einen besonderen Wert und werden sogar in die Rechtsprechung mit einbezogen. Davon zeugen unter anderem die Lex Gundobada – einer der ersten germanischen Gesetzestexte überhaupt – ebenso wie der berühmte Sachsenspiegel, der, zwischen 1220 und 1230 aufgezeichnet, deutsches Gewohnheitsrecht festhält.

Bereits diese ersten, schriftlich fixierten Gesetze im deutschsprachigen Raum kennen Wiedergutmachungsansprüche für den Leithund, den Windhund, den Kettenhund, den Hirtenhund, den Spürhund, den Meutehund, den Hetzhund und den Biberhund.

Tötete oder stahl jemand einen solchen Hund, so musste in der Regel ein Bußgeld entrichtet werden, wobei für den sogenannten Segusier, hinter dem sich ein Jagdleithund verbirgt, in gewissen Teilen des

Reiches die höchste Strafe gezahlt werden musste. Mitunter wurde bei der Wiedergutmachung sogar berücksichtigt, ob der geschädigte Hund im Stande gewesen wäre, einen Wolf zu töten – in einem solchen Fall fiel das zu leistende Bußgeld deutlich höher aus. Der Sachsenspiegel nennt für den Hofhund einen Pfennig Bußgeld, im Falle der Tötung eines Hofhundes unterschied man, ob dieser bei Tag oder Nacht, an der Kette liegend oder frei laufend getötet oder gestohlen wurde. Womöglich dachte man hier ganz konkret und unmittelbar: Ein Hund, der des Nachts frei herumlief und das Hab und Gut seines Herren bewachte, war zu diesem Zeitpunkt einfach von höherem Wert, der dann auch bezahlt werden musste. Das Gesetzesbuch der Bayern, die Lex Baiuvariorum, kannte sogar schon einen Notwehrpassus: Wurde jemand von einem Hund angegriffen und erschlug ihn, so musste dem Besitzer anstelle des Geldes lediglich ein anderer Hund gestellt werden; der Hofhund trägt hier übrigens die heute noch verwendete Bezeichnung »hovawart«!

Für den »schaferode«, den Hirtenhund also, waren mancherorts drei Pfennige zu zahlen – ebenso viel wie für eine gestohlene oder getötete Ziege in der Säugezeit. Übrigens müssen die Hunde der Hirten, denen die Haltung keineswegs einschränkungslos erlaubt war, für diese besonders wertvoll gewesen sein. Die mittelalterlichen Hirten kannten nämlich, ganz ähnlich wie ihre griechischen Vorgänger, einen Hundesegen, mit dem nun jedoch regelmäßig Sankt Martin und Christus angerufen wurden, die Hunde zu schützen und unversehrt nach Hause zu geleiten.

Neben der Geldbuße war im Mittelalter für die Tötung eines Hundes noch eine Naturalienbuße verbreitet: das sogenannte Hunderecht. Dabei hängte man den getöteten Hund am Schwanz oder an den Hinterläufen auf, sodass die Schnauzhaare den Boden berührten, und bedeckte ihn so lange mit Weizenkörnern, bis er vollständig zugedeckt war.

Auch Schäden übrigens, die von Hunden verursacht wurden, regelte man gesetzlich und zog ihre Besitzer dafür zur Verantwortung.

Die ständige Präsenz von Hunden in den ältesten deutschen Gesetzestexten zeigt keineswegs nur, dass es Streit und Händel, deren Gegenstand Tiere waren, immer schon gegeben hat. Sie ist vielmehr eben ein Beleg dafür, dass die Nähe zwischen Menschen und Hunden groß war und man sich bereits in diesen, gerne als dunkel bezeichneten Zeiten bemühte, Gesetze zu finden, die diesen Wert bemaßen und vor allem schützten. Dass Hunde Bestandteil des Erbes waren, bestätigt dies ein weiteres Mal. Dennoch ist der Hund als geselliger Begleiter aller sozialen Schichten, unabhängig von seiner Rassezugehörigkeit und vom gesellschaftlichen Stand des Menschen, unabhängig auch von seiner Funktion und konkreten Nützlichkeit keine Erscheinung dieser Zeiten. Als reinem Gesellschafter hört man im Mittelalter selten von ihm, und wenn, dann ausschließlich an der Seite adeliger Frauen in Burgen, wo diese sich vor allem mit »kleinin hundel« die Zeit vertreiben. In poetischen Schilderungen begegnet das kleine Schoßhündchen ebenfalls in diesem Rahmen und wird in der größten Liebesgeschichte der Weltliteratur verewigt:

Zum Trost für seine von ihm getrennte Isolde erwirbt Tristan das Hündchen Petitcriu und schickt es der Geliebten. Petitcriu wird zu Isoldes ständiger Begleitung, doch es ist mehr als nur ein Damenhündchen. Es ist ein Symbol der Liebe und der Treue.

Das alltägliche Leben von Hund und Mensch aber hat mit Poesie und neuzeitlichen Freiheitsvorstellungen zunächst noch lange nichts zu tun – es unterliegt anderen Gesetzen.

DIE JAGD: LEBENSINHALT VON HUND UND MENSCH

Das Dasein der Hunde und ihrer Menschen im deutschsprachigen Raum sowie in weiten Teilen Europas wurde noch vor wenigen Hundert Jahren durch das Vorrecht einer Bevölkerungsgruppe auf heute unvorstellbare Weise reglementiert und bestimmt: das einstige Jagdprivileg des Adels. War die Jagd zu Zeiten der Völkerwanderung wohl noch existenzielle Selbstverständlichkeit aller Schichten, die den Bedarf der Menschen an Fleisch und Kleidung in Form von Pelzen und Häuten deckte, so änderte sich dies bereits im Frankenreich des frühen Mittelalters unter dem Herrscherhaus der Merowinger, als nämlich der König begann, einen Großteil der Wälder des Reiches in Königswälder umzuwandeln, in denen er das alleinige Jagdrecht genoss. Vom 10. bis zum 13. Jahrhundert nun griffen neben dem König auch andere Adelige nach diesem Sonderrecht, im darauffolgenden Jahrhundert die Landesherren, die die noch bestehenden marktgenossenschaftlichen Wälder für die nicht adelige Bevölkerung bannten. Das Jagdrecht der unteren Stände wurde so nach und nach immer weiter beschnitten, auf Niederwild beschränkt und mit kaum ins Gewicht fallenden regionalen Ausnahmen im 15. und 16. Jahrhundert schließlich gänzlich beseitigt. Selbst bei der Vergabe von Teilen seines Grundeigentums zur Bewirtschaftung an abhängige Bauern gegen Abgaben und Dienste behielt sich der adelige Grundbesitzer sein alleiniges Jagdrecht auf dem vergebenen Boden stets vor. Doch auch innerhalb der keineswegs einheitlichen Adelsschicht entstand mitunter eine heftige Konkurrenzsituation um das begehrte Recht der Jagd, und nicht selten setzte sich dabei der niedere Adel gegen Beschneidungen seiner Jagdrechte durch den hohen Adel zur Wehr.

Das Sonderrecht der Jagd beinhaltete nicht nur die Jagd auf eigenem, sondern auch auf fremdem Grund und Boden, sofern man einen höheren gesellschaftlichen Stand als der eigentliche Besitzer oder die Bewohner hatte. Diesen konnte die Jagd selbst sowie sogar das bloße Betreten des Waldes unter Androhung drastischer Strafen verboten werden. Zu welchen Gewaltmaßnahmen die Jagdlust Herrscher bisweilen hinreißen konnte, zeigt die Geschichte Wilhelms von England, auch der Rote oder Rotkopf genannt. Dieser König des 11. Jahrhunderts ließ in seinem Reich 22 Kirchen mitsamt der umgebenden Dörfer niederreißen, um Hundeställe, Wildbahnen und Jagdhäuser zu errichten. Darüber, was mit den dazugehörigen Bewohnern geschah, schweigen die Quellen.

Wichtiger Bestandteil des Jagdprivilegs nun war das alleinige Recht auf Haltung sogenannter »edler« und »nützlicher« Hunde, unter denen Jagdhunde zu verstehen sind, die der gemeine Bauer oder Stadtbewohner gar nicht oder nur selten unter bestimmten Auflagen besitzen durfte. Aufgehoben wurde dieses adelige Sonderrecht erst erstaunlich spät, nämlich weit jenseits des Mittelalters im Jahre 1849, als die deutsche Nationalversammlung in der Reichsverfassung beschloss:

> »Die Jagdgerechtigkeit auf fremdem Grund und Boden, Jagddienste, Jagdfrohnden und andere Leistungen für Jagdzwecke sind ohne Entschädigung aufgehoben ...«

Die Jagd besaß im alltäglichen Adelsleben, in dem man in kleinen Gruppen zur Jagd zog, eine ebenso wichtige Bedeutung wie bei größeren ritterlichen Festen und Zusammenkünften. Beliebt waren die Pirsch, die Treibjagd sowie die Falkenbeize, die als besonders edle Jagdform galt. Begehrt und in den meisten Gegenden zum Hochwild gerechnet wurden Hirsche und Rehe, Wildschweine sowie Wildvögel wie der Auerhahn und der Fasan. Zuweilen bejagte man auch Bären und Wölfe. Hasen, Füchse, Rebhühner sowie Schnepfen und Enten zählte man zum niederen Wild. Wildgerichte galten als Herrenspeise und »Zierde einer wohlbesetzten Tafel«, die bäuerlichen Schichten in der Regel verboten war. Einer wirtschaftlichen Notwendigkeit entsprang die alltägliche Jagd in kleinerem Stil jedenfalls kaum und

Untersuchungen historischer Küchenabfälle zeigten, dass der Anteil an Wildbret innerhalb der täglichen Ernährung unter den Dächern der Privilegierten vielfach überschätzt wurde. In erster Linie war die Jagd in Adelskreisen des Mittelalters als »vornehmste Beschäftigung« Zeitvertreib, diente der Demonstration der eigenen herrschaftlichen Stellung und machte einen wesentlichen Teil des höfischen Lebens aus. Das Jagdvergnügen betrachtete man zudem als legitimen Ausgleich für die schwierige Regierungsarbeit und hielt sie zur geistigen und seelischen Erholung für umso notwendiger, je höher das Amt war, das man bekleidete.

Man schrieb der Jagd auch erzieherische Funktion zu und glaubte, sie bewahre den Adelsmann vor schädlichem Müßiggang und damit verbundenen Lastern. Ebenso wie die Antike war das Mittelalter vom hohen Wert der Jagd als Vorbereitung auf den Krieg und als Mittel der Körperertüchtigung überzeugt und so wurde sie im 12. und 13. Jahrhundert zu einem wesentlichen Bestandteil der höfischen Erziehung, die adelige junge Männer genossen.

Noch in der frühen Neuzeit formulierte Machiavelli, die Jagd müsse den Fürsten an körperliche Beschwernisse gewöhnen und zählte sie gar zu den militärischen Pflichten eines Fürsten.

Die strengen Strafen, die innerhalb der Epoche des adeligen Jagdprivilegs bei Wilderei für diejenigen, die man für nicht berechtigt hielt, angewandt wurden, zeigen ein weiteres Mal, welche elementare, heute kaum noch vorstellbare Rolle die Jagd in den Kreisen der Herrschenden damals spielte. Von vergleichsweise harmlosen Geldstrafen musste man mit Zuchthaus- und Prügelstrafen, Zwangsarbeit, Handabschlagen sowie Landesverweis rechnen, und sogar die Todesstrafe wurde zuweilen verhängt. Besonders radikal ging man im Wiederholungsfall vor, und auch Mitwisser und Helfer wurden bestraft. Doch diese drakonischen Maßnahmen hatten nicht nur das Ziel, den Wildbestand zu erhalten, sodass stets ausreichend Jagdwild für die oberen Schichten vorhanden war. Denn neben den Vorrechten, die man als unantastbaren Bestandteil einer gottgewollten Ordnung betrachtete, waren mit der Zugehörigkeit zum Adelsstand auch Pflichten und Verantwortung verbunden. Der Fürst oder der adelige Grundbesitzer besaß seinen Untertanen gegenüber eine Schutz- und Fürsorgepflicht, gegen die er im Sinne Gottes bei Vernachlässigung ebenso verstieß wie der Bauernsohn, der das Jagdprivileg seines Herren missachtete. Und so glaubte man auch mit der Wilderei-Gesetzgebung, den Untertanen vor den vielen Gefahren der Jagd zu beschützen, da der dazu notwendige Waffenbesitz nur zu Mord und Totschlag, zu Aufruhr und Schlägereien führen werde.

Die Jagd veränderte sich im Vergleich im Laufe der Zeit stark, und zwar vor allem durch den Einsatz von Feuerwaffen. Wurde zunächst noch mit dem Spieß, dem Wurfspeer, mit Pfeil und Bogen sowie gegen Ende des Mittelalters mit der Armbrust gejagt, so setzte sich zum Ausgang des 16. Jahrhunderts das Feuergewehr, das man bis dahin als nicht waidmännisch betrachtet hatte, bei der Jagd durch. Nach wie vor wichtiger Teil des höfischen Lebens sowie der Erziehung junger adeliger Männer, diente die Jagd nun immer weniger der Vorbereitung auf Kriegszüge, blieb aber unbedingter Bestandteil der Repräsentation von Herrschaftsansprüchen. Im Zeitalter des Absolutismus schließlich verkam sie zur dekadenten Prunk- und Großveranstaltung gelangweilter Adelskreise, die mit Körperertüchtigung oder gar fairem Kampf, bei dem auch der Mensch Leib und Leben aufs Spiel setzte, nichts mehr zu tun hatte. Von einem Herzog in Südwestdeutschland, der 1766 seinen Geburtstag in großem Stile feierte, wurde berichtet, er habe zu diesem Anlass 20 Stück Rotwild, 12 Rehe, 10 Wildschweine, 120 Hasen, 60 Fasane, 100 Feldhühner und 50 Wildenten auftischen lassen, die zuvor natürlich erjagt worden waren. Immerhin verwendete man die getöteten Tiere dabei zumeist vollständig, verschenkte oder verkaufte überschüssiges Fleisch unter anderem an Hospitäler, Arme oder Geistliche und ließ sich die Häute der Wildtiere von Sattlern, Kürschnern, Schuh- und Hutmachern abnehmen.

Doch hob auch Kritik an derartigen Auswüchsen an und kein Geringerer als Preußenkönig Friedrich der Große bemerkte dazu 1740, dass die meisten Könige und Fürsten drei Viertel ihrer Lebenszeit auf der Jagd verbrächten, die dabei weder zur Kriegerertüchtigung noch zur Pflege der Gesundheit tauge, nur zur Unempfindlichkeit und grausamer Gewöhnung daran führe, das Leiden von Kreaturen mit anzusehen und dadurch auch im Mitgefühl zum Menschen abzustumpfen.

Bei den neuzeitlichen Prunkjagden wurde ein unvorstellbarer Aufwand betrieben und unglaubliche Mengen an Wild, Jagdpersonal und Hunden aufgeboten. Das Wild musste zunächst in großer Zahl in abgesperrte Jagdgebiete geschafft und dann dem Standort des höchsten der anwesenden Jagdherren zum bequemen Abschuss zugetrieben werden. Die mittelalterliche Verachtung vieler adeliger Jagdmänner für Jagdzüge, auf denen dem Wild auf unwaidmännische Weise Fallen gestellt wurden, hatte ihre Geltung verloren.

Bei der besonders beliebten Parforcejagd, die aus Frankreich und England nach Deutschland kam, wurden mitunter bis zu 800 Hunde eingesetzt. Die Hundemeute hatte hier mit dem Jagdpersonal die eigentliche jagdliche Aufgabe der Wildhetze, die adeligen Herren folgten ihnen lediglich und töteten die gestellten und an der Flucht gehinderten Tiere. Bei der sogenannten Wasserjagd mussten Personal und Hund das Wild durch begrenzte Fluchtwege in Seen oder Flüsse treiben, wo dann die Herrschaften auf Schiffen oder künstlichen Inseln warteten und die Tiere erschossen oder gar lediglich beobachteten, wie die Hunde das Wild während des Schwimmens erlegten. Am weitesten entfernte sich die Jagd von ihrem ursprünglichen Ideal der Körper- und Charakterbildung wohl bei der sogenannten Sprengjagd, bei der Hunde das Wild auf steile Höhen oder künstlich errichtete Bühnen trieben, von wo aus es dann in die Tiefe sprang. Übrigens steht die Errichtung vieler heute noch wegen ihrer malerischen Anlage und feinen Architektur bewunderten Jagdschlösser in diesem Zusammenhang: In wald- und wildreichen Gegenden wurden sie häufig so erbaut, dass der adelige Jäger nicht einmal mehr ins Freie musste, sondern das zugetriebene Wild vom Fenster aus erschießen konnte, wie beispielsweise das Jagdschloss Karlsberg, welches ein Herzog im 18. Jahrhundert bauen ließ und das Platz für 800 Hunde und 1500 Pferde bot.

»EDLE« UND »SCHÄDLICHE« HUNDE

In Zeiten dieser fester Hierarchien unterschied man nicht nur edle und nützliche von sogenannten unnützen oder schädlichen Hunden, auch innerhalb der zur Jagd tauglichen Hunde gab es eine Rangordnung. Den speziell abgerichteten Leit- oder Spürhund betrachtete man als den edelsten der Jagdhunde, denn er hatte die schwierigste Aufgabe zu leisten: Er nahm die Fährte des Wildes, auf das er abgerichtet war, auf, suchte mit stets tiefer Nase, durfte sich dabei durch nichts ablenken lassen und keinesfalls Laut geben. Bei seiner Arbeit blieb er an einer langen Leitleine. Ferner zählte man die Laufhunde in der Art der Windhunde zu den zur Jagd tauglichen Hunden. Eingesetzt wurden sie bei der Jagd auf Hasen, Füchse und Rehe, und ihre Aufgabe war es, das Wild im Laufen einzuholen und zu fangen, ohne dabei zu bellen. Auch sie waren im ganzen Mittelalter sehr geschätzt und galten als so edel, dass man sie mitunter zum Wappentier machte. Schweißhunde sollten der Spur des angeschossenen Wildes folgen und es verbellen, sobald sie es ausfindig gemacht hatten. Sogenannte Hetzhunde hatten dem Jäger das Wild zuzutreiben. Saufinder sollten das Wild aufspüren und so lange zum Verharren zwingen, bis der Jäger zur Stelle war. Die Saufinder, für die man ein Gewicht von etwa 30 bis 35 Kilogramm annehmen kann, sollen auf der Jagd häufig einen Hundepanzer getragen haben, eine Art Überwurf aus festem Leinen und Fischbein. Dieser Panzer bedeckte den

Rücken, die Brust und die Flanken des Hundes und hatte den Zweck, das Tier vor Verletzungen durch das wehrhafte Schwarzwild zu schützen. Da jedoch die derart gepanzerten Hunde stark an Beweglichkeit verloren, benutzte man Hundepanzer spätestens im 19. Jahrhundert so gut wie gar nicht mehr.

Auch für den Menschen muss die Jagd auf Wildschweine zumindest im Zeitalter ohne Schusswaffen recht gefährlich gewesen sein, denn immer wieder wurde berichtet, dass so mancher Jagdherr dabei sein Leben verlor. Die gewünschte Zahl an Hunden zur Sauhatz zu bekommen, war übrigens auch für die hohen Herren keineswegs immer ein Kinderspiel, weswegen man sich hier gerne der Untertanen erinnerte, die von Berufs wegen Hunde halten mussten: die Hirten. Von ihnen verlangte man nicht selten, kräftige Exemplare zur Verfügung zu stellen. Wer sich weigerte, dem drohte das Verbot, überhaupt Schafe zu halten, und somit der Entzug der Existenzgrundlage. Wer einen ungeeigneten, weil zu kleinen Hund abgab, hatte ebenfalls mit Bestrafung zu rechnen.

Die Parforcehunde, die durch die zunehmende Popularität, dieser Art zu jagen, weite Verbreitung fanden, hetzten das Wild gemeinsam mit den Jägern zu Pferde so lange, bis es ermattet gestellt werden konnte. Von diesen Hunden erwartete man besonderen Gehorsam, mussten sie doch unangeleint in großer Meute zwischen den Pferden laufen.

Wie gingen ein mittelalterlicher Jagdbursche und sein Hund, die im Auftrag ihres Herren beispielsweise eine Hirschjagd vorzubereiten hatten, nun vor?

Der Jagdknecht zog an der Spitze der Jäger los und hielt seinen Leithund dabei zunächst ganz kurz hinter sich. Bereits früh am Morgen hatte er allein mit seinem Hund eine Vorsuche unternommen, dabei nach der Losung eines Hirsches Ausschau gehalten und dort eine Kennzeichnung gelegt. Nun ließ der Bursche – dessen Bindung an das Tier, das nicht seines war, größer gewesen sein dürfte als die des eigentlichen Besitzers – den Leithund dort Witterung aufnehmen und gab ihm schließlich mehr und mehr Seil, damit er immer selbstständiger nach der Spur des Hirsches suchen konnte. Gleichzeitig markierte der Jagdknecht den Weg für die ihm nachfolgenden Knechte mit ihrer Hundemeute, die das Wildtier schließlich stellten, sodass es der herrschaftliche Jäger nur noch töten musste. Doch damit war die Jagd für die Hunde noch nicht beendet. War das Wild erlegt, erhielten Leithund und Meute eine Belohnung, um ihre Lust an Jagd und Hetze, aber offenbar auch ihren Gehorsam zu fördern: Innerhalb dieser sogenannten Curée, die nach einem festen Ritual dort abgehalten wurde, wo das Wild zur Strecke gebracht worden war, nahm der Jagdknecht zunächst den abgetrennten Kopf des Hirsches und ließ den Leithund daran zerren. Die anderen Jagdknechte schnitten inzwischen das Wildbret in Stücke und gestatteten den Hunden schließlich, sich auf das Fleisch zu stürzen. War etwa die Hälfte verschlungen, trennte man sie von dem Fressplatz, wobei wenig zartfühlend die Gerte zum Einsatz kam, und trieb sie dem Jagdmeister zu, der ihnen ebenfalls Teile des Hirsches, in erster Linie Innereien, zuwarf, um die sie kämpfen sollten. War dies erledigt, durften die Hunde zu den Resten des Wildbrets zurücklaufen und auch diese vertilgen.

ALS LEHRBUBE BEI DEN EDLEN HUNDEN

Die Jagdknechte, die die Hunde im Alltag betreuten, jagdlich ausbildeten und führten, hatten seinerzeit eine höchst anspruchsvolle Schule zu durchlaufen. Empfohlen wurde, die Ausbildung des Jägerburschen im zarten Alter von sieben Jahren beginnen zu lassen, da nach vorherrschender Meinung die vollkommene Beherrschung dieses Berufes verlangte, sich ein Leben lang damit zu befassen. Dem Lehrjungen stellte man einen guten Lehrmeister an die Seite. Zunächst musste der Junge alle Hunde eines Zwingers dem Namen und dem Aussehen nach unterscheiden lernen, wobei die Anzahl der Jagdhunde in den Anlagen durchaus um die 70 oder mehr betragen konnte, was viel Beobachtungsvermögen von den jungen Auszubildenden verlangte. Die Jungen lernten, die Zwinger und Ställe der Hunde ordentlich auszumisten, hatten zweimal täglich das Trinkwasser der Hunde zu erneuern und mindestens alle drei Tage die Einstreu der Tiere zu wenden. Die Burschen hielten sich Tag und Nacht bei den Zwingern der Hunde auf, um Raufereien zu verhindern und außerdem am Fressverhalten der Tiere mögliche Krankheiten abzulesen. Die Zwinger mussten von Ungeziefer frei gehalten werden, Pfähle waren mit Stroh zu umwickeln und als Lösestellen in den Boden zu rammen, Rinnen anzulegen, damit Wasser und Urin abfließen konnte. Jeden Morgen hatten die Jungen die Hunde zu einer Wiese zu führen, wo diese frisches Grün fressen konnten – worüber man sich anders als heute nicht wunderte, sondern dies für gesundheitsfördernd hielt – mussten ihre Schützlinge außerdem auskämmen und sorgfältig mit Stroh abreiben. Auch die richtige Fütterung der Hunde, je nach Alter, Geschlecht und Belastung war zu lernen. Mutet der Lehrplan bislang noch recht harmlos an, so wurde es spätestens bei folgenden Dingen schon komplizierter: dem sogenannten Jägerlatein, d. h. der Zuordnung des Wildes nach Geschlecht, Alter und körperlicher Beschaffenheit zu Trittsiegel und Losung, dem Erkennen der rechten Zeit, die Hunde während der Jagd loszubinden und dem Ablesen des Jagdverlaufs am bloßen Gebell, ohne Sichtkontakt. Der unterschiedliche Gebrauch der menschlichen Stimme war ebenfalls wichtiger Ausbildungsinhalt, denn es war unbedingt notwendig, die Hunde in den verschiedensten Arten anzurufen, und zwar nicht nur, um sie zu schelten oder zu loben. Je nach Wildart, die der Hund jagte, war er anders anzusprechen. Für all diese anspruchsvollen Aufgaben hatten die zumeist adeligen jungen Jägerburschen sieben Lehrjahre bis zu ihrem vierzehnten Lebensjahr, dem Ende der Ausbildung, Zeit. Enge Beziehungen zu den Hunden dürften dabei häufig geknüpft worden sein und gleichzeitig zu den Höhepunkten eines Jägerburschenlebens gezählt haben – auch wenn man mit der Erfüllung dieser Aufgabe nie eigene Tiere, sondern stets die eines, sicherlich nicht immer geliebten, Herren versorgen musste. Schlimm konnte es den Burschen ergehen, wenn sie bei ihrer Arbeit Fehler machten. Zumindest der Herzog von Zweibrücken verstand bei der Versorgung seiner Jagdhunde wenig Spaß. Seine 100 Hunde, die täglich ein Pfund Fleisch und drei Pfund Brot erhielten, waren in Kompanien eingeteilt und wurden vom Jagdpersonal sorgfältigst umhegt. Jeden Morgen musste über das Befinden der Hunde Rapport abgelegt werden. Machte ein Jägerbursche bei der Verpflegung seiner Zöglinge einen Fehler, so wurden ihm die Haare abgeschnitten und er kam auf unbestimmte Zeit als Ruderer auf eine Galeere, wo mancher von ihnen vergessen wurde und sein Leben an der Seite von Verbrechern fristen musste. Den Schreibern, die die Aufgabe hatten, die Namen aller Hunde in Büchern festzuhalten, erging es bei Unachtsamkeiten nicht besser. Auch sie wurden bestraft – so wie der Pfarrer, der den Eintrag eines neugeborenen Menschenkindes in das Taufbuch versäumt hatte.

VON WASSER, BROT UND SCHLAMPE

Der ureigenen Passion nachgehen dürfen, im Anschluss daran sogar Teile der redlich erlegten Beute erhalten und somit regelmäßig in den Genuss von Fleisch kommen: wenn auch verbreitet, so doch keineswegs der Alltag der sogenannten edlen Hunde, die – anders als ihre herrschaftlichen Besitzer – weitaus häufiger mit vegetarischer Kost vorliebnehmen mussten. Das, was die Jagdhunde tagtäglich in ihren Näpfen vorfanden, kam eher der Speise des einfachen Volkes nahe und die bestand im Mittelalter vorwiegend aus Getreide und variabel war dabei höchstens die Darreichungsform: gemahlen, gebacken, geschrotet, gekocht oder gequollen als Brei.

Während des Mittelalters hatte eine starke Ausdehnung des

Getreideanbaus stattgefunden, was in erster Linie den Anbau von Roggen betraf, der bereits im späten Mittelalter zur wichtigsten Getreideart Mitteleuropas geworden war. Der ebenfalls weit verbreitete Haferanbau scheint die Menschen – und wohl auch die Hunde – dabei vor den drastischsten Mangelkrankheiten bewahrt zu haben. Die Konzentration auf den Ackerbau und die in großen Teilen Deutschlands vorherrschende Dreifelderwirtschaft wurde zu einer der Hauptursachen der allgemeinen getreidelastigen Ernährung, verhinderte außerdem die Ausbreitung anderer Kulturpflanzen und bewirkte letztendlich den Rückgang des Anteils tierischen Eiweißes bei der täglichen Nahrung. Der gängige Alltagsbrei der Menschen wurde durch Milch, Molke, Schmalz, Öl, Gemüse, Obst und Eier ergänzt und angereichert. Fleisch gab es in der Regel bei den unteren Schichten eher selten, Fisch, wie andere Produkte auch, nur dann, wenn die jeweilige Region dies hergab.

Da das Getreide sowohl bei der Ernährung der Landbevölkerung als auch in den städtischen Unterschichten die herausragende Rolle spielte, verwundert es kaum, dass es auch zur Ernährungsgrundlage der Hunde wurde, die sich, ebenso wie die Menschen, an diese Gegebenheit anzupassen hatten. Seit die Kartoffel im 18. Jahrhundert in Mittel- und Nordeuropa ebenfalls zum Grundnahrungsmittel der Menschen wurde, finden sich auch Empfehlungen, dem üblichen Getreidebrei aus Haferschrot für die Hunde außer Salz, Fett und heißem Wasser, abgekochte Möhren und Kartoffeln beizumischen.

Die Tatsache, dass die Fütterung der Jagdhunde so stark an vorherrschende Bedingungen angepasst werden musste, bedeutete jedoch nicht, dass man den edlen Tieren einfach völlig unterschiedslos irgendeinen Brei vorwarf. Im Gegenteil, die Fütterung der zur herrschaftlichen Jagd bestimmten Hunde war einer strengen Organisation, klaren Vorschriften und einer Vielzahl von Empfehlungen kundiger Leute unterworfen. So wurden nur bestimmte Bäcker damit beauftragt, das Brot für die Jagdhunde zu backen. Zu diesem Zweck wurden zwischen den Bäckern und dem jeweiligen Oberjagd-

Departement sogenannte Brotlieferungskontrakte geschlossen, die die Menge des zur Verfügung stehenden Getreides, die Anzahl der daraus zu backenden und zu liefernden Brote, die Entlohnung und sogar die Kündigungsfristen der Verträge genau festhielten und regelten.

Bei der Herstellung des »Hundebrots« konnten sich die Bäcker Schlampereien nicht leisten, der Vertrag schrieb vor, dass das Brot gut ausgebacken, nicht zu stark gesäuert und stärkehaltig sein musste. Keinesfalls durfte das Brot von schlechterer Qualität sein, als dasjenige, welches die menschlichen Bäckerkunden kaufen konnten.

Üblicherweise ergänzte man das Brot durch Nahrungsmittel wie Molke, Milch, Fleischbrühe, Fleischabfälle und Innereien, um das Futter für die Tiere reichhaltiger zu machen, wobei man aber nach allgemeiner Auffassung die sogenannte »Schlampe«, einen Brei aus Brot und heißem Wasser, für die beste Nahrung hielt. Bei dieser aus heutiger Sicht einseitigen Ernährungsweise bemühte man sich, so weit das möglich war, allerdings sehr um Differenzierung, und es finden sich in dieser Epoche eine ungeheure Anzahl an Fütterungsratschlägen und -vorgaben, wie beispielsweise die des Gaston Phoebus, eines französischen Grafen des 14. Jahrhunderts, der eines der wichtigsten Denkmäler mittelalterlicher Literatur hinterließ, 1600 Hunde besessen haben soll und die Jagd neben dem Waffenhandwerk und der Liebe zu den drei wichtigsten Dingen im Leben zählte. Sein vierbändiges Werk von der Jagd wurde zum Bestseller seiner Zeit und zu einer der wichtigsten Quellen über Jagdhunde und deren einstiges Leben. In einem seiner Jagdbücher nun, welches er ausschließlich den Hunden widmet, schwärmt er nicht nur begeistert von deren wunderbaren Eigenschaften und besingt sie als edelste und klügste Tiere, die Gott geschaffen hat, sondern widmet sich ausführlich den einzelnen Rassen, ihrem Aussehen, ihrer Dressur, ihren

Krankheiten sowie der richtigen Pflege, Haltung und Ernährung. Seinen Empfehlungen und auch denjenigen weiterer Autoren ist abzulesen, wie viel Gedanken und auch Anstrengungen darauf verwendet wurden, die Tiere mit dem, was zur Verfügung stand, zu versorgen.

So riet man zu einer speziellen Fütterung der Welpen von der neunten Woche bis zu einem halben Jahr mit abgekochter und mit Brotkrumen vermengter Ziegen- oder Kuhmilch am Morgen und einer Fleischbrühe mit Brotbrocken am Abend oder zur Fütterung von in Molke aufgeweichtem Brot. Getrocknetes Brot sollten sie erst mit Besitz ihres Dauergebisses erhalten.

Auch zur Menge des Futters, das die herrschaftlichen Hunde erhalten sollten, wurden mitunter genaue Ratschläge gegeben:

> Morgens 1 1/2 Pfund Brot aus reinem, geschroteten Roggen und drei Stücke zerklopfte und weichgekochte Schafsbeine, abends ein 3/4 Pfund trockenes Brot.

Wie diese Ratschläge in der Realität umgesetzt wurden, lässt sich schwer feststellen, denn die Quellen berichten Unterschiedliches: Mal ist von drei Pfund Brot, mal lediglich von zwei Pfund täglich für die Jagdhunde die Rede. Dass Fleischfütterung auch für Jagdhunde keineswegs eine Selbstverständlichkeit darstellte, zeigt auch die Empfehlung des berühmten Gelehrten Albertus Magnus, der rät, tragenden und laktierenden Hündinnen etwas (!) Fleisch unter das Futter zu geben. Zusätzlich riet man für tragende Hündinnen zu Gerstenbrot, säugenden empfahl man Getreidebrei, angefeuchtet mit Kuh- oder Ziegenmilch, da dies den Milchfluss erhöhen sollte. Anders als heute spielte Milch bei der Ernährung der Hunde eine recht große Rolle, wobei sich allerdings nicht immer genau sagen lässt, ob Kuh-, Ziegen- oder Schafsmilch verwendet wurde. Durch entsprechende Getreidemengen glaubte man, das Verhalten der Tiere beeinflussen zu können, und so finden wir bei dem oben genannten

Phoebus den Hinweis, Brot in größeren Mengen sei ein adäquates Mittel zur Bekämpfung der Trägheit bei Hunden. Streng unterschied man die Fütterung der Tiere auch je nach Belastung, und so sollten die Jagdhunde während der Jagdzeit zusätzlich zum Getreide Fleisch und Innereien erhalten, um der hohen Belastung besser gewachsen zu sein. Als passende Belohnungshappen für Spürhunde riet man zu Käse, der auch tatsächlich seit dem 13. Jahrhundert bei der Abrichtung der Hunde eingesetzt worden sein soll. Dass man den edlen Jagdhund nicht als Resteverwerter verstand, zeigt die lange Liste der damals für den Hund als schädlich bekannten Nahrungsmittel, die so mancher Mensch hingegen wie selbstverständlich zu sich nahm: Sauer gewordene Suppe, Suppen, denen Wein oder Bier zugesetzt war, saure Milch, Bohnen und Pastinaken. In der frühen Neuzeit erkannte man die Schädlichkeit von Schokolade, Tee und Kaffee für den Hund, was darauf hinweist, dass es Zeitgenossen gegeben haben muss, die den Hund mit diesen Leckereien »beglückten«.

WIE DER »HERR JAGDHUND« RESIDIERTE

Während die eigentliche Jagd nur wenigen vorbehalten war, hatte für Haltung und Pflege der adeligen Jagdhunde nahezu die ganze Bevölkerung in irgendeiner Form zu sorgen, denn keineswegs alle herrschaftlichen Hunde besaßen auch Zugang zu den herrschaftlichen Gemächern, mussten aber, gerade außerhalb der Jagdzeit, dennoch untergebracht und gefüttert werden, was vor allem kostensparend organisiert sein wollte. Hatte noch Karl der Große, der ein passionierter Jäger gewesen sein soll, immerhin die Kosten für die Versorgung seiner Hunde selbst getragen, so entstand mit der sogenannten Hundelege im 12. Jahrhundert eine besondere Organisation der Haltung, die den gesellschaftlichen Verhältnissen der Zeit entsprach. Zunächst brachte man das Gros der Jagdhunde in Klöstern unter, die jedoch über diese Aufgabe wenig erbaut waren. Zu einer originellen Aktion, um sich die vierbeinige Invasion vom Hals zu halten, griff daher einst der Abt von Murhardt. Graf Ulrich von Württemberg war auf einer seiner Jagden in das Kloster eingefallen und ließ sich und seine Hunde dort mit Saus und Braus verköstigen. Der Abt aber ritt mit einigen der Seinen an den Hof des Grafen nach Stuttgart und setzte sich mit diesen täglich an die fürstliche Tafel. Nach einigen Tagen wurde er gefragt, was er vorzubringen habe, und er antwortete:

»Bislang war ich der Meinung, das Kloster Murhardt sei vom Kaiser Ludwig für geistliche Ordensbrüder gestiftet worden. Jetzt aber muss ich mit ansehen, dass es ein Hundestall ist, denn die Hunde meines gnädigen Herrn lagern sich haufenweise darin. Solange diese im Kloster sind, bin ich willens, hier zu bleiben. Mein Herr kann mich leichter erhalten als ich seine Jäger und Hunde.«

Der Graf soll, als ihm dies zu Ohren gekommen war, den Missbrauch abgestellt haben.

Die vorwiegend bäuerlichen Untertanen aber konnten sich kaum – und schon gar nicht auf solche Weise – von dieser Pflicht befreien. Stets mussten sie nun die herrschaftlichen Hunde auf eigene Kosten dienstfertig halten und ernähren, was höchst unbeliebt war, und immer wieder scheint es Fälle gegeben zu haben, in denen sich Betroffene die Versorgung der Hunde durch Geld- oder Getreidezahlungen vom Leib zu halten versuchten. Neben der bäuerlichen Bevölkerung wurden bestimmte Berufsgruppen wie Abdecker, Müller und in Bayern auch Bierbrauer mit der Haltung der Hunde belastet, da man diesen aufgrund ihres Berufes zutraute, die Jagdhunde ernähren zu können. Dieser, aus der hohen Bedeutung der Jagd erwachsene Frondienst beinhaltete aber nicht nur die Versorgung und Pflege der Tiere außerhalb der Jagdzeit. Begann die Saison, wurden die Hunde in der Regel auf das Jagdpersonal der Herren aufgeteilt.

Die Untertanen, die das Pech hatten, in unmittelbarer Nähe des Jagdgebietes zu leben, mussten während des Jagdzuges ihre Herren mitsamt Personal und Hunden verköstigen – ganz so wie im beschriebenen Fall des Klosters Murhardt. Das konnte größere Bauernhöfe, aber auch ganze Gemeinden treffen.

Doch nicht alle adeligen Jäger wollten insbesondere ihre kostbaren Leithunde in bäuerliche Hände geben und ließen sie stattdessen das ganze Jahr über von speziellem Jagdpersonal betreuen, das neben jagdlichen oft auch forstliche Aufgaben hatte. Der Ruf, den dieses Personal in der Bevölkerung genoss, war in späteren Zeiten recht schlecht. Während die höheren Ämter ausschließlich von Adeligen bekleidet wurden, dienten die »niederen« Aufgaben des Jagd- und Forstdienstes in der Realität nicht selten ausgedienten und invaliden Soldaten als Auffangbecken, und diese verhielten sich dem gemeinen Volk gegenüber, gelinde gesagt, oft ungehobelt und frech.

Gleich nun, wo man seine Hunde unterbrachte, an die Unterbringung stellten die Herren einen vergleichsweise hohen Anspruch. Die Zwinger sollten eine bestimmte Mindestgröße nicht unterschreiten, Öffnungen haben und von einer Wiese umgeben sein, damit die Tiere sich austoben konnten. Außerdem forderten damalige Hundekenner einen Kamin, um die Zwinger oder Ställe in kalten Tagen beheizen zu können. In seiner ständigen Nähe wollte ein bayerischer Kurfürst des 18. Jahrhunderts seine Hunde wissen. Für die besonders wertvollen Exemplare hielt er in einem Raum der Amalienburg, einem Jagdpavillon nahe des Nymphenburger Schlosses, spezielle Hundekojen bereit. Dem Königshaus der Habsburger waren seine Leithunde ebenfalls zu kostbar, um sie von Untertanen betreuen zu lassen. Daher unterhielten sie seit dem 16. Jahrhundert in und um Wien sogenannte Rüdenhäuser, die vorwiegend den edelsten der Jagdhunde vorbehalten waren und in denen die Tiere beständig von entsprechendem Personal betreut wurden. Übrigens verwendete man Rüden hier lediglich als Oberbegriff für besonders große und kräftige Hunde, denn auch weibliche Tiere gab es dort. 1637 lebten in einem solchen Rüdenhaus ein Rüdenmeister, zwölf Rüdenknechte, ein Torwärter und ein Bäcker, der die hauseigene Bäckerei zur Verpflegung der Hunde betrieb. In der Regel besaßen die Rüdenhäuser auch eine eigene Mühle, die ausschließlich damit beschäftigt war, die Unmengen an Getreide zur Fütterung der Hunde zur Verfügung zu stellen. Der Rüdenmeister musste bei der Fütterung der Hunde stets anwesend sein, denn Veruntreuungen des Getreides durch das ihm unterstellte Personal waren ebenso wenig eine Seltenheit wie die Tatsache, dass die in den Rüdenhäusern lebenden Hunde besser genährt waren als mancher Mensch.

Eine Aufstellung der Verpflegungskosten gibt Auskunft über die Zahl der dort lebenden Hunde und eine Vorstellung über die notwendigen Mittel zu ihrer Ernährung: So wurden in einem Jahr über 26 englische Jagd- und acht weitere Leithunde beständig unterhalten, von Mai bis Mitte September zusätzliche 56 Kuppeljagdhunde und nochmals 56 sogenannte Bauernrüden. Hunde also, die sich eigentlich im Besitz von Bauern befanden und von diesen zeitweise zur Verfügung gestellt werden mussten. Hinzu kamen weitere Jagdhunde ungenannter Zahl für die Hirschjagd in den Monaten Juni und Juli.

KEINE FREIHEIT FÜR DIE UNNÜTZEN HUNDE!

Das Jagdprivileg der kleinsten Bevölkerungsschicht griff also einschneidend in den Alltag der größten Schicht, der Bauern, Handwerker und Gewerbetreibenden ein und machte ihnen mit einer Unmenge an Verboten und Weisungen das Leben schwer. Die hohen Kosten für die Haltung und Verpflegung der Jagdhunde, die vor allem die Bauern ungeheuer belastete, ein häufig generelles Waldverbot, das sie hinderte, ihre Schweine in den Wald zu treiben, um sie dort Nahrung finden zu lassen, waren dabei aber nur eine Seite der ungeliebten Medaille. Unmöglich war es vor allem für die bäuerliche Bevölkerung dieser Epoche, nach eigenem Gutdünken und

Bedarf Hunde zu halten, und so mussten die Menschen außerordentliche Einschränkungen hinnehmen, die dem Schutz und der Hege des herrschaftlichen Wildes galten. Bauern und Privatleuten verbot man häufig schon das bloße Halten eigener Jagdhunde und verlangte außerdem im deutschsprachigen Raum spätestens seit dem Ausgang des Mittelalters von den Menschen, die Bewegungsfreiheit ihrer Hunde einzuschränken, damit diese nicht in die herrschaftlichen Wälder liefen, um dort jagen zu gehen. Oft schrieb man sogar die Rasse vor, die auf dem bäuerlichen Hof gehalten werden durfte, und so kam es, dass der jagdlich unverdächtige Spitz in einigen Gegenden zum typischen Bauernhofhund wurde. Den Hund an die Kette zu legen, war noch die harmloseste aller Einschränkungen, die im Laufe der Jahrhunderte immer drastischer wurden und schließlich in Südwestdeutschland um 1800 in einer jährlichen Musterung aller »unnötigen Hunde« durch die Obrigkeit gipfelte, die »aus dem Weg geräumt werden sollten«, eine Maßnahme, die offiziell der Eindämmung der Tollwut, die damals noch Hundswut hieß, dienen sollte, in Wahrheit aber die Beseitigung aller Hunde zum Ziel hatte, die der kurfürstlichen Jagd schädlich werden konnten. Unzählige polizeiliche Vorschriften, die sich in nahezu allen Forstordnungen dieser Zeit befinden, beschränkten Mensch und Hund.

Im Sauerland mussten die Bauern ihren Hunden seit 1618 einen Knüppel von mindestens einer Elle (entspricht etwa 50 Zentimetern) umlegen, der ihnen vor den Füßen baumelte und schnelles Laufen unmöglich machte. Eine Verfügung aus dem Jahre 1570 aus Hessen verlangte, den Hunden, die sich nicht im Besitz von Jägern befanden, die Sehnen der Hinterläufe zu durchtrennen, und gestattete lediglich für Hirten-, Metzger- und Polizeihunde eine Ausnahme. Den Schwarzwälder Bauern befahl man, ihren Hunden sogenannte Bengel umzubinden, um zu verhindern, dass sie das Wild von den Feldern verjagten, und im Erzstift Mainz mussten die Hunde zu demselben Zweck hölzerne Kreuze tragen.

Legten sich die Hunde zu nah ans Feuer und gerieten durch das sich entzündende Holz um ihren Hals in Panik, so konnten gefährliche Brände entstehen, was tatsächlich so häufig passiert sein muss, dass man 1824 in Münster das sogenannte Knüppeln der Hunde wegen der damit verbundenen Feuersgefahr verbot. Wie lange das Knüppeln noch Sitte blieb, zeigt eine Zeitungsnotiz aus dem Jahre 1841 aus Oldenburg. Mit Hilfe einer Anzeige versuchte ein Mann, seinen entlaufenen Hund zurückzubekommen. Er beschrieb ihn als »Schwarzen Kettenhund mit eisernem Halsband und Knüppel daran.«

Die Menschen litten am Knüppeln ihrer Hunde mindestens ebenso wie diese selbst, denn das in Massen gehegte Wild fand in den Wäldern schon bald keine ausreichende Nahrung mehr und verursachte auf den Feldern, Äckern, in den Gärten und Weinbergen große Schäden, worüber die Beschwerden der Bauern bis in das 19. Jahrhundert nicht abreißen; in einer Beschwerdeschrift beklagt eine Gemeinde, der Wildschaden sei der wichtigste Übelstand und die Bauern dagegen fast machtlos, obwohl sie ihre Felder nachts selbst bewachten, doch dabei nicht einmal ihre Hunde benutzen durften und diese auch noch durch umgebundene dicke Holzstäbe am freien Lauf hindern mussten, damit sie das Wild nicht von den Feldern vertreiben könnten. Die in ihrer Existenz bedrohten Bauern durften sich gegen die Wildtiere auf ihrem Grund unter Androhung strenger Strafen weder mit Hilfe ihrer Hunde noch mit Waffen zur Wehr setzen, nur in wenigen Territorien des Reiches war der Einsatz geknüppelter oder kleiner Hunde hierzu erlaubt. Mit der Beschneidung der Bewegungsfreiheit der Hunde war das Ende der Fahnenstange allerdings noch nicht erreicht, denn vielfach versuchte die Obrigkeit wie im geschilderten Beispiel aus Südwestdeutschland auch die Tötung der »nicht zur Jagd tauglichen und daher unnützen« Hunde durchzusetzen und den Besitz von Hunden allgemein immer weiter zu beschränken. In Bayern bezahlte man dem Forstpersonal zeitweise eine Belohnung für jeden erschossenen Hund, und die nassauischen Fürstentümer gingen mit zahlreichen Verordnungen im 18. Jahrhundert gegen den Besitz »unnötiger und der Jagd schädlicher Hunde« vor. Gegen diese Beschränkungen zu eigenen Lasten und zu denen der Hunde organisierte sich durchaus schon mal kollektiver und sogar erfolgreicher Widerstand: So hatte sich etwa die Zürcher Bauernschaft 1489 gemeinsam gegen den Befehl des Stadtrates, zum Schutz der herrschaftlichen Jagd die bäuerlichen Hofhunde zu töten, zur Wehr gesetzt und auch der Einzelne hat sich an die herrschenden Bestimmungen oft genug schlicht einfach nicht gehalten. Durch die Jahrhunderte des adeligen Jagdprivilegs mussten die verhängten Verordnungen beständig wiederholt, eingefordert und verschärft werden, was zeigt, dass die Menschen zu keiner Zeit widerspruchs- und widerstandslos Einschränkungen bei der Haltung eigener Hunde hinnahmen und schon gar nicht wie selbstverständlich dazu bereit waren, ihre Tiere zu verkrüppeln und somit auf ihre wertvollen Eigenschaften zu verzichten.

FREUND UND JAGDGEFÄHRTE?

Das Verhältnis der unteren Schichten zu den adeligen Jagdhunden dürfte von recht wenig Zuneigung geprägt gewesen sein. Die Verpflichtung, diese ordentlich zu versorgen, wurde zu einer drückenden Belastung, denn neben den hohen Kosten für die Fütterung trugen die fronpflichtigen Menschen auch die Verantwortung für Gesundheit und reinrassige Fortpflanzung der Tiere und mussten im Falle einer Vernachlässigung ihrer Pflichten Ersatz leisten oder wurden auf andere Weise bestraft. Versuche, die Belastungen für die Untertanen auf gesetzlichem Wege in Maßen zu halten, wie in Bayern, wo sich um 1400 ein Herzog auf der Jagd nicht von mehr als drei Adeligen, zehn Dienern, fünf Pferden und 45 Hunden begleiten lassen durfte, waren selten und keine tatsächliche Entlastung. Die edlen Hunde wurden außerdem schlicht zu Nahrungskonkurrenten, denn 2 Pfund Brot täglich galten als das Bedarfsminimum für den Menschen und auch für den Jagdhund: Ein aufgeklärter Geist kritisierte in einer Zeitschrift im 18. Jahrhundert, jeder der zahlreichen, zur Parforcejagd einsetzten Hunde fräße täglich 2 3/4 Pfund Brot und Fleisch, aber auf einen Menschen rechne man in Deutschland gewöhnlich nur 2 Pfund am Tag. Und so kam es trotz der Strafandrohung immer wieder vor, dass die Jagdhunde schlecht gehalten wurden, verhungerten oder heimlich davongejagt oder verkauft wurden. Die Nahrungskonkurrenz zwischen Jagdhund und einfachem Volk muss sogar so weit gegangen sein, dass sich der Herzog von Hannover im 17. Jahrhundert einmal genötigt sah, zu verbieten, die von der herrschaftlichen Tafel abfallenden Knochen weiterhin an die an seinem Hofe lebenden Hunde zu verfüttern und stattdessen verfügte, die Knochen an die Einwohner der Stadt zu verkaufen. Dagegen wurde im Namen der Hunde beim Herzog empörter Protest eingelegt:

> »Wir, unterzeichnete Doggen, St.-Hubertus-Hunde, Windhunde, Spürhunde ... bitten Eure Hoheit untertänig, unsere Gründe für eine wichtige Beschwerde anhören und zu Gehör bringen zu wollen ... Denn wir haben durch unsere Korrespondenten erfahren, dass ein gewisser Jemand verlangt, die weichen Knochen, die geeignet sind, von Menschen gegessen zu werden, zu verkaufen ...«

Eine Verbesserung des Verhältnisses zwischen dem einfachen Volk und den herrschaftlichen Hunden hatte das sicherlich nicht zur Folge.

Der jagdliche Hunde-Frondienst wurden noch durch eine Vielzahl weiterer Verpflichtungen ergänzt, wie das Stellen von Zugtieren und Reitpferden, den Abtransport erlegten Wildes, das Anlegen von Waldwegen und Zäunen sowie ganz allgemein die Zur-Verfügung-Stellung von Arbeitskraft, die dann stets an anderer, wichtigerer Stelle fehlte. Hier müssen die Belastungen zum Teil so hoch gewesen sein, dass 1665 ein württembergischer Herzog dagegen einschritt, dass die Bauern bei Kälte, Schnee oder Regen oft mehrere Tage hintereinander in den Wäldern liegen mussten, um ihren Diensten nachzukommen, das Ihrige vernachlässigten und dabei sogar noch jämmerlich erfroren. Die Prunkjagdzüge der Neuzeit, die mehrere Wochen dauern konnten, stellten für die Bauern dabei die größten anzunehmenden Belastungen dar, waren diese doch in Aufwand und Dauer mit den gemäßigteren Pirschen früherer Tage überhaupt nicht mehr zu vergleichen. Angeblich soll die Jagdfron gegen Ende des 18. Jahrhunderts, als das adelige Jagdwesen seinen Höhepunkt erreicht hatte, allein für das Kurfürstentum Sachsen insgesamt um die 120 000 Arbeitstage verschlungen haben! Die Menschen, die dabei unter anderem die Hunde zu dem jeweiligen Ort der Veranstaltung bringen und dort auch führen mussten, waren vom vorher erwähnten ideal ausgebildeten Jagdburschen des Mittelalters weit entfernt. Wurden ganze Gemeinden zur dieser Arbeit verpflichtet, versuchten diese oft, so wenig Männer wie nur möglich zu stellen, um dadurch zu Hause in der Landwirtschaft weniger Arbeitskräfte missen zu müssen. Das aber führte dazu, dass ein Einzelner viel zu viele Hunde auf einmal führte und es zu gefährlichen Unfällen kam, bei denen die Hunde sich gegenseitig oder ihren Führer schwer verletzten.

DIE BAUERN WEHREN SICH GEGEN DIE EDLEN HERRENHUNDE

Die Missstände, die durch die herrschaftliche Jagd hervorgerufen wurden, führten nicht nur zu Missachtung von Vorgaben und passivem Widerstand. Oft genug griffen die Bauern zur Selbsthilfe und wurden gemeinsam mit ihren eigenen Hunden als Wilderer zu Gesetzesbrechern, obwohl sie nur ihre Felder vor den Schäden bewahren wollten, die das äsende Wild dort anrichtete. Fanden Strafen für Diebstahl, Mord und Totschlag bei allen Schichten in der Regel

Zustimmung, da man diese Taten für höchst frevelhaft und gottlos hielt, so war die Haltung der Wilderei gegenüber beim Volk eine andere, denn es sah in ihr eine gerechte Auflehnung gegen die adeligen Herren und keineswegs eine Straftat. Wilderer galten als edle Räuber, wurden mitunter regelrecht verehrt und genossen bei den Untertanen eine große Sympathie. Und so gelang es oft schlicht nicht, Wilderer zu stellen, obwohl denjenigen, die bei der Festsetzung eines Wilderers behilflich waren, häufig hohe Belohnung winkten. Das einfache Volk unterstützte die Obrigkeit hier einfach nicht. Wurde ein Wilderer dennoch einmal gefangen gesetzt, konnten die Strafen, wie bereits erwähnt, je nach Region höchst unterschiedlich sein, hatte er einen Hund dabei, so wurde dieser in der Regel erschossen.

Im Laufe der Zeit wurden die den Bauern auferlegten Beschwernisse so unerträglich, dass der Widerstand gewaltigere Ausmaße annahm und es im 15. und 16. Jahrhundert im deutschsprachigen Raum zu einer Reihe gewaltsamer Aufstände kam, die als Bundschuh-Aufstand am Oberrhein und Aufstand des Armen Konrad in Schwaben in die Geschichte eingegangen sind und schließlich in den Bauernkriegen der Jahre 1524/25 gipfelten. Während all der Jahre beklagten die Bauern als Beweggründe ihrer massiven Beschwerden bei der Obrigkeit und der Unruhen immer wieder die Verpflichtung, die herrschaftlichen Hunde aufzuziehen, die schweren Wildschäden sowie das Verbot, mit eigenen Hunden das Wild von den Feldern verjagen zu dürfen. Doch die Aufstände der Bauern waren nicht von Erfolg, das militärisch überlegene Heer des Schwäbischen Bundes schlug die Bauern und ließ ihrem Widerstand furchtbare Strafen folgen, in vielen Gebieten gerieten die Bauern für die nächsten Jahrhunderte in die Leibeigenschaft der Grundherren und in völlige politische Rechtlosigkeit. Die herrschende Jagdordnung wurde mit wenigen regionalen Erleichterungen versteinert und zwang die Bauern weiterhin, die ungeliebten Jagdhunde der Herren zu verköstigen, während die eigenen Hunde geknüppelt werden mussten. Der Protest der Bauern fand derweil so gut wie ausschließlich in Volks- und Bauernliedern statt, die gegen Ende des 17. Jahrhunderts in großer Zahl entstanden und die schweren Belastungen beklagen. Doch von unerwarteter Seite kam Hilfe. Der Aufklärung, die auf eine Verbesserung der Lebensbedingungen derjenigen Schichten drängte, die unter der erstarrten Gesellschaftsordnung zu leiden hatten, war die Jagd und die damit verbundene Ausnutzung der Untertanen ein unerhörter Dorn im Auge und ständiger Kritikpunkt. Sie forderte die Abschaffung des Jagdprivilegs und der Jagdfronen, ihre Waffen war das Wort:

Der Bauer an seinen Fürsten (Gottfried August Bürger)

Wer bist du, Fürst? daß ohne Scheu
Zerrollen mich dein Wagenrad,
Zerschlagen darf dein Roß?

Wer bist du, Fürst? daß in mein Fleisch
Dein Freund, dein Jagdhund, ungebläut
Darf Klau' und Rachen haun?

Wer bist du? daß durch Saat und Forst
Das Hurra deiner Jagd mich treibt,
Entatmet wie das Wild?

Die Saat, so deine Jagd zertritt,
Was Roß und Hund und du verschlingst,
Das Brot, du Fürst, ist mein!

Du Fürst hast nicht bei Egg' und Pflug,
Hast nicht den Erntetag durchschwitzt!
Mein, mein ist Fleiß und Brot! –

Ha! du wärst Obrigkeit von Gott?
Gott spendet Segen aus! du raubst!
Du nicht von Gott! Tyrann!

Bis der größte Teil der damaligen Bevölkerung den als edelsten geltenden Hund nicht mehr als Feind betrachtete, da er von der Belastung, für ihn aufzukommen, entbunden war, musste noch etwas Zeit ins Land gehen. Erst im Verlauf der Revolution von 1848 gelang es, wie eingangs beschrieben, das Jagdprivileg abzuschaffen und die Verantwortung für alles, was mit der Haltung, Aufzucht und Verpflegung von Jagdhunden zusammenhing, zur Privatsache zu machen. Und so sank auch die Zahl der Hunde, die ein Jäger hielt, bis heute wieder auf eine überschaubare Größe, und Klagen der folgenden Art gehörten endgültig der Vergangenheit an:

»Eine unserer Provinzen ist jetzt ganz und gar gleichsam ein Jagdrevier ... Der über diese Landschaft gesetzte Prinz hält ganze Regimenter Jagd-Hunde, die bei dem Landmanne einquartiert sind, und von diesen frei beköstigt werden müssen ... Ohnlängst reisete der Prinz ... sein Gefolge war ein Heer von 600 Jagd-Hunden.«

MACHT STADTLUFT FREI?

Im Mittelalter bis weit in die Neuzeit hinein kannte man auch in den Städten die Unterscheidung eines nützlichen von einem schädlichen Hund. Die sogenannten nützlichen Hunde waren in erster Linie die großen Metzger- und Fleischerhunde der Städte, ohne die dieser Berufsstand unmöglich existieren und seine städtische Kundschaft mit Fleisch hätte versorgen können. Er diente dabei nicht nur als

Wächter, sondern war vor allem als Treiber großer Viehherden unentbehrlicher Helfer. Hierbei mussten mitunter sehr große Strecken zurückgelegt werden, und bis zum Aufkommen der Eisenbahn trieben diese Hunde von Ungarn her riesige Rinderherden zur Versorgung der Bevölkerung nach Wien und in den süddeutschen Raum hinein. Auch als Zugtiere kamen diese bullenbeißerartigen Hunde zum Einsatz, aus denen in späteren Zeiten Rottweiler und Boxer gezüchtet worden sein sollen. Übrigens waren auch die städtischen Metzger auf mehrfache Weise in die Gewährleistung der herrschaftlichen Jagd mit eingebunden, denn nicht selten belastete man gerade sie mit der Hundelege, da man die edlen Jagdhunde dort besonders gut versorgt glaubte. Zusätzlich wurden sie regelmäßig verpflichtet, dem herrschaftlichen Jagdpersonal zur Abrichtung der Jagdhunde »Probevieh« zu liefern. Eine Aufstellung der Stadt Wien aus dem Jahre 1769 spricht von sage und schreibe 106 Schweinen, die die Fleischer jeden (!) Herbst zur »Einhetzung« der Jagdhunde liefern mussten. Manchmal zwang man die Metzger, ihre eigenen, kräftigen Hunde zur gefährlichen Wildschweinjagd zur Verfügung zu stellen, was diese nicht immer überlebten, doch auch nur der zeitweise Verzicht auf ihre wertvollen Treibhunde konnte den Metzgern existenziell zusetzen. Der außerdem weitverbreitete Einsatz von Metzgerhunden als Transportmittel war übrigens eines der wichtigsten Betätigungsfelder der ersten Tierschutzvereine, wovon später noch die Rede sein wird.

Die mittelalterlichen Städte (und lange Zeit weiterhin auch die neuzeitlichen) waren zuweilen voll von streunenden Hunden. In hoher Zahl bevölkerten sie die Straßen, ständig auf der Suche nach Nahrung, trieben sie sich, ebenso wie viele frei laufende Schweine, in den Gassen herum. Dabei waren diese Hunde keineswegs alle herrenlos. Insbesondere arme Leute schickten ihre Tiere regelmäßig in Richtung eines Abdeckers, damit sie sich dort an den Abfällen gütlich tun konnten. Zuweilen müssen die Hunde auf den Straßen derart überhandgenommen haben, dass die Obrigkeit sie als Plage ansah, wie zum Beispiel im mittelalterlichen Köln. Die Stadt Wien war von diesem Phänomen Jahrhunderte später noch betroffen, dort beklagte die Polizei in der ersten Hälfte des 19. Jahrhunderts immer wieder die Haltung »unnützer Hunde«, deren Besitzer es den Tieren selbst überließen, auf den Straßen nach Nahrung zu suchen. So soll es um 1815 in Wien geschätzte 30 000 Hunde gegeben haben, von denen wohl ein Großteil zu den Selbstversorgern gehörte, denn ihre Besitzer waren häufig Studenten, Handwerksburschen, Knechte und Bettler, die sich nur mit Mühe selbst über die Runden bringen konnten. Als besonders »schädlich und unnütz« wurden die Hunde jener Leute angesehen, die selbst am Rande der mittelalterlichen und auch noch neuzeitlichen Stadtgesellschaft standen, wie Landstreicher, Gaukler, Dirnen und ähnliche als suspekt geltende Gruppen. Diesen verdächtigen Menschen verbot man per se häufig die Haltung großer Hunde, damit sie im Falle eines Falles besser und vor allem gefahrlos gestellt werden konnten. Doch ist es höchst zweifelhaft, dass diese sich an das Verbot einer Obrigkeit hielten, die ihnen den Schutz der Gemeinschaft verwehrte.

Hunde und ihre Besitzer hatten in den Städten eine Vielzahl von Maßnahmen zu erdulden, die alle das Ziel hatten, die Zahl der »unnützen« Hunde ohne erkennbare Aufgabe auf den Straßen zu verringern, die Hundehaltung einzuschränken oder gänzlich unmöglich zu machen. Die harmlosesten Maßnahmen, die hier ergriffen wurden, waren die ständig wiederholten Ermahnungen an die Metzger, aber auch an andere Berufsgruppen wie Wirtsleute, ihre Hunde nicht frei laufen zu lassen, sie auf den Straßen nur an der Leine zu führen und ansonsten sicher im Haus zu verwahren. Zudem versuchte man ein Hundeverbot in Gaststätten und öffentlichen Einrichtungen durchzusetzen. Immer wieder bekannt sind aus dem Mittelalter Aufforderungen, Hunde nicht mit in die Kirchen zu nehmen, was sich allerdings wohl nur Adelige gestatteten. Ein Prediger des 15. Jahrhunderts wetterte, für die Hunde und Falken der geistlichen Herren sei kein Platz in der Kirche, und auch Karl der Große hatte seinen Würdenträgern schon zu einem früheren Zeitpunkt ausdrücklich verboten, ihre Lieblingshunde mit in den Gottesdienst zu nehmen. Diese sollen das Verbot umgangen haben, indem sie der Messe vom Vorplatz aus beiwohnten – durch die offene Kirchentür. Denn, wie es in Sebastian Brants berühmtem »Narrenschiff« heißt:

> »Wer Vögel, Hund in Kirchen führt –
> beim Beten andere beirrt.«

Verordnungen zur Hundehaltung wurden in Wirtshäusern angeschlagen, um sie unter die Leute zu bringen, und die permanenten Wiederholungen dieser Vorgaben zeigen, dass man sich eher halbherzig bis gar nicht daran hielt. Die Einführung der Hundesteuer, die zu Beginn des 19. Jahrhunderts in Preußen initiiert wurde, hatte ebenfalls das Ziel, eine zu große Hundedichte zu vermeiden und gleichzeitig diejenigen, die wirtschaftlich so potent waren, dass sie sich die Haltung eines Hundes leisten konnten, zum Wohle der Gemeinschaft zur Abgabe einer gewissen Geldsumme zu bewegen. Auch dagegen muss es lang anhaltenden Widerstand gegeben haben, denn Gemeinderäte und Behörden sahen sich wiederholt gezwungen, Hunde ohne gültige Steuermarke einzufangen, zu töten oder die Hunde zahlungssäumiger Besitzer zu konfiszieren. Oftmals war die Not der keineswegs generell begüterten Hundebesitzer in den Städten der Grund für die Zahlungsverweigerung, und vor allem in den Kriegsjahren 1917 und 1918 sind aus Wien ständige Bitten an die zuständigen Gemeinden bekannt, die Zahlung der Hundesteuer zu stunden oder doch zumindest Ratenzahlungen zu gewähren, wie im Falle einer alleinerziehenden Mutter mit Hund, deren Mann in Gefangenschaft war und die das Geld für die Steuer nicht aufbringen konnte. Vielen blieb in dieser Zeit nichts übrig, als ihre Hunde töten zu lassen, da sie weder die Hundesteuer entrichten konnten noch Geld für Futter übrig hatten. Aber auch Wohlhabende wehrten sich gegen die Entrichtung der Hundesteuer, beispielsweise indem sie ihre Hunde auf den Namen eines Angestellten mit geringerem Einkommen anmeldeten.

Seit dem Mittelalter kannte man aber noch weitaus drastischere Maßnahmen, gegen die Streuner der Straßen vorzugehen, die entweder tatsächlich niemandem gehörten oder deren Besitzer sich nicht an die obrigkeitlichen Ver- und Gebote hielten. In vielen Städten begann man daher, sogenannte Hundeschläger zu beschäftigen, die die frei laufenden Hunde töten und entsorgen sollten. Diese Tätigkeit durfte nur von ganz bestimmten Berufsgruppen ausgeübt werden, und zwar von solchen, die innerhalb der mittelalterlichen Gesellschaft ohnehin schon eine Außenseiterrolle einnahmen, da ihre Berufe als »unehrlich«, was unehrenhaft meinte, galten. Für »Unehrliche« hielt man fahrende Leute, Bettler, Spielleute, Dirnen, Bader, Barbiere, Kloakenreiniger, auch Goldgräber genannt, und schließlich diejenigen, die mit dem Tod in Berührung kamen, wie Henker, Schinder oder Abdecker. Obwohl insbesondere die Letztgenannten Tätigkeiten nachgingen, die damals von anerkanntem allgemeinem Nutzen waren, lebten sie in völliger Distanz zur den übrigen Stadtbewohnern und bereits der bloße Kontakt zu ihnen konnte zur Folge haben, dass man selber »unehrlich« wurde. Diese menschlichen Underdogs also hatten die streunenden Hunde der Städte besonders zu fürchten, denn nur sie durften ja den Hundsfang und die Hundstötung vornehmen, die so unbeliebt waren, dass sich unter den einheimischen »Unehrlichen« oftmals niemand fand, der bereit war, diese Aufgabe gegen Bezahlung der Stadt zu übernehmen: Der Kölner Rat musste 1498 einem »Hundsleger« vom Lande den Auftrag erteilen, alle Hunde ohne Marke zu erschlagen, obwohl die Stadt durchaus eigene Abdecker, Schinder und auch Henker besaß. Insgesamt müssen häufig Fremde aus dem unteren Randgruppenmilieu diesen »Job« übernommen haben, der selbst ausgewiesenen Schlitzohren mitunter wohl zu abstoßend war, wie im Falle des Peter von Goer, dem man alles Mögliche – vom Ehebruch bis zum mehrfachen Mord – vorgeworfen hatte, und der schließlich 1571 als Strafe für seine Taten in Neuss »geradbrecht«, also lebendig auf ein Rad gebunden und stranguliert wurde, angeblich ohne zuvor Reue gezeigt zu haben. Dieser Peter von Goer jedenfalls, der sich 1569 als Wohnsitzloser in Köln herumtrieb und sich mal als Bettler, mal als »duppenkramer« (duppen – mittelalterliche Bezeichnung für ein kleines Gefäß) durchschlug, hatte von der Stadt Köln den Auftrag erhalten, die streunenden Hunde totzuschlagen, was ihm laut Verhörprotokoll jedoch so zuwider gewesen sein soll, dass er sie lediglich in einen Graben warf und sich sodann aus dem Staub machte.

Die Stadtbewohner müssen auf die brutalen Methoden der Hundefänger und -schläger, die mit Fangschlinge oder Keule vorgingen, regelmäßig mit großer Empörung reagiert haben, und immer wieder kam es zu Tumulten, wenn die Hundeschläger die Tiere in den Fangschlingen über die Straßen zu ihren Wagen zerrten. Die öffentliche Empfindsamkeit zwang die Obrigkeit schließlich, die Hundstötungen im Stillen stattfinden zu lassen, und so wurde vielerorts verhängt, den Hunden ausschließlich nachts nachzustellen. Die niederösterreichische Regierung befahl zu diesem Zweck 1752, der Henker solle die frei laufenden Hunde jeden Monat ausschließlich bei Vollmond nach Mitternacht fangen und töten. Etwa 80 Jahre später wurden zahlreiche Verordnungen hinzugefügt, die ebenfalls das Ziel hatten, die Hundstötungen im Verborgenen durchzuführen: Verboten wurde der Hundefang auf stark frequentierten Spazierwegen, auf Kirchplätzen und Märkten, in der Nähe von Schulen und öffentlichen Einrichtungen, bei kirchlichen Feierlichkeiten, Prozessionen und Paraden. Die Wagen, in denen die Hunde abtransportiert wurden, sollten ab sofort abgedeckt sein, und man räumte eventuellen Besitzern immerhin eine Frist ein, in der sie ihren Hund abholen konnten, bevor er getötet wurde. Dass sich die beauftragten Hundeschläger nicht immer an diese Vorgaben hielten und häufig nur ihren Gewinn vor Augen hatten, der ihnen in der Regel pro Hund ausgehändigt wurde, zeigt ein Vorfall vor einem Wiener Schulhaus aus dem Jahre 1880, bei dem ein Hundefänger vor den Augen der Schulkinder seiner Arbeit nachging, was zu einem erneuten Verbot des Hundefangs vor Schul- und Amtsgebäuden führte. Auch kam es vor, dass die Hundefänger und deren Gehilfen Hunde anlockten, die Marken und Halsbänder ihrer Besitzer trugen, was ebenfalls oft heftige Auseinandersetzungen mit Passanten zur Folge hatte, und zeitweise mussten die Hundeschläger sogar durch die Begleitung von Polizisten vor Beleidigungen und tätlichen Angriffen der Bevölkerung geschützt werden. Dabei ging es dem aufgebrachten Publikum nicht nur um die Rettung ihrer Hunde, die mitunter sogar dann von den Hundeschlägern gefangen werden durften, wenn sie ein Halsband trugen und der Besitzer in Sichtnähe war: Der bloße Anblick der leidenden, dem Menschen nahestehenden Kreatur war es, der Protest hervorrief. Und dementsprechend waren es auch die Städte, die die Hundehaltung in vielerlei Hinsicht verändern und in die uns heute bekannte Richtung lenken sollten. Neue Zeiten kündigten sich an.

MENSCH UND HUND AUF DEM SPRUNG ... IN DIE MODERNE

LUXUS HUNDEHALTUNG

Im Hause Wahnfried zu Bayreuth besaß Siegfried Wagner um 1900 einen Bernhardiner, der schwer erkrankt war. Mehrere Tierärzte wurden herbeigerufen, doch reichte ihre Kunst nicht aus: Keiner der Doktoren konnte dem Tier helfen und so rieten sie seinem Besitzer, den Hund von seinen Leiden zu erlösen und zu erschießen. Damit wollte sich Wagner nicht abfinden und zog den Hausarzt der Familie, Dr. Landgraf, hinzu, der zu einer Operation riet. Diese wurde auch tatsächlich durchgeführt – im Operationssaal des Städtischen Krankenhauses in Bayreuth, wo Landgraf die chirurgische Abteilung leitete. Heraus kam nichts Gutes. Der Bernhardiner konnte trotz aller Anstrengungen nicht gerettet werden, und in der Bevölkerung war man über diesen Vorfall, der mehrere Wochen das Stadtgespräch bildete, empört. Der Arzt erhielt eine strenge Rüge vom Magistrat und wurde aufgefordert, derartigen Missbrauch in Zukunft zu unterlassen.

Dieser kleine Zwischenfall erzählt von einer neuen Intimität zwischen Menschen und Hunden – und von Zeitgenossen, die sich diese Intimität leisten konnten. Wiederum sind in dieser Epoche alle Veränderungen, die den Hund betreffen, ohne den Menschen, seine Entwicklung und Historie undenkbar, spiegeln sich gesellschaftliche

Umbrüche in keinem anderen Tier so markant wie in ihm. Nach wie vor gibt es im 19. Jahrhundert den Gebrauchshund, der als Hüte-, Treib- und Zughund von Metzgern und Gewerbetreibenden ausschließlich aus Notwendigkeit gehalten wird und für diese von unverzichtbarer ökonomischer Bedeutung ist, weiterhin den stark verbreiteten Kettenhund, der ein bedauernswertes Dasein fristet, und den Streuner der Städte, der um sein Leben bangen muss. Doch in dieser Zeit erobert sich der Hund neue Kreise mit weitreichenden Folgen für beide, Mensch und Tier. Der Hund wird im europäischen Raum *das* Lieblingstier der Menschen. Nicht mehr der gesellschaftliche Stand, den man durch Geburt mitbringt, räumt jetzt das Recht darüber ein, ob man Hunde halten darf oder nicht. Der finanzstarke Teil der gerade erst entstandenen bürgerlichen Schichten entdeckt den Hund für sich und ruft seine eigene Hundehaltungskultur ins Leben: Hunde hält man zum reinen Vergnügen. Zuerst in den europäischen Großstädten London, Paris und Berlin entsteht eine sogenannte Luxushundehaltung im großen Stil, wobei man unter Luxushund damals einen Hund versteht, der dem Menschen keine notwendigen Dienste leistet. Obendrein gelten lediglich Rassehunde als Luxushunde und erst einmal kommen nur sie in den Genuss verbesserter Lebensbedingungen. Mischlinge bezeichnet man gerne als Proletarier unter den Hunden – bis auch sie zum Familienmitglied breiter Schichten aufsteigen, haben ihre reinrassigen Artgenossen als Bewohner des innerhäuslichen Refugiums noch einiges an Pionierarbeit zu leisten. Wie aber kam es, dass man sich den Hund zum engsten tierischen Freund und Begleiter auserkor, dem sogar der Operationstisch des Hausarztes verfügbar gemacht wurde?

Philosophische und religiöse Strömungen verbreiteten seit geraumer Zeit ein völlig anderes Bild vom Tier als das Descartsche der Aufklärung, welches es zu einer bloßen, seelenlosen Maschine ohne Gefühle degradiert hatte. Die Gefühlskultur des Pietismus, der Empfindsamkeit und der Romantik waren es, die dem Tier seine unsterbliche Seele zurückgaben und einem Freundschaftskult mit ihm den Weg ebneten. Und wer wäre besser geeignet gewesen als der Hund mit seiner vollendeten Anpassungsfähigkeit, dem Menschen in Anbetracht von Industrialisierung, Vereinzelung und Sinnkrisen das Gefühl der Naturferne und Entfremdung zu nehmen und gleichzeitig sein Bedürfnis nach echten Gefühlsregungen und Authentizität zu stillen? Die Liebe zum Hund wurde fester Bestandteil in den Gesprächen des Alltags, zum gern besprochenen Thema in Zeitungsblättern, in der schönen Literatur sowie in populärwissenschaftlichen Veröffentlichungen. Dass dies zunächst ausschließlich dem Rassehund zugute kam, hängt mit einer weiteren, unausrottbaren menschlichen Eigenschaft zusammen: dem Bedürfnis nach Repräsentation und Distinktion; man konnte und wollte mit der Wahl des Hundes für jedermann klar erkennbar zeigen, welcher Schicht man angehörte, und sich durch den Besitz eines teuren Rassetieres vor allem von den unteren Gesellschaftsklassen absetzen. So signalisierte der Schoß-, der Luxus- und weiterhin der Jagdhund eine luxuriöse Lebensweise, den guten Geschmack und die gesellschaftliche Stellung seiner Besitzer. In der »besseren Gesellschaft« des Adels und des gehobenen Bürgertums galt sein Besitz als Ausdruck von Kultur, und unzählige Bürgersfamilien ließen sich in dieser Zeit auf Fotografien und Gemälden mit ihrem Rassehund abbilden. Sie waren also auch ein Zeichen der sozialen Ungleichheit.

VORBILDER UND MODEN

Bei den Vorlieben für bestimmte Hunde gab es, ganz ähnlich wie heute, Modetendenzen, die keineswegs aus dem Nichts heraus entstanden, sondern bei denen man sich stets nach dem sozialen Oben orientierte. Sind es heutzutage oft Medien und Prominente, die zwar selten gesellschaftsverbessernde Tätigkeiten aufweisen können und lediglich einem schnöden Materialismus dienen, aber dennoch

Trends setzen, so übernahmen in Zeiten ohne die gegenwärtige Medienpräsenz europäische Herrscher und mächtige Politiker diese Rolle. Ihre Begeisterung für bestimmte Rassen steckte höfische Adelskreise oder später das gehobene Bürgertum an. In Deutschland orientierte man sich dabei traditionsgemäß an Frankreich und England, wo die Luxushundehaltung schon etwas früher breitere Schichten erfasst hatte.

Zur Verbreitung von Schoßhunden als ständigen Begleitern hatte schon im 16. Jahrhundert Heinrich III. von Frankreich beigetragen.

> Stets trug er seine Kleinhunde bei sich in einem Korb, der an einer prächtigen Kette um seinen Hals hing. Selbst bei Audienzen und in der Kirche dachte er nicht daran, seine Hunde abzulegen.

Der Aufwand, den er mit seinen Tieren betrieb, soll Unsummen verschlungen und hinter vorgehaltener Hand durchaus Anlass zur Kritik gegeben haben. Dennoch regte sein Verhalten die Adelshöfe Europas zur Nachahmung an, und man begann dort nun einen regelrechten Kult um den (kleinen) Hund, was seltsame und zweifelhafte Blüten trieb: So versuchte man den Kleinhund möglichst kleinwüchsig zu halten, sperrte ihn zu diesem Zweck mitunter in enge Körbchen, gab ihm lediglich bestimmte Dinge zu essen oder flößte trächtigen Hündinnen Salpeter ein, um das Wachstum der ungeborenen Welpen entsprechend zu beeinflussen. Aus Bologna etwa war folgendes Prozedere bekannt:

> »Wenn du ganz Kleine haben willst, bestreiche ihnen täglich, vom Tag der Geburt an, des Öfteren die Füßchen und das Rückgrat mit Weinbrand.«

Angesichts solcher Sitten kann man nur von Glück sagen, dass sich mit dem natürlichen Abgang der jeweils tonangebenden Herrscher in der Regel auch der Geschmack änderte und eine bestimmte Hunderasse oder -form häufig wieder völlig in der Versenkung verschwand. Aus England nahm man sich Karl II., Karl III. und deren Nachfolger Jakob II. lange Zeit zum Vorbild. Alle drei große Hundenarren, bewirkten die beiden Erstgenannten, dass die Hunde, mit denen sie sich umgaben, als King-Charles-Hunde bezeichnet wurden und man große Summen für sie zahlte. Jakob II., der England seit 1685 regierte, soll bei einem ausgebrochenen Sturm auf einem Schiff ausgerufen haben:

»Kinder, rettet mir nur meine Hunde und Marlborough!«

Dabei setzte Jakob mit Marlborough nicht irgendjemand in die Reihe seiner Prioritäten, denn dieser war seines Zeichens immerhin ein Herzog, Staatsmann und Feldherr, dem König würdig genug, ihn zum General und Lord zu erheben. King-Charles-Spaniels besaßen seinerzeit freien Zugang, wohin es sie auch zog, denn eine Verordnung besagte, dass ihnen keine Tür des Königreichs verschlossen werden dürfe.

Unter Wilhelm III. von England kam eine andere Rasse zu Ruhm und Ansehen: Der Mops war es, der die Spaniels vom Thron schubste und nun zum Favoriten wurde. Der nun einsetzenden Begeisterung für Möpse liegt eine hübsche Anekdote zugrunde, die man sich damals erzählte. In einer dunklen Septembernacht des Jahres 1572 soll es einen völlig lautlosen Angriff der Spanier auf das Lager des Herrschers Wilhelm des Schweigers gegeben haben, den keiner der aufgestellten Wachen bemerkte. Allein sein Mops fängt plötzlich an zu wimmern und springt seinem Herrn, der zunächst nicht reagiert, schließlich ins Gesicht, um ihn zu wecken. Seine gelungene Rettung soll Wilhelm dem Möpschen zugeschrieben und dieser Rasse ein Leben lang die Treue bewahrt haben. Der Mops aber gewann durch die Verbreitung derartiger Heldengeschichten das Vertrauen und die Zuneigung stets gefährdeter Herrscher und wurde so an den Höfen

Europas im 18. Jahrhundert gemeinsam mit dem Bologneserhündchen zum »dernier cri«.

Doch kein Land, keine Lebensart und Hofhaltung wirkte darin derart vorbildhaft wie die französische. Am Hofe Ludwigs XV. soll es von Spaniels, Papillons und Bolognesern nur so gewimmelt haben, und überhaupt waren kleine Hunde aller Couleur im vorrevolutionären Frankreich ohne Zahl. Keine Karosse, so hieß es, habe damals gehalten, aus der Kutscher oder Bedienstete nicht zuvor der Dame das Hündchen hätten vom Schoß heben müssen, damit diese selbst aussteigen konnte. Viele Damen der feinen Gesellschaft führten zwei oder mehrere Hunde an Seidenbändchen aus, doch hatte die Hundeliebe in Frankreich zu diesem Zeitpunkt auch schon untere Schichten erfasst: kaum ein Kammermädchen, kaum eine Wäscherin, die sich keinen kleinen Liebling hielt. Spott blieb nicht fern.

Es war üblich, den Hunden die Namen von Göttern zu geben, was einen Schriftsteller, der dieses Treiben beobachtete, zu der Bemerkung veranlasste:

> »Man kann sich in Paris in Gesellschaft nicht mehr niedersetzen, ohne eine solche Gottheit zu erdrücken und, schuldig oder unschuldig, die Familie wegen der Beleidigung des Hausgötzen Feuer und Flamme auf einen speien zu sehen.«

Bei einem Spaziergang in den Tuillerien könne man kaum zwei Schritte tun, ohne dass jemand einen anrufe: »Prenez garde a mon chien!«, da schalle es von überall her die Namen der Hunde, man höre nicht selten Jupiters ganzen Hofstaat abrufen und stelle sich die Frage, ob man den Göttern jemals so viel Ehre erwiesen habe wie jetzt ihren hündischen Namensträgern.

Bedauerlich genug: Während der Französischen Revolution wurden neben den verhassten Adeligen und vermeintlichen Feinden der Revolution auch häufig deren Hunde hingerichtet, da diese als vierbeinige Repräsentanten des Adels galten. Man hatte nämlich ausgerechnet, dass die Hunde in Frankreich täglich 100 000 Pfund Brot verzehrten; eine Menge, die ausgereicht hätte, um im selben Zeitraum 50 000 Bedürftige zu ernähren. Dennoch war Frankreich mit 2 864 000 Hunden um 1900 bereits wieder das hundereichste Land der Welt, allein 160 000 sollen es in Paris gewesen sein. Deutschland besaß zu diesem Zeitpunkt 1 432 000 Hunde und das Vereinigte Königreich kam auf eine Zahl von 1 128 000.

Ein deutscher Besucher der französischen Hauptstadt berichtete um die Jahrhundertwende, statt der Kinder seien es Hunde, die hier auf den Straßen ihre Späße trieben, und von ihrem Verhalten zeigte er sich stark beeindruckt: Die französischen Hunde seien ruhige Staatsbürger, hätten kein Parlament, zankten und stritten daher nicht viel. Gute Nahrung und ein anständiger Umgang trage zu ihrer Wohlerzogenheit bei.

Neben importierten Vorbildern wirkten in Deutschland allerdings auch einheimische, wie Preußenkönig Friedrich der Große durch seine demonstrativ zur Schau getragene Freundschaft zum Hund. Ein im Umgang recht schwieriger Mensch soll er gewesen sein, der seine ganze emotionale Hingabefähigkeit seinen Windspielen schenkte und beständig drei bis vier dieser Hunde um sich scharrte. Zu Ausritten nahm er seinen jeweiligen Favoriten mit, eingerollt in seinen Mantel auf dem Arm. Einmal soll eines seiner Tiere, das er im Feld dabei gehabt hatte, in Gefangenschaft der Österreicher geraten sein. Doch empfand man offenbar so etwas wie Kriegsehre und schickte Friedrich den Hund mit einem Schreiben unversehrt zurück. Als sich der König einmal in Schlesien bei einer Truppenübung befand, sein Windspiel Alkmene aber krank zu Hause geblieben war, ließ er sich von einem Eilboten täglich Nachricht über den Zustand des Tieres bringen. Und als Alkmene während seiner Abwesenheit starb, befahl er, sie bis zu seiner Rückkehr in einem Sarg im Bibliothekszimmer zu verwahren. Heimgekehrt ließ er den Sarg öffnen, beweinte die Hündin und ließ sie erst daraufhin begraben. Wie allen seinen Windspielen wurde ihr die Ehre eines Begräbnisses auf Schloss Sanssouci zuteil, mitsamt Grabsteinen und Inschriften. Er selbst hatte übrigens den Wunsch verfügt, weder auf einem christlichen Friedhof noch bei seinen Ahnen begraben zu werden – neben seinen Hunden wollte er seine letzte Ruhestätte finden. Allein, nach seinem Tod dachte man nicht daran, diesem Wunsch nachzukommen.

Friedrichs Vernarrtheit soll für seine Umgebung im Alltag nicht unanstrengend gewesen sein. Seine Hunde durften ungestraft so gut wie alles, was keinem Menschen gestattet war: Sie bewegten sich in völliger Ungezwungenheit je nach Belieben, ruinierten Tapeten und Vorhänge, rannten durch die Rabatten und verschmutzten die herrschaftlichen Sessel, was die Bediensteten, die die Tiere selbstverständlich nicht rügen durften, schier zur Verzweiflung brachte.

Friedrichs Hunde hatten zu ihrer Pflege einen eigenen Kammerlakeien, der sie fütterte und spazieren führte, und von dem der Herrscher ein ehrfurchtsvolles Verhalten den Hunden gegenüber erwartete: »Mademoiselle«, so hieß es dann mitunter, »Ich bitte Sie, sich ruhig zu verhalten und beschwöre Sie, nicht so laut zu bellen.«

Übrigens war es unter den Bediensteten der »feinen Gesellschaft« häufig Sitte, deren Hunde zu siezen. Bei einem Besuch 1789 in Berlin berichtete ein Herr, er habe im Treppenhaus das Dienstmädchen nach Hunden rufen hören: »So kommen Sie doch!« Auf seine Frage, warum das Mädchen die Hunde mit Sie anspreche, antwortete dieses: »Diese Hunde gehören einem Herren, der vorhin zu meiner Herrschaft hinaufgegangen ist. Und da meine Herrschaft befahl, gegen alle Fremden höflich zu sein, so muss ich es ja gegen diese Tiere auch sein.«

Doch zurück in die königlichen Gemächer. Kaum ein Wesen wurde mit so viel Hingabe bedacht wie die Windspiele. Der jeweilige

Lieblingshund durfte mit seiner Majestät am Tisch speisen, wo er Leckerbissen in Form von Braten, Kuchen, Buttersemmeln und Milch kredenzt bekam, sogar sein Bett teilen und im Arbeitszimmer ein eigenes Kissen beziehen. Wie nachsichtig und humorvoll Friedrich der Große im Umgang mit seinen Lieblingen war, erzählt folgende Anekdote: Als seine Hunde einmal mit einer Schüssel Feldhühner beglückt wurden, nahm sich Diana, ein sehr lebhaftes Exemplar, ein Huhn und sprang damit auf des Königs Schreibtisch, um ihr feudales Mahl dort einzunehmen. Auf dem Schreibtisch lag ein Brief, den Friedrich soeben an einen Landrat in Stettin geschrieben hatte. Als der König den vor Fett triefenden Brief sah, soll er gelacht und gesagt haben: »Gute Diana, du erinnerst mich, dass ich meinem mageren Schreiben auch eine Portion Fett beilegen muss«, fügte eine schöne Geldsumme sowie ein weiteres Schreiben hinzu, das dem Empfänger den Anlass für dieses unerwartete Geschenk erklärte. Seine außerordentliche Zuneigung begründete der König damit, dass die Hunde anhänglicher seien als die Menschen und dabei vollkommen frei von Nebenabsichten. Einem Freund riet er: »Sie leben zu einsam, Sie müssen täglich Gesellschaft um sich haben, Sie müssen kleine Hunde haben, die um Sie herumspringen.«

Zeit seines Lebens teilte Friedrich seine Hundeliebe mit einer Frau, die ihm sehr nahestand. Als seine Hündin Biche 1753 starb, schrieb der Herrscher seiner Schwester Wilhelmine: »Ich habe einen häuslichen Kummer, der meine Philosophie ganz über den Haufen geworfen hat. Ich gestehe Dir meine ganze Schwäche. Ich habe Biche verloren: ihr Tod hat mir wieder die Erinnerung an den Verlust aller meiner Freunde wachgerufen, besonders dessen, der sie mir geschenkt hatte. Ich war beschämt, daß der Tod eines Hundes mir so nahegeht, aber das häusliche Leben, das ich führe, und die Treue des armen Tieres hatten es mir so ans Herz wachsen lassen. Sein Leiden hat mich so erregt, daß ich, offen gestanden, niedergeschlagen und traurig bin. Soll man hart sein? Soll man fühllos sein? Ich glaube, ein Mensch, der gegen ein treues Tier gleichgültig sein kann, wird gegen seinesgleichen nicht dankbarer sein, und wenn man vor die Wahl gestellt wird, ist es besser, zu empfinden, als zu hart zu sein.« Wilhelmines Trost war der einer wahren Hundenärrin: »Warum nennst Du den Kummer um Biches Tod eine Schwäche? Offen gestanden deckt der vulgäre Titel Schwäche viele Empfindungen, die die Vernunft als Tugend bezeichnet. Ist es verwunderlich, daß Du ein Tier liebtest (das vielleicht nur die Gestalt eines solchen hatte), das treu, dankbar und stets bereit, Dich zu unterhalten und Dir alles von den Augen abzulesen? Solche Eigenschaften sind bei Menschen anbetungswürdig, aber so selten, daß man unter tausend kaum einen findet, der sie besitzt und ein wahrer Freund ist. Folichons Tod (der Hund Wilhelmines; Anmerk. d. Autorin) würde mir sehr großen Kummer bereiten. Er ist in meiner Einsamkeit ein treuer Gefährte, wie Biche der Deine. An ihr hattest Du eine Freundin, die Dir nie die geringste Sorge bereitete, wohl aber bemüht war, Dich Durch Ihre Liebkosungen und Possen ein Weilchen zu unterhalten. Ist es da zu verwundern, daß Du sie betrauerst? Nein, liebster Bruder! Ein zärtliches, mitleidiges Herz ist nie eine Schwäche. Solch ein Herz hast Du; wie sehr muß es die, welche es kennen, an Dich fesseln!«

Von Wilhelmines Bologneserhündchen Folichon blieben der Nachwelt gleich zwei Denkmale. Als Friedrich seiner Schwester zehn Jahre nach ihrem Tod im Garten von Sanssouci eine Marmorstatue errichten ließ, würdigte er ihre Hundeliebe, indem er Folichon auf ihrem Arm darstellen ließ. Wilhelmine selbst hatte, auch das wundert uns nicht mehr, ihrem Hündchen nach dessen Tod ein kleines Mausoleum bauen lassen.

Isolation und Einsamkeit, die eine derart hochherrschaftliche Stellung, wie die des Preußenkönigs, mit sich brachte, konnte wohl kaum ein anderes Tier derart befriedigend kompensieren wie der Hund. Dies und das Bedürfnis nach Treue und Anhänglichkeit ohne die Gefahr der Intrige und des Verrats waren mit Sicherheit zu allen Epochen die Gründe der hohen Affinität von Herrschern zu Hunden.

Dass diese Funktion keineswegs immer nur von Hunden ausgefüllt wurde, die schon rein äußerlich als außerordentlich luxuriös und repräsentativ galten, zeigt das Beispiel Prinz Heinrichs, Bruder des Deutschen Kaisers Wilhelm II. Dieser nämlich liebte eine Rasse, die manchem als die zielsichersten vierbeinigen Herzensbrecher überhaupt gelten: den Dackel. Als Prinz Heinrich 1895 ein Schiff befehligte, nahm er drei seiner Dackel mit sich, da er sie während seiner Abwesenheit auf keinen Fall missen wollte. Als das Schiff vor Gibraltar ankerte, führte der Steuermannsmaat die Hunde an Land, damit sie sich Bewegung verschaffen konnten. Dabei entlief einer der Dackel, und der Prinz setzte alles daran, das Tier wiederzubekommen. Allein, es tauchte nicht auf, und sein Besitzer musste schweren Herzens ablegen. Kurz vor seiner Abfahrt bat er noch den deutschen Konsul Gibraltars, ihm den Dackel unbedingt, sofern er gefunden werden sollte, mit einem der nachfolgenden Schiffe zukommen zu lassen. Tatsächlich tauchte der Hund wieder auf und man leitete ganz befehlsgemäß die Übergabe an des Kaisers Bruder ein. Die Tochter des Konsuls aber hatte ihr Herz an das Krummbein verloren, nahm ihren ganzen Mut zusammen und ließ Heinrich bitten, ihr den Dackel zu überlassen. Obwohl der Prinz den Hund vermisste, gab er der Bitte des Mädchens nach, und so berichtete das Berliner Tageblatt desselben Jahres beruhigend, der Teckel des Prinzen lebe nun auf Gibraltar in der Familie des Konsuls und fühle sich dort sehr wohl. Dass solche Geschichten in der Tagespresse berichtet wurden, zeigt nicht nur das teilnehmende Interesse der Öffentlichkeit in dieser Zeit, sondern auch die Tatsache, dass die Herrschenden wussten, wie man mit einer demonstrativ gezeigten Zuneigung zum Hund die Sympathien des Volkes erringen konnte.

Geradezu zum Prototyp der Verbindung von Repräsentation auf der einen und innigster Freundschaft auf der anderen Seite wurden im Deutschen Kaiserreich einer der wichtigsten Politiker überhaupt und seine Doggen: Fürst Otto von Bismarck, erster Reichskanzler des neu gegründeten Deutschen Reiches und Begründer der Sozialgesetzgebung in Deutschland. Bismarck wurde so untrennbar von seinen geliebten Doggen gedacht, dass man ihm seinerzeit in einem Denkmal, das 1895 in Leipzig errichtet wurde und den Reichskanzler nach seiner Entlassung als Privatmann darstellen sollte, auch eine Dogge mit an die Seite gab.

Diese Rasse besaß gegen Ende des 19. Jahrhunderts, nicht zuletzt durch die allgemein bekannte Begeisterung Bismarcks, ein derartig hohes Renommee, dass man sie zur Geldbeschaffung heranzog und daher Kredithunde nannte – eine Bezeichnung, hinter der sich der Versuch verbarg, durch das Mitführen einer Dogge Wohlstand und Zahlungsfähigkeit vorzutäuschen, um auf diesem Weg an (neue) Kredite zu kommen. Insbesondere die Bauunternehmer-Branche soll im damaligen Berlin von dem Virus, sich dieser Hunderasse als Aushängeschild eines angeblichen Reichtums zu bedienen, infiziert gewesen sein. Ein Phänomen, mit dem sich auch die Zeitungen beschäftigten; eine schrieb 1892 über solche Halunken:

»Hunderte gibt es in Berlin, welche nicht zehn Mark ihr eigen nennen und bei denen der Exekutor ein ständiger Gast ist, weil sie nicht einmal ihre Steuern an die Berufsgenossenschaft oder an die Krankenkassen zahlen können. Dabei spielen sie die vornehmen Herren. Nicht selten fahren sie in eleganten Wagen mit davor gespannten Vollbluthengsten, eine echte Dogge läuft nebenher, welche man im Volksmund mit ›Kredithunde‹ bezeichnet, weil bei ihrer Begleitung und wenn ihr vornehm gekleideter Herr dem Gefährte entstiegen ist, manche Leute verhältnismäßig leicht anzupumpen oder hinzulegen sind. Freilich gehört der Wagen dem Wagenbauer, das Pferd dem Pferdehändler, der Kredithund dem Hundehändler, die Möbel dem Möbelhändler und das Übrige ist der Frau verschrieben. Der Berufsgenossenschaft sind sie Tausende schuldig, den Handwerkern vielleicht Zehntausende; aber das Alles stört weder ihren Schlaf noch ihr Wohlbefinden.«

Eine Dogge war eben ein ganz außerordentlicher Luxus, den sich allein sehr wohlhabende Menschen leisten konnten.

Bismarck selbst bekam einmal, nach dem Tod einer seiner Hunde vom Kaiser höchstpersönlich zu seinem 74. Geburtstag eine Dogge geschenkt, die 560 Reichsmark gekostet hatte. Dieser Betrag entsprach damals etwa zwei Drittel des durchschnittlichen Jahreseinkommens eines Industriearbeiters und ungefähr einem Drittel des jährlichen Einkommens der meisten selbstständigen Handwerker. Nicht verwunderlich also, dass man angeregt durch das Vorbild des Fürsten Bismarck und den immensen materiellen Wert, den ein solches Tier besaß, Eindruck machen und seine Umwelt blenden konnte. Übrigens finden sich in der zweiten Hälfte des 19. Jahrhunderts auch Klagen über die Einführung der großen Rassen wie Dogge und Bernhardiner, die, so kritisierte man, »der Mode wegen von unseren Edelleuten und Gutsbesitzern angeschafft wurden«, was zu einer Vernachlässigung, schließlich zum Verschwinden alter deutscher Hirtenhunde geführt habe. Letztere erleben heute eine kleine Renaissance, während man Doggen und Bernhardiner eher selten sieht.

Doch wie dem auch sei: Durch die Einbindung der Dogge an der Seite Bismarcks in repräsentative Demonstration von Macht bekam diese Rasse fast schon den Rang eines nationalen Symbols. Die Bismarckschen Hunde Sultan und Tyras, die mit voller Ernsthaftigkeit auch als Reichshunde bezeichnet wurden, waren dem Fürsten stets vertraute Begleiter und durften sich selbstverständlich, ganz wie bei Friedrich dem Großen, im Wohnbereich aufhalten. So natürlich und alltäglich dies aus heutiger Sicht klingen mag, war es damals keineswegs; den vielen kleinbürgerlichen und bäuerlichen Kettenhunden, von deren Schicksal noch die Rede sein wird, blieb das zeitlebens ebenso verwehrt wie den Treib-, Hüte- und Metzgerhunden.

Dass die Haltung wertvoller Hunde zu Repräsentationszwecken einem engen emotionalen Verhältnis nicht im Wege stehen musste, zeigen die Erinnerungen des Geheimrats von Tiedemann, der als Chef der Reichskanzlei ein enger Vertrauter Bismarcks war, und das Sterben Sultans, den Kummer des Kanzlers und seine Liebe zu dem Tier miterlebte:

»Während des Kaffeetrinkens wurde plötzlich entdeckt, dass Sultan, eine von Bismarcks Doggen, die noch bei Tisch von jedermann verzogen wurden, verschwunden war. Da Sultan in einem benachbarten Dorf ein Liebesverhältnis unterhielt, so nahm der Fürst an, er sei wieder einmal dorthin gelaufen. Er war ärgerlich und erklärte, er werde ihn einmal tüchtig durchprügeln. Herbert, Holstein und ich gingen auf unsere Zimmer, um noch bis Postschluss zu arbeiten, als es gegen elf unten lebendig wurde. Dann hieß es, Sultan, der vor kurzem nach Hause gekommen [war], liege in den letzten Zügen. Unten bot sich uns ein wirklich erschütternder Anblick. Auf dem Fußboden saß der Fürst, den Kopf des sterbenden Hundes in seinem Schoß haltend. Er flüsterte ihm liebkosende Worte zu und suchte seine Tränen vor uns zu verbergen. Bald darauf starb der Hund. Der Fürst erhob sich und ging in sein Zimmer, kam an diesem Abend auch nur auf kurze Zeit wieder, um gute Nacht zu sagen. Holstein, der vor dem Schlafengehen noch bei ihm war, fasste die Situation richtig in Worte zusammen: ›Der Fürst hat einen guten Freund verloren und fühlt sich vereinsamt.‹ Heute morgen war es, als ob wir uns in einem Trauerhaus befänden. Es wurde nur mit verhaltener Stimme gesprochen. Der Fürst hatte nicht geschlafen; ihn quälte unaufhörlich der Gedanke, dass er den Hund kurz vor seinem Tode noch gezüchtigt hatte. Obgleich die heute morgen vorgenommene Obduktion ergeben hatte, dass Sultan an einem Herzschlag gestorben sei, machte er sich immer wieder selbstquälerische Vorwürfe. Nach dem Frühstück stiegen wir zu Pferde, der Fürst war einsilbig. So trabten wir lange im strömenden Regen vorwärts. Als ich einmal neben ihm ritt, sagte er, es sei sündlich, so wie er getan, ein Herz an ein Tier zu hängen, er habe aber nichts Lieberes auf der Welt gehabt und müsse mit Heinrich V. im Shakespeare sagen: ›Ich hätte einen Besseren missen können.‹ Und dann setzte er zum Galopp an, so dass Reiter und Pferd dampfend vor dem Schloss anlangten. Wer diesen gewaltigen Mann so ganz aufgelöst im Schmerz um den Tod seines Hundes gesehen, mag ihn vielleicht schulmeisterlich tadeln, aber er müsste kein Herz im Leibe haben, wenn er nicht tief ergriffen worden wäre.«

Wie sehr Bismarck vom Tode Sultans erschüttert wurde und wie recht der Geheimrat von Tiedemann mit seinen Beobachtungen hatte, zeigt, dass der Fürst einundzwanzig Jahre nach diesem Vorfall, selbst auf dem Sterbebett liegend, seinen Sohn Herbert fragte: »Ist es schon lange her, dass Sultan tot ist?«

Die Symbolkraft des Herrschers mit Dogge zog in die schöne Literatur ein. Um Untertanentum und strenge Hierarchien in dieser Zeit für jedermann verständlich zu karikieren, griff Heinrich Mann in seinem berühmten Roman »Der Untertan« auf dieses Bild zurück. Sein Protagonist Diederich Heßling muss bei dem mächtigen Regierungspräsidenten von Wulckow vorsprechen, dabei aber zunächst an dessen Furcht einflößender Dogge vorbei:

»Dann aber trat der Wulckowsche Hund ein, schritt riesenhaft und voller Verachtung an Diederich vorbei und kratzte an der Tür. Sofort ertönte es drinnen: ›Schnaps! Komm herein!‹ – worauf die Dogge die Tür aufklinkte. Da sie vergaß, sie wieder zu schließen, erlaubte Diederich sich, mit hineinzuschlüpfen. Herr von Wulckow saß in einer Rauchwolke am Schreibtisch, er wendete den ungeheuren Rücken her. ›Guten Tag, Herr Präsident‹, sagte Diederich, mit einem Kratzfuß. ›Nanu, quatscht du auch schon, Schnaps?‹ fragte Wulckow, ohne sich umzusehen. Er faltete ein Papier, zündete langsam eine neue Zigarre an ... ›Jetzt kommt es‹, dachte Diederich. Aber dann begann Wulckow etwas anderes zu schreiben. Interesse an Diederich nahm nur der Hund. Offenbar fand er den Gast hier noch weniger am Platz, seine Verachtung ging in Feindseligkeit über; mit gefletschten Zähnen beschnupperte er Diederichs Hose, fast war es kein Schnuppern mehr. Diederich tanzte, so geräuschlos wie möglich, von einem Fuß auf den andern, und die Dogge knurrte drohend, aber leise, wohl wissend, ihr Herr könne es sonst nicht weiterkommen lassen. Endlich gelang es Diederich, zwischen sich und seinen Feind einen Stuhl zu bringen, an den geklammert er sich umherdrehte, bald langsamer, bald schneller, und immer auf der Hut vor Schnaps' Seitensprüngen. Einmal sah er Wulckow den Kopf ein wenig wenden und glaubte ihn schmunzeln zu sehen. Dann hatte der Hund genug von dem Spiel, er ging zum Herrn und ließ sich streicheln; und neben Wulckows Stuhl hingelagert, maß er mit kühlen Jägerblicken Diederich, der sich den Schweiß wischte.«

Unschwer zu erkennen, wo der Schriftsteller seine Inspiration zu dieser Szene »Untertan trifft Obrigkeit« hernahm.

Auch wenn die Dogge nach dem Ausscheiden Bismarcks aus der Reichspolitik in der Wahrnehmung der Bevölkerung recht schnell an symbolischer Bedeutung verlor, lebten die Geschichten inniger Freundschaft zwischen gesellschaftlich und politisch hochstehenden Persönlichkeiten und ihren Hunden im Gedächtnis der Menschen weiter. Denn Hunde zeigten stets auch das menschliche Gesicht ansonsten unnahbarer Großer und riefen unerwartete Gefühlsregungen hervor, wie einst bei Napoleon Bonaparte, der sich durch die Reaktion eines Hundes auf einem Schlachtfeld beeindrucken ließ: »Gefolgt von einigen meiner Begleiter, ging ich über das Schlachtfeld, von dem man die Toten noch nicht entfernt hatte. Plötzlich kam ein Hund unter den Kleidern eines Toten hervor, lief auf uns zu, drehte aber sogleich wieder um und stieß schmerzerfüllte Seufzer aus. Er leckte das Gesicht seines Herrn und kam wieder auf uns zu. Er schien zugleich um Hilfe zu bitten und nach Rache zu suchen. War es nun wegen der Stimmung des Augenblicks, des Ortes, der

Stunde, der Luft, war es das Verhalten des Hundes oder ich weiß nicht was, jedenfalls hat niemals etwas auf irgendeinem Schlachtfeld eine ähnlichen Eindruck auf mich gemacht. Fast unfreiwillig blieb ich stehen, dieses Schauspiel zu betrachten. Dieser Mann, sagte ich mir, hat vielleicht Freunde, vielleicht sogar auf diesem Feld, in seiner Kompanie, und hier liegt er verlassen von allen, außer von seinem Hund. Welche Lehre gibt uns die Natur durch ein Tier? Was ist der Mensch, und was ist das Geheimnis seiner Eindrücke? Ich habe ohne innere Bewegung Schlachten befohlen, die über das Schicksal der Armee entschieden. Ich habe mit trockenem Auge zugesehen, wie Befehle ausgeführt wurden, die den Verlust einer großen Zahl der Unsrigen mit sich brachten, doch hier fühlte ich mich angerührt, aufgewühlt durch den Laut und die Schmerzen eines Hundes. Ganz gewiss wäre ich in diesem Augenblick sehr zugänglich gewesen für das Flehen eines Feindes, und ich verstand nun Achilleus besser, der den Körper Hektors angesichts der Tränen des Priamos herausgab.«

War nun der König Priamos gewiss kein Hund und war auch in dieser berühmten Szene weiter keiner im Spiel, verständlich bleibt es ohnedies, was Napoleon mit diesem Beispiel sagen wollte.

VIERBEINIGE FREUNDE DES SCHÖNEN GESCHLECHTS

Die Vorliebe für luxuriöse Hunde und das Beispiel vieler Berühmtheiten, sich ständig mit ihnen zu umgeben, forderte in gehobenen Bürger- und Adelskreisen zur Nachahmung heraus. Während Männer in der Regel ihren Stand, aber auch ihre Hingabe zu den klassischen Jagdhunderassen oder eben großen Luxushunden wie der Dogge demonstrierten, fühlten sich die Frauen der höheren Stände durch entsprechende Vorbilder animiert, vor allem kleinen Luxushunden ihre Beachtung und Zuneigung zu schenken. Eine berühmte Ausnahme bildete allerdings Kaiserin Elisabeth von Österreich, über die die Zeitungen kundgaben:

»Der neue Hund macht täglich die Fahrten in den Prater mit seiner Herrin mit, er füllt, zumeist stehend, die volle Breite des kaiserlichen Wagens aus, so zwar, daß auf der einen Seite der Kopf des klugen Tieres sichtbar wird, während auf der Gegenseite das Fenster durch die buschige Rute des Vierfüßlers gedeckt ist.«

Bei diesem gewaltigen Tier handelte es sich um einen Leonberger, den die Kaiserin von dem Schöpfer dieser Rasse, einem gewissen Herrn Heinrich Essig aus Leonberg, erworben und zu ihrem Lieblingshund gemacht hatte.

So häufig umgaben sich Frauen der besseren Gesellschaft nun mit Windspielen, Bolognesern, Löwenhündchen, King-Charles-Spaniels, Havannesern, Möpsen und Pinschern, dass der »Damenhund« zu einem festen Begriff für einen Schoßhund an der Seite der Frau wurde. Die Frauen des gehobenen Bürgertums hatten mit Arbeits- und Produktionsprozessen nichts mehr zu tun und pflegten einen Müßiggang, der mit Sinn erfüllt, aber auch zur Schau gestellt sein wollte. Seit 1926 gab es in Deutschland sogar für einige Jahre eine gesellschaftliche Veranstaltung, die den Titel »Dame und Hund« trug. Der Veranstalter war ein Verein des gleichen Namens. Hier versammelten sich nun alljährlich in Berlin Liebhaberinnen und ihre Rassehunde, auch Preise wurden verliehen und die Veranstaltung in einigen mondänen Badeorten übernommen. England besaß schon seit 1904 eine Hunde-Organisation, die nur aus Damen der besseren Gesellschaft bestand: Die Ladies' Kennel Association, deren erste Schirmherrin Königin Alexandra war. Die alljährlich stattfindenden Festivitäten der Organisation nannte sich »Our Dumb Friends' League«, Liga unserer stummen Freunde.

Es wurde üblich, sich auch nachts nicht von seinem Hündchen zu trennen und selbst in der Oper wollten einige Damen ihre kleinen Begleiter bei sich haben. Ein Beobachter beklagte, dass man mit

»diesen Geschöpfen freien Eintritt in die Oper gestatte, während man doch auf Menschen, welche ohne Eintrittskarte diese besuchen wollten, sehr genau acht habe.« Interessanterweise beschwerte sich dieser Kritiker gar nicht über die Anwesenheit der Hunde in der Oper, sondern lediglich darüber, dass man den Tieren hier freien Eintritt gewährte. Seinen Hund mit in das Theaterhaus zu nehmen, war lange Zeit nicht nur unter Frauen gar nichts Ungewöhnliches. Einmal störte ein vierbeiniger Zuschauer dabei eine Aufführung auf höchst komische Weise: Im Londoner Drury Lane Theater wurde Shakespeares König Lear gegeben. Verzweifelt über den Tod seiner Tochter Cordelia, weinte König Lear auf der Bühne gerade bittere Tränen, als sein Blick ins Publikum fiel und er mit einem Mal ein Lachen bekämpfen musste. Auch die Darstellerin der Cordelia und die umstehenden Schauspieler prusteten plötzlich los und stürzten schließlich laut lachend von der Bühne.

Der Auslöser saß mit seinem Besitzer in der ersten Reihe und hatte – offenbar um dem Geschehen besser folgen zu können – seine Vorderpfoten auf die Bühne gelegt. Auf dem Kopf trug der theaterinteressierte, bullenbeißerartige Hund eine sogenannte Allonge-Perücke, jene künstliche Haartracht, die von den absolutistischen Herrschern Frankreichs zur Mode gemacht worden war. An eine Fortsetzung des Stückes durch das derart aus der Fassung gebrachte Ensemble war nicht zu denken.

Doch zurück zum schönen Geschlecht. Es kam vor, dass Ärzte kränklichen und müßiggehenden Damen einen kleinen Hund zur Gesundung verordneten, wie im Falle einer Marquise und ihres Herren Doktor, der seine Empfehlung aber offenbar schnell wieder bereute, denn er beschrieb das Hündchen der Dame im Nachhinein als wahres Untier, das »alle hassten, die Marquise aber liebte ihn glühend und verlangte, dass sich alles um ihn dreht. Er sitzt auf ihrem

Schoß, schnarrcht und knurrt jeden an; das [Dienst-]Mädchen hat er schon zweimal gebissen.«

Hatte man prinzipiell eigentlich gar nichts gegen die Schoß- oder Damenhunde einzuwenden, wurde doch nicht selten kritisiert, der kandidelte Charakter mancher Damen färbe auf das Wesen ihrer Hunde ab, was diesen nur zum Schaden gereiche. Ob nun richtig oder nicht, sorgte die Verbreitung von Erzählungen geschilderter Art jedenfalls dafür, dass Schoßhunde in der Öffentlichkeit den Ruf von Liebesobjekten der Damenwelt abbekamen. In diesem Zusammenhang war damals folgender Vorfall, der ebenfalls von einer recht engen Beziehung einer Dame zu ihrem Hund berichtet, allgemein bekannt: Bei einer Volkszählung 1895 in Stettin hatten alle Bewohner Zählkarten auszufüllen, auf denen sie Angaben zu ihrer Person machen mussten. Eine alleinstehende, gewissenhafte Dame füllte diese Karte nicht nur für sich selbst, sondern auch für ihren Hund wie folgt aus: Vor- und Familienname: Maxi, Geschlecht: männlich, Alter: geboren im Oktober 1882, Familienstand: ledig, Religionsbekenntnis: – , Staatsangehörigkeit: D., im Hauptberuf: Hausfreund. Die Zählkarte wurde mit gebührender Gunst behandelt.

Die Damenhunde wurden eine so allgemein verbreitete gesellschaftliche Erscheinung, dass auch sie schnell und wirkungsvoll Einzug in die schöngeistige Literatur hielten. Bereits die bloße Erwähnung eines solchen Hundes an der Seite einer Frau reichte aus, diese als Angehörige einer bestimmten Schicht zu charakterisieren, und zwar noch bevor man die jeweilige weibliche Heldin überhaupt genauer beschrieben oder dargestellt hatte, wie zum Beispiel Theodor Fontanes »Jenny Treibel«, die der große deutsche Schriftsteller zu Beginn seines Romans wie folgt einführt: »Im Fond des Wagens saßen zwei Damen mit einem Bologneserhündchen, das sich der hell- und warmscheinenden Sonne zu freuen schien. Die links sitzende Dame von etwa dreißig, augenscheinlich eine Erzieherin oder Gesellschafterin, öffnete von ihrem Platz aus zunächst den Wagenschlag und war dann der anderen mit Geschmack und Sorglichkeit gekleideten und trotz ihrer hohen Fünfzig noch sehr gut aussehenden Dame beim Aussteigen behilflich.«

Ein weiteres berühmtes Beispiel ist die Erzählung »Dame mit Hündchen« des russischen Dichters Anton Tschechov. Auch hier wird eine zunächst namenlose Frau durch einen kleinen Schoßhund als eine Dame von Gesellschaft gekennzeichnet, wird der Hund zum persönlichen Merkmal der Protagonistin. Diese literarischen Frau-Hund-Verbindungen gingen oft mit der Abwesenheit eines männlichen Liebespartners einher oder waren Zeichen für die zwischen Ehegatten herrschende Entfremdung und Lieblosigkeit. Eines der anrührendsten Beispiele hierfür stammt ebenfalls aus der Feder Fontanes. Doch bei seiner Effi Briest, der Geschichte eines Ehebruchs aus Mangel an Liebe und Lebenserfahrung, ist es kein Schoßhund, der am Grab seiner unglückseligen und zu früh verstorbenen Besitzerin gemeinsam mit den Eltern des Mädchens trauert, sondern ein imposanter, ernst zu nehmender Neufundländer, der für praktische Vernunft stand und in den Augen der Zeitgenossen *das* Symbol des vierbeinigen Lebensretters darstellte. Der große Luxushund mit Namen Rollo charakterisiert seine Herrin zwar als Angehörige des gehobenen Bürgertums, zugleich jedoch als ungekünsteltes, unkapriziertes weibliches Wesen im Roman, an dessen Schluss Effis Eltern über ihre Schuld an den Ereignissen räsonieren und Rollo kommentiert:

»Und dann, Briest, so leid es mir tut ... deine beständigen Zweideutigkeiten ... Und zuletzt, womit ich mich selbst anklage, denn ich will nicht schuldlos ausgehen in dieser Sache, ob sie nicht doch vielleicht zu jung war?« Rollo, der bei diesen Worten aufwachte, schüttelte den Kopf langsam hin und her, und Briest sagte ruhig: »Ach, Luise, laß ... das ist ein *zu* weites Feld.«

Nicht schwer vorstellbar, dass das Verhältnis zwischen Frau und Hund angesichts der tatsächlichen sowie literarischen Präsenz ebenso häufig Gegenstand der Satire und des Spottes wurde. Zum

Sinnbild der neuen Gefühlsbetontheit im Verhältnis zwischen bürgerlicher Frau und Hund, die man gerne ins Lächerliche zog, wurde um 1900 das Bild der Dame mit Mops, es erschien in Deutschland keine Ausgabe der »Fliegenden Blätter«, in der ein Mops-Witz fehlte. Dieser bot sich zur Verunglimpfung an, denn die Meinungen über ihn in der Öffentlichkeit waren äußerst ambivalent, reichten vom netten, munteren Kerlchen bis zum dicken Seelentröster alter alleinstehender Jungfern: Entweder man hasste oder man liebte ihn.

In der zweiten Hälfte des 19. Jahrhunderts war es gelungen, den Mops, der ja schon in der Adelswelt des 16. Jahrhunderts ein beliebter Hund gewesen und zwischenzeitlich wieder etwas in Vergessenheit geraten war, zu seiner heutigen »Mopserscheinung« zu züchten. Bei einer Internationalen Hundeausstellung 1867 in Dresden suchte man den Mops wieder in den Blick der hundeliebenden Öffentlichkeit zu rücken. Besucher der Messe äußerten damals, es sei gelungen, den Mops positiv zu verändern, er sei nun von rascher Beweglichkeit und munterem Wesen und nicht mehr wie ehedem »eine plumpe Masse, Feind jeder Bewegung, der es ablehnt, in Begleitung von Herr oder Herrin spazieren zu gehen.« Kein geringerer als Alfred Brehm, dessen Stimme seinerzeit so maßgeblich war, weil sie eine breite bürgerliche Bewegung im Umgang mit dem Tier repräsentierte, äußerte sich geradezu vernichtend und prägte so das gängige Bild von der Dame und dem Mops mit:

> »Der Mops ist oder war der echte Altjungfernhund und ein treues Spiegelbild solcher Frauenzimmer, bei denen die Bezeichnung ›Alte Jungfer‹ als Schmähwort gilt. Er war nämlich launenhaft, unartig, verzärtelt und verhätschelt, im höchsten Grade, und jedem vernünftigen Menschen ein Greuel. Die Welt wird also Nichts verlieren, wenn dieses abscheuliche Tier sammt seiner Nachkommenschaft den Weg alles Fleisches geht.«

Der Verfasser einer 1876 erschienenen »Galerie edler Hunderassen« äußerte sich kaum wohlwollender: Der Mops sei weder schön noch treu noch wachsam, vielmehr phlegmatisch, dumm und faul, außerdem grillig, launisch und hypochondrisch, im Alter missmutig und ewig verstimmt, ein prustender Fettklumpen, ein nichtsnutziges Vieh mit keiner anderen Leidenschaft, als sich am Ofen aufs weiche Bett zu legen, noch zu faul, um nach den ihn inkommodierenden Fliegen zu schnappen.

Aber der Mops zählte nicht nur zu den meistverspotteten Hunden. Kynologen wie der bekannte Jean Bungartz trugen zu seiner Ehrenrettung bei, indem sie die Meinung vertraten, bei den Urteilen der Mopsgegner handele es sich um Verallgemeinerungen und hässliche Vorurteile von Leuten, die niemals einen anständigen Mops gehalten hätten und der Rasse ankreideten, was man an missratenen Individuen feststellen könne. Liebhaber der Rasse verfassten sogar, sofern sie eine einigermaßen durchlässige poetische Ader besaßen, Gedichte auf den Mops, wie der hier zitierte Dichter Moritz August von Thümmel:

> »Das große Warnungsbild, das ich mit ihm verloren,
> Soweit mein Auge reicht, ersetzt kein andres nicht.
> Belehrender war nie ein Sonderling geboren,
> Und keiner trug bei kürzren Ohren
> Ein philosophischer Gesicht.«

Im weiteren Verlauf seines Lobliedes versichert der Dichter, der Hund habe zwar wie alle Möpse die Gewohnheit besessen, viel zu schlafen, sei aber dabei bestimmt kein Trunkenbold und auch kein Fresser gewesen.

Wiederum zur Hähme eingeladen sahen sich durch den Mops die Karikaturisten, die das runde Köpfchen des Tieres offenbar als Einladung für ihre Kunstform betrachteten, und ihn zu *dem* Feindbild auserkoren, wenn man eine Frau darstellen wollte, die ihren Mann zugunsten eines Hundes vernachlässigte. Berühmt wurde ein dementsprechendes Titelbild der Zeitschrift »Simplicissimus« von 1896, das ein altes Ehepaar und einen Mops zeigt. Der weißbärtige Ehemann sitzt, den Kopf auf die Hände gestützt, an einem Tisch und schaut seine Frau an. Diese befindet sich von ihm abgewandt in einem Sessel, hat einen Mops auf dem Schoß, der ihr seinen Kopf und seine Zunge entgegenstreckt. Die Frau beugt sich voller Zuneigung dem Hund entgegen und deutet einen Kuss an. Die Bildunterschrift lässt den Mann sagen: »Es gab eine Zeit, wo du mich ebenso lieb hattest.«

Auch Wilhelm Busch pflegte das Bild des verwöhnten Mopses an der Seite der alleinstehenden Frau in seiner Geschichte vom »Fräulein Ammer« und ihrem Möpschen Schnick, den er mit seiner schnarchenden Herrin das Bett teilen ließ. Zu einem vernünftigen Umgang mit dem Hund oder gar zur Erziehung hielt man die Besitzerinnen der Damenhunde im 19. Jahrhundert jedenfalls von meinungsbildender Seite für völlig ungeeignet. Der bereits erwähnte Brehm propagierte hierzu eine unmissverständliche Haltung:

> »Nur gute Menschen können Hunde erziehen, nur Männer sind fähig, sie zu etwas Vernünftigem und Verständigem abzurichten. Frauen sind keine Erzieher für den Hund. Deshalb sind die Schoßhunde stets verzogen, verzärtelt, launenhaft und nicht selten heimtückische Geschöpfe. Der Hund wird ein treues Spiegelbild seines Herren, je freundlicher, liebreicher, aufmerksamer er behandelt wird, je besser, reinlicher er gehalten wird. Der Bauernhund ist ein roher, plumper Gesell, der Schäferhund ein verständiger Hirt, der Jagdhund ein vortrefflicher Jäger. Der Hund eines vornehmen Nichtstuers ist ein fauler, üppiger Gesell und eigentlich meist ungezogener als der rohe, ungebildete Hund des Bauern.«

Ein bekannter Kynologe der Jahrhundertwende formulierte die Auffassung, dass Frauen keine Hunde erziehen könnten, zwar nicht ganz so despektierlich, aber dabei nicht weniger eindeutig: »In der Regel ist Verziehung das Erziehungsergebnis bei jenen Hunden, an welchen die Erziehungskunst des schönen Geschlechts herumgemeistert hat ... bei aller Hochachtung vor verständnisvoller weiblicher Erziehungskunst, welche Mutterliebe und Muttertreue beseelt an den eigenen Lieblingen die glänzendsten Resultate zu erzielen weiß, dem Hund gegenüber wird man die Erfolge der Erzieherinnen unbedenklich in dem ... Satze kennzeichnen dürfen: Man merkt's auch!« Dieser Hundefreund, der Verfasser einer Monografie über Hunde aus dem Jahre 1906, beklagt, dass es in der Hauptsache »alleinstehende, bejahrte Jungfrauen und ehrwürdige Matronen« seien, die hier derart schlechte Ergebnisse erzielten, was nicht »anders zu erwarten sei, wenn man die bezeichneten Vertreterinnen des zarten Geschlechts mit ihren Lieblingshunden im Verkehre beobachte, wie sie sie pflegen, hätscheln, liebkosen, wie sie dieselben küssen, nachdem sie eben erst unter ihren Genossen geweilt, solche beleckt und an einem bekannten Körperteil berochen und berührt haben, nachdem sie zur Abwechslung mit den Leckerbissen, die von zarter Hand täglich ihnen dargereicht werden, einmal auch in faulendem Aas herumgeschnüffelt und davon gezehrt haben, und wie sie es zulassen, dass der sehnlichst Erwartete, nachdem er von seinem kurzen Streifzug, zu dem er sich fortgeschlichen, wieder heimgekehrt, die Dame an Antlitz, am Munde beleckt!«

Abschließend gesteht der kaiserzeitliche Autor immerhin ein, dass auch Männern bei der Ausbildung von Hunden, zumal von Jagdhunden, nicht selten Fehler unterlaufen.

Die Damen aber scheinen aller Unkenrufe zum Trotz ein mitunter sehr feines Händchen im Umgang mit ihren Hunden gehabt zu haben, denn es sind viele Geschichten bekannt, die zeigen, dass gerade Frauen zu einem oft hohen Maß an Verständigung mit ihren Tierchen gelangten und diese recht schlau abzurichten verstanden.

So war es im frühen 19. Jahrhundert üblich, dem Geliebten mit Hilfe des Hundes chiffrierte Nachrichten überbringen zu lassen, die keinem Dritten in die Hände gelangen durften und die nur die Liebenden verstanden. Die Frauen steckten ihren Hunden kleine Zettel mit Nachrichten so in das Halsband, dass diese unsichtbar blieben. Auf diese Weise verabredeten sich häufig heimlich Liebende, denen aus welchen Gründen auch immer öffentliche Treffen verboten waren, zu Rendezvous. Diese Hunde sollen im damaligen Berlin immer wieder Stadtgespräch gewesen sein. Ebenso auch andere:

In London machte seinerzeit eine Dame der vornehmen Gesellschaft von sich reden, die ihrem Foxterrier das Tragen ihrer Schleppe beigebracht hatte, was man als kleine Sensation betrachtete. Sobald der Hund bemerkte, dass seine Besitzerin eine der keineswegs heutigen Sauberkeitsvorstellungen entsprechende Straße überqueren wollte, nahm er den Saum ihres Kleides an mehreren Stellen (!) mit den Zähnen, sodass es mit keinem Faden den Boden berührte, und ließ ihn erst wieder los, als das gegenüberliegende Trottoir erreicht war.

Und im englischen Brighton war es eine Frau, die gegen Ende des 19. Jahrhunderts eine der ersten »Hundeakademien« eröffnete, wobei sich die Erziehungsziele von denen heutiger Hundeschulen allerdings deutlich unterschieden. In erster Linie wollte man den Lieblingen der Damen hier alle möglichen Kunststücke beibringen, mit denen die Tiere dann zur Unterhaltung beitragen sollten. Diese Form der Unterrichtung fand großen Beifall, weitere Institute wurden eröffnet, und oft waren die Gründerinnen Frauen, wie die berühmte Madame Doré aus London, die um 1896 gut besuchte Vorstellungen mit ihren Hunden gab. Einer dieser Hunde, eine fast zwei Zentner schwere, tanzende Dogge, soll damals den russischen Zaren Alexander II. derart beeindruckt haben, dass er Madame Doré 8000 Goldfrancs für das Tier bot. Allein, der Dame waren ihre Hunde unverkäuflich und sie lehnte ab. Im Berliner Wintergarten genoss die Künstlerin Rosina Caselli mit Kleinhunden, die auf das Kunstvollste balancierten und sich auf dem Trapez bewegen konnten, begeisterten Beifall.

So ablehnend die vorherrschende Meinung zu Frauen und Hundeerziehung zu dieser Zeit trotz gegenteiliger Beispiele waren, so interessant und bedenkenswert war die Auffassung vom Nutzen der Hundeerziehung ganz allgemein, die man keineswegs als reinen Selbstzweck oder lediglich praktische Notwendigkeit für den Alltag betrachtete. Indem man den Hund erzieht, so die gängige Meinung, fördere der Mensch sich selbst und seine eigene Kultur und erreiche den vom Schöpfer aller lebenden Wesen nahegelegten Zweck auch in dem Geschlecht der Hunde. Über das »Wie?« der Erziehung stritt man sich, anders als heute, noch wenig. Wichtiger schien das »Warum?« und die damit verbundene Überzeugung, dass die Erziehung des Hundes zur Kultivierung des Menschen beitrage.

LITERARISCHE HUNDE

In dem um 1820 erschienenen Roman E.T.A. Hoffmanns »Lebensansichten des Katers Murr« lässt der Dichter des Fantastischen eine Katze über den Menschen räsonieren: »Den Dichtern ist nicht allemal ganz zu trauen, nach dem, was ich sonst darüber weiß und gelesen habe, muß die Liebe eigentlich nichts anderes sein als ein psychischer Krankheitszustand, der sich bei dem menschlichen Geschlecht als partieller Wahnsinn darin offenbart, daß man irgendeinen Gegenstand für etwas ganz anderes hält, als was er eigentlich ist, zum Beispiel ein kleines, dickes Ding von Mädchen, welche Strümpfe stopft, für eine Göttin.«

Hoffmann wählt hier die Perspektive eines Tieres, um den Menschen einen Spiegel vorzuhalten, und zeigt im weiteren Verlauf seiner Geschichte, dass sich das Tier recht wenig vom Menschen unterscheidet, denn der altkluge und geschwätzige Murr verliebt sich in die Windspielhündin Minona, verhält sich also ganz menschengemäß wider besseres Wissen und Vernunft und nimmt im weiteren Verlauf des Romans aus romantisch verklärter Liebe ein übles Ende. Auch wenn hier Katzenmund Wahrheit kundtut, so ist der Kater Murr ein wunderbares Beispiel für die Präsenz des Tieres in literarischen Neuerscheinungen dieser Zeit. Künstler, allen voran Literaten, entdecken den Hund als Freund und Protagonisten ihrer Werke, und kaum ein Dichter des 19. Jahrhunderts, der ohne ein Tier lebte oder aus seiner großen Zuneigung einen Hehl machte. Die Eigenschaften des Hundes und seine neue Nähe zum Menschen boten sich dabei besonders an, die Schriftsteller bei der Schaffung ihrer Roman- und Erzählwelten zu unterstützen und die Aussagen, die gemacht sein wollten, durch ihre literarische Präsenz zu unterstreichen. Hunde konnten literarische Nebenfiguren sein und dem Schriftsteller, wie bei der bereits erwähnten »Jenny Treibel«, als eindeutiges Charakterisierungsmittel einer weiblichen Heldin dienen, aber auch zu Hauptpersonen werden, so in Thomas Manns »Herr und Hund«.

Griff man zum Hund als zu einer literarischen Figur, so ging es häufig darum, jemanden, der Tiere liebt, gleichzeitig als Freund der Menschen vorzuführen, eine freundschaftliche Mensch-Tier-Beziehung und die Vorstellung vom harmonischen Miteinander der Arten abzubilden oder einen gesunden Instinkt aufzuwerten, wie im Falle des bereits erwähnten, trauernden Rollos oder des Neufundländers Pluto in Gustav Freytags »Soll und Haben«, dem vielgelesenen Roman des 19. Jahrhunderts über das deutsche geschäftige Bürgertum.

Dass bernhardinerähnliche Hunde in der Literatur als Retter aus der Not und zur Verkörperung von Herzensadel so hoch im Kurs standen, hing mit wahren Wunderdingen zusammen, die man sich vor allem über den Neufundländer erzählte, der nicht nur beim Auslegen und Einziehen der Fischernetze half:

Einmal saß eine Barke mitsamt Fischern und Fang auf einer Sandbank fest. Die See war sehr unruhig und es bestand keine Aussicht auf Hilfe. Da bindet man einem geübten Neufundländer, der in seiner Heimat auf jedem Schiff zur Besatzung gehörte, ein starkes Seil ans Halsband. Bald auf-, bald abtauchend, bahnt sich der Hund seinen Weg durch die über ihm zusammenschlagenden Wellen, und immer weiter rollt sich dabei das Seil, welches er nach sich zieht, von einer Spule auf Deck ab. Nach einer Weile des bangen Wartens strafft sich das Seil, ein Zeichen, dass es an Land festgemacht ist. In Säcken rollten die Fischer nun der Reihe nach am Seil entlang über die See ans rettende Ufer.

In Paris richtete die Polizei um 1900 für eine Weile mit Erfolg Neufundländer zur Rettung Ertrinkender ab. In einer Zeit, in der kaum ein Stadtbewohner schwimmen konnte, aber so einige in der Seine landeten, verhinderten die Hunde, dass die Polizisten selbst in den Fluss springen mussten und dabei, was nicht selten vorgekommen war, selbst in die Tiefe gezogen wurden.

Das Bild dieser Hunde in der Öffentlichkeit war also außerordentlich positiv, und als 1899 in London bei einem Eisenbahnunglück die Kinder vieler Angestellter vaterlos zurückblieben, unternahm man zu ihren Gunsten eine Spendenaktion auf dem Bahnhof: Die Spendendose wurde einem Neufundländer umgehängt, der mit seiner Symbolkraft als Retter für die Einnahme einer hohen Summe sorgen konnte.

Der bedeutende englische Dichter Lord Byron hatte ebenfalls Anteil an der Verbreitung ihres Ruhms. Die allen Schriftstellern seinerzeit bekannte Grabinschrift für Byrons Neufundländer Boatswain setzte dieser Rasse ein wirkungsmächtiges und unsterbliches Denkmal: »Hier ruhen die Gebeine von einem, der Schönheit besaß ohne Eitelkeit, Stärke ohne Übermut, Mut ohne Wildheit und alle

Tugenden des Menschen ohne seine Laster. Dieses Lob, unpassende Schmeichelei wär's, über menschliche Asche geschrieben; nur ein gerechter Tribut ist es zum Andenken an Boatswain, einen Hund, der geboren war auf Neufundland im Mai 1803 und starb zu Newstead Abbey am 18. November 1808.«

Der englische Tiermaler Landseer vergrößerte ihre Popularität nochmals, indem er sie auf Bildern verewigte und zudem der Landseer-Rasse ihren späteren Namen gab. Zunächst nur in England bekannt, fand der Maler in Deutschland mit seinen Bildern rasch viele Freunde und regte eine Vielzahl anderer Tiermaler zur Nachahmung an; das Sujet »Hundefreund« wurde zu einer beliebten Gattung.

Häufig hatte der Hund in der Literatur auch die Funktion eines Mittlers zwischen Kultur und Natur, wobei man ihn nicht selten als »besseren Menschen« stilisierte (wenn man ihn nicht, um ihn zu tadeln, einen Menschen hieß, wie Schopenhauer seinen Pudel, doch das kommt auf dasselbe hinaus); mitunter entlarvte er als guter Hund die böse oder falsche Welt durch sein ungekünsteltes Wesen und wurde somit zum Kulturkritiker. In »Jenny Treibel« ist es das kleine treue Pudelchen eines Zeichenlehrers, das den Gegenpart zum genannten Bologneserhündchen einnimmt und seine Umgebung durch die Reaktion auf das Tier entlarvt. Verbreitet war auch die literarische Darstellung nicht gelebter Träume des Menschen durch die Beigabe eines Hundes, der sich in seiner nach Lust strebenden Unmittelbarkeit so hervorragend als Projektionsfläche anbietet wie kaum ein anderes, dem Menschen nahestehendes Tier.

Dort, wo es vornehm zugehen und die Extravaganzen der guten Gesellschaft beschrieben werden sollten, trifft man in der Literatur um 1900 häufig auf den Collie. Unnachahmlich ist und bleibt dabei die Schilderung Percys in Thomas Manns Roman »Königliche Hoheit«. Der schottische Collie des deutsch-amerikanischen Milliardärs Spoelmann, der eine deutsche Residenz besucht, zeigt, wie wenig eine nervöse Natur und die Anforderungen der Kultur oft miteinander zu vereinbaren sind:

»Den Hund angehend, der Perceval hieß (was englisch auszusprechen war) und meist Percy gerufen wurde, so war dieses Tier von einer Erregbarkeit, einer Leidenschaft des Wesens, die jeder Beschreibung spottete. Innerhalb des Hotels gab er keinen Anlass zur Klage, sondern lag in vornehmen Posen auf einem kleinen Teppich vor den Spoelmannschen Gemächern. Aber bei jedem Ausgang unterlag er Anfällen von Kopflosigkeit, die allgemeines Aufsehen und Befremden, ja, mehr als einmal wirkliche Verkehrsstörungen hervorriefen. In weitem Abstande gefolgt von einem Schwarm einheimischer Hunde, gemeiner Köter, die, durch sein Benehmen in Aufruhr versetzt, mit schimpfendem Gekläff hinter ihm drein preschten und um die er sich übrigens nicht im geringsten kümmerte, flog er, die Nase mit Schaum bespritzt und mit wild klagendem Gebell durch die Straßen, führte wütende Kreiseltänze vor den Tramwagen auf, brachte Droschkenpferde zu Fall und stürzte zweimal den Kuchenstand der Witwe Klaaßen am Rathaus mit solcher Heftigkeit über den Haufen, daß das süße Gebäck über den halben Marktplatz rollte. Da aber bei solchen Unglücksfällen Herr Spoelmann oder seine Tochter sofort mit mehr als angemessener Entschädigung einsprangen; da sich auch zeigte, daß Percevals Zustände im Grunde ungefährlicher Natur waren, daß er nichts weniger als bissig und rauflustig, sondern im Gegenteil unnahbar und eben nur außer sich war, so wandte sich ihm rasch die Neigung der Bevölkerung zu, und namentlich den Kindern waren seine Ausgänge eine Quelle des Vergnügens.«

Aber auch die Schattenseiten der engen Mensch-Hund-Beziehung für das dem Menschen anvertraute und von ihm abhängige Wesen übersahen die Schriftsteller nicht. Wiederum Thomas Mann zeigt in seiner Novelle »Tobias Mindernickel« einen Menschen ohne jegliches Selbstwertgefühl, der, geprägt von Minderwertigkeitskomplexen und Einsamkeit, seinen unterdrückten Aggressionen ungestraft an seinem Jagdhund Esau freien Lauf lässt und diesen dabei schließlich so schwer verletzt, dass er stirbt. Hingabe kann diese Figur dem Tier nur dann entgegenbringen, wenn es schwächer ist als er selbst und leidend vor ihm liegt. Eindrucksvoll zeigt die Novelle, wie stark Menschen auf Hunde projizieren können, was sie selbst erfahren: »Mein armes Tier! Mein armes Tier! Wie traurig alles ist! Wie traurig wir beide sind! Leidest du? Ja, ja, ich weiß du leidest, – wie kläglich du da vor mir liegst! Aber ich, ich bin bei dir! Ich tröste dich! Ich werde mein bestes Taschentuch … Allein Esau lag da und röchelte. Seine getrübten und fragenden Augen waren voll Verständnislosigkeit, Unschuld und Klage auf seinen Herrn gerichtet – und dann streckte er ein wenig seine Beine und starb. Tobias aber verharrte unbeweglich in seiner Stellung. Er hatte das Gesicht auf Esaus Körper gelegt und weinte bitterlich.«

Kommt ein charakterlich schwacher und sadistischer Mensch in den Besitz eines Wesens, welches noch schwächer ist als er selbst, sind Pervertierung und Zerstörung die Folge. Glaubwürdiger und wirkungsvoller als durch eine Mensch-Hund-Beziehung lässt sich das kaum darstellen.

NEUES, KURIOSES, AUSWÜCHSE

Das 19. Jahrhundert reagierte in vielerlei Hinsicht auf die wachsende Hundebegeisterung der Menschen und schafft neue Betätigungsfelder, Geschäftszweige und Märkte, von denen viele heute noch existieren, während andere wieder in der Versenkung verschwanden. So ist zunächst die moderne Rassehundezucht, wie wir sie heute kennen, eine Errungenschaft eben dieser Epoche. Die Träger und Freunde der frühen systematischen Hundezucht waren vorwiegend im gehobenen Bürgertum und im Adel zu finden; in England sprach man sogar vom »Sport der oberen Zehntausend.« Maßgebliche Begründerin und Förderin des Rassehundewesens ist mit Queen Victoria von England, die von 1837 bis 1901 regierte, ebenfalls eine

Vertreterin des Hochadels. Die Königin zeichnet verantwortlich für zwei epochale Neuerungen, ohne die die heutige, organisierte Zucht von Hunden undenkbar wäre: die Registrierung der Hunde nach Rassen in Stammbüchern, auch Zucht- oder Herdbücher genannt, und ihre Bewertung auf Ausstellungen. Verpaarungen nach Stammbäumen hatte es zuvor lediglich vereinzelt auf Initiative von Privatpersonen gegeben. Die Queen hatte dafür gesorgt, Hunderassen mit Hilfe von Selektion und Inzucht ein einheitliches Gepräge zu geben, sodass sich in England etwa ab 1850 eine planmäßige Zucht unumkehrbar etablierte. Interessanterweise waren dabei die Stammbäume des Adels Vorbild für diejenigen der Rassehunde, was den bürgerlichen Hundefreunden die Möglichkeit gab, sich durch einen entsprechenden Hund ebenfalls als privilegiert auszuzeichnen. In England entstand durch die organisierte Zucht eine ungeheure Vielzahl an Rassen, so zum Beispiel anerkannte vierzehn Terrier- und sieben Schäferhundrassen, aber auch einige außereuropäische Rassen, wie der Chow-Chow und der Tibet-Terrier, stießen dort auf Liebhaber, die sich ihrer Zucht annahmen. Konsequenterweise fand die erste Rassehundeausstellung überhaupt dann auch in England im Jahre 1859 statt. Wie schnell sich diese neue Liebhaberei in ganz Europa verbreitete, lässt sich daran ablesen, dass nur vier Jahre später in Hamburg eine ebensolche Veranstaltung durchgeführt wurde. Es dauerte nicht lange und 1876 wurde in Deutschland, wo sonst als in Berlin, der erste deutsche kynologische Verein mit Namen »Hektor« gegründet. Dieser Verein, der sich zunächst auf die Abhaltung von Ausstellungen konzentrierte, war keine Gesellschaft für jedermann. Die Beiträge waren hoch, und so gehörten ihm nur besser gestellte, namhafte Persönlichkeiten an. Bald wurde deshalb ein zweiter Verein, »Die Gesellschaft für Hundefreunde« gegründet, der aber im weiteren Verlauf mit »Hektor« zu einem Gebilde verschmolz und einem breiteren rassehund-liebenden Publikum eine organisierte Heimat bot. Über eine im April 1899 von der Gesellschaft für Hundefreunde organisierte Ausstellung berichteten die Zeitungen bildhaft:

»Wer am Sonntag früh in den Morgenstunden zwischen 6–9 Uhr den Stettiner Vorstadtbahnhof passierte oder die Berliner Straße in Pankow, dem bot sich ein ebenso origineller wie interessanter Anblick; ganze Karawanen von Hunden aller Rassen zogen mit ihren Herren des Wegs; beide repräsentierten sich im Festgewande, denn Phylar, Diana, Mäuschen oder Pfiffig sollten sich heute von ihrer besten Seite zeigen und ihren Besitzern zu Ehren verhelfen. Das allgemeine Ziel der Wanderlustigen bildete das Restaurant Linder in Pankow, wo die erste von der ›Gesellschaft für Hundefreunde‹ veranstaltete Hundeausstellung stattfinden sollte.«

Der Büchermarkt für das lesefreudige Bürgertum begann, kynologische Literatur bereitzustellen, welche den alltäglichen Umgang mit dem (Luxus-)Hund erleichtern sollte. Anständiges Benehmen und Stubenreinheit stand für die neuen Hausbewohner dabei an oberster Stelle.

Baden und körperliche Reinlichkeit waren ein Muss. Empfohlen wurden dazu regelmäßige Schwefelbäder und das Putzen der Zähne. Bei der Körperpflege des Hundes blieb man zumindest in den Großstädten keineswegs auf sich selbst gestellt. In Paris erfreute sich der Einsatz der Bader und Scherer zur Unterstützung der Hundebesitzer schnell großer Beliebtheit. Die ersten Hundefrisiersalons waren entlang der Seine errichtete Stände, die in der Mehrzahl von resoluten jungen Frauen betrieben wurden. Vor allem Pudeln wurde hier ein »à-la-mode-Schnitt« verpasst, doch versorgte man alle gerade gängigen Modehunde, wie den Scotch-Terrier, den Fox, den Mops oder den bei den Parisern so beliebten Barsoi. Die Vorgehensweise der »Salonbetreiberinnen« war dabei recht originell. Nachdem die Hunde eingeseift, gebürstet und in eine Wanne voller Schwefelwasser getaucht worden waren, um Flöhe zu vernichten, warf man den Hunden einen Stock in den Fluss, damit diese animiert würden hinterherzuspringen und gereinigt zurückkehrten. Wie man mit wenig apportierfreudigen Hunden umging, berichten die Quellen nicht, doch dürfte man auch für diese seine Methoden gekannt haben. Die vielen Pariser Luxushunde, das Sauberkeitsbedürfnis und die Eitelkeit ihrer Besitzer sicherte den Badern und Scherern ein hübsches Einkommen, die vielen Streuner der Stadt aber mussten sich mit einem »à-la-hol-mich-der-Teufel«-Aussehen bescheiden.

Nicht genug: In London gab es um 1900 einen sogenannten Hundetoilettenclub, in den die eleganten Damen morgens ihre Hunde brachten, um sie in wohlriechenden Bädern reinigen und anschließend bürsten zu lassen. Sogar Locken wurden den Hündchen hier gebrannt, und bitte sehr, wer Wert auf Individualität und Herkommen legte, ließ seinen eigenen Namenszug oder das Familienwappen in das Fell seines Hundes scheren. In der ersten Hälfte des 20. Jahrhunderts dann gab es Hundebäder fast in jeder größeren Stadt, wo man die Hunde aber nicht nur reinigte, sondern mit medizinischen Bädern auch Haut-, Haar- und andere Krankheiten behandelte. Das Trocknen nahm man mit großen Fönapparaten vor.

Für die körperliche Unversehrtheit und Gesundheit von Luxushunden entstanden im 19. Jahrhundert Hundespitäler und Hundeheilanstalten, zu dem erwähnten Skandal in Bayreuth um Siegried Wagner und seinen kranken Bernhardiner hätte es also eigentlich gar nicht kommen müssen. Hundeheilanstalten befassten sich mit der Kur von Spezialkrankheiten, und eine davon existierte ganz in der Nähe von Berlin, selbstverständlich nur für diejenigen, die sich eine kostspielige Behandlung für ihren Hund leisten konnten. Ein bemerkenswertes Phänomen beobachtete ein Besucher der Hundespitäler dieser Zeit: Die hierher verbrachten Hunde sollen, so der Augenzeuge, auffällig oft an den Krankheiten ihrer Besitzer gelitten haben, »die typisch seien für alle, die im Überfluss lebten: Trägheit, Lähmungen, Apathie und Depressionen.« Der Professor eines Wiener Spitals klagte über die vielen Hunde, die ihm immer wieder wegen Übergewicht vorgestellt wurden und äußerte zudem

Bemerkenswertes über sein Lieblingsklientel: »Die Jagdhunde sind mir die liebsten Patienten von allen, sie sind ... so geduldig und so klug, dass sie alles widerstandslos mit sich machen lassen, was man zu ihrer Heilung für notwendig findet – mit einem Worte: gute, folgsame Patienten!«

Seinerzeit saß einem Londoner Hundespital ein besonders gewitzter und geschäftstüchtiger Arzt vor: Einem wertvollen Zuchtmops, den der Verlust eines Auges entstellt hatte, ließ der Tierarzt ein künstliches Auge herstellen, das in Farbe und Gestalt genau zu dem Tier passte. Er setzte es dem Mops ein und dieser sah fortan um sage und schreibe »400 Mark besser aus«, gewann mehrere Preise und kein Richter soll je herausgefunden haben, dass der Hund ein Glasauge trug.

In Berlin, das vielen als die Hundestadt schlechthin galt und wo es um 1890 knapp 40 000 Hunde gab, von denen lediglich rund 2700 Ketten- oder Zughunde und der Rest Luxushunde gewesen sein sollen, wurden zu dieser Zeit die ersten Hundepensionate gegründet, denn findig, wie der Berliner nun einmal ist, erkannte er schnell, dass sich mit dem Kult um den Hund einiges verdienen ließ. Die ersten Tierpensionate nahmen nicht nur Hunde auf, sondern mitunter auch Katzen und Papageien, und beschäftigten sich neben dem Pensionsbetrieb noch oft mit Hundean- und -verkauf. Untergebracht waren die Hunde der zumeist verreisten Besitzer in der Regel in besonderen Gitterkästen im Untergeschoss eines größeren Hauses, welches aus verständlichen Gründen eher am Rande der Stadt lag. Die meisten Hunde brachten eigenes Mobiliar, mindestens aber ein Hundebett in die Pensionen mit. Täglicher Spaziergang und tierärztliche Visiten waren obligatorisch, ebenso ein aus Pferdebouillon und Hundebisquit bestehendes Frühstück. Nach der Bewegung im Freien erhielten die Hunde ein Mittagsmahl, bei dem sie, zumindest in einem damals recht bekannten Pensionat, mit Tafelmusik aus einer Drehorgel unterhalten wurden. Diese wurde aber vor allem dann in

Betrieb genommen, wenn die Besitzer der Hunde zugegen waren oder die Tiere Besuch von der Verwandtschaft der Verreisten erhielten, was wohl nicht unüblich war. Ein Kynologe der Jahrhundertwende beschreibt die Betreiber und das Personal der Hundepensionate recht kurios und amüsant: Regelrechte Originale müssen hier tätig gewesen sein, die mit Menschen umzugehen wussten und den Besitzern genau das sagten, was diese hören wollten. Angefangen bei Abgabe der Tiere, führte man aus, was der Hund in den ersten Tagen unbedingt brauche, damit er sich nicht vor Sehnsucht verzehre, und berichtete dann bei der Abholung blumig, wie das Tier zuerst arg getrauert, dann aber rasch neue Freunde gefunden habe und dass es von diesen wegen seiner Reinlichkeit und guten Manieren besonders geschätzt worden sei. Von den dankbaren Besitzern floss dann in der Regel ein großzügiges Trinkgeld und alle waren zufrieden.

Die erstaunlichsten Blüten trieb die neu entdeckte Hundeliebe auf dem Gebiet der Mode und hier – wie könnte es anders sein – war Paris Tonangeberin und Vorbild für Großstädte wie Berlin und London. Eine gewisse Madame Albert, ihres Zeichens Schneiderin für Hunde, soll im 19. Jahrhundert in der Modehauptstadt eines der ersten Ateliers für Hunde überhaupt eröffnet haben. Ein Buffet mit Hundezwieback und anderen Leckereien sorgte stets dafür, dass die vierbeinige Kundschaft bei Laune blieb. Auf Verlangen verschickte Madame sogar ein Hundemodejournal und Stoffproben direkt ins Haus, sodass die Kundschaft nicht einmal das Haus verlassen musste, um in den Genuss echten Pariser Schicks zu kommen. In der ganzen Stadt entstanden nun *tailleurs pour chiens*, Hundekleidekünstler, die alle nur erdenklichen Stücke für die widrigsten Lebenslagen entwarfen und anboten:

Empfangstoilette gab es da, selbstverständlich Mäntel für jede Witterung: Der Staubmantel für Ausflüge, der Kautschukmantel für Regentage; Badekostüme für den Urlaub an der See waren ebenso zu haben wie

Hundepelze für das rheumatische Tier. Jeder halbwegs standesgemäß lebende Pariser Hund, so spottete man, besäße wenigstens ein halbes Dutzend feiner Batisthemdchen. Die Kleider müssen auf das Feinste gearbeitet gewesen sein, kleine eingenähte Taschen boten Platz für Bürstchen und Taschentücher. Selbst Stiefel waren bei den Pariser Hundeschneidern zu haben, und bald berichtete man auch aus London von Gamsbock-gestiefelten Settern, Pointern und Bulldoggen, deren Pfoten nun zur Winterszeit keine Spuren mehr auf den gepflegten Parkettböden hinterließen.

In London gab es in der zweiten Hälfte des 19. Jahrhunderts bereits eine recht beachtliche Anzahl von Hundeschustern, und in Dresden konnte man zum selben Zeitpunkt immerhin Gummistiefel für Hunde erwerben. Das dort im Winter zur Freilegung der Straßenbahnschienen großzügig verwendete, aggressive Salz gab den Hundestiefeln dabei durchaus eine gewisse Zweckmäßigkeit.

Bei einem der berühmtesten Pariser Modezaren, der sich auf die Hunde der Reichsten spezialisiert hatte, konnte man Jagdanzüge mit Goldknöpfen, Fräcke, Tag- und Nachthemden, Halsbänder aus feinstem Leder oder Samt mit Edelsteinen sowie feinste Schleifen erwerben, außerdem mit kostbarer Seide ausgeschlagene Körbchen und Wägelchen für die Reise, wenn dem Hündchen die Puste ausging; auch Hundeparfüms wurden feilgeboten. Zu den Kunden dieses Hauses gehörten damals die Königin von Portugal und die Damen des Hauses Rothschild. Die Zahl seiner Käufer, die mehrmals im Jahr Bestellungen machten, bezifferte der Kleiderschneider mit etwa 5000 bis 6000. Dabei nutzten die begüterten Besitzer offenbar gerne große Familienereignisse, um ihre Tiere auf ganz besonders exklusive Weise auszustatten: Ein ausländischer Botschafter in Paris ließ für seine Hunde anlässlich der Hochzeit seiner Tochter prachtvolle Festkleider herstellen und ein Pariser Bankier orderte ebenfalls zur Eheschließung seines Kindes weiße Kleider aus Atlas, versehen mit Brüsseler Spitzen und Orangenblüten-Girlanden. Passend zu dieser Oberkleidung sollen die Hunde der Trauung des Mädchens mit Ballschuhen aus weißem Satin beigewohnt haben. Von Hüten war hier nicht die Rede, wir ergänzen uns die Vorstellung, ohne am Wahrheitskern dieses Rummels zu rühren.

Dass derart luxuriös gekleidete Hunde ihre Wirkung nicht verfehlten, zeigt eine Meldung aus dem Jahr 1899:

»In ein Polizeikommissariat in Paris wurde dieser Tage eine auf der Straße aufgegriffene Windhündin gebracht, die, wie die Pariser Blätter erzählten, einen mit Seide abgefütterten stark wattierten und mit Zobel besetzten kaffeebraunen Tuchmantel trug! In einer Innentasche des Mantels befand sich ein mit echten Spitzen umsäumtes und mit einer Grafenkrone besticktes Battisttaschentuch. Um den Hals hatte die vornehme Hündin ein gelbseidenes Band, das mit einer goldenen, mit echten Perlen und Brillanten besetzten Spange am Mantel befestigt war. Der Polizeikommissär und seine Leute sperrten das aristokratische Tier nicht mit anderen plebejischen Hunden und Hündinnen zusammen, sondern wiesen ihm im Dienstzimmer einen Ehrenplatz an und überhäuften es mit Zärtlichkeiten und mit Naschwerk. Und da sage einer, dass Kleider nicht – Hunde machen!«

Aber es galt nicht nur, den Hund möglichst kostbar auszustaffieren. Die wirklich modebewusste Dame hatte ihre eigene Kleidung mit Bedacht an das Aussehen des Hundes anzupassen, was sich in einschlägigen Magazinen folgendermaßen las: »Der Lieblingshund der Pariserin spielt gegenwärtig in der bereits herbstlich angehauchten Toilettenfrage eine wichtige Rolle. Sein Fell soll nämlich nach der neuesten Vorschrift von Madame la Mode in der Farbe genau mit dem Promenadenkostüm der Herrin übereinstimmen. Jede elegante Dame ist nun genötigt, den Stoff für die Straßenrobe zu dem natürlichen Kleid ihres Hündchens passend auszusuchen, oder aber ihren treuen Vierfüßler gegen einen anderen auszutauschen, dessen ›Hautfarbe‹ ihren Teint nicht zu blass oder gar graugelb erscheinen lässt. Die Tuchfabrikanten müssen diese Modelaune vorausgeahnt haben, denn man findet unter den neuen Herbststoffen eine überraschende Auswahl zarter und kräftiger Nuancen, die vorzüglich mit den Schattierungen der verschiedenen Hundfelle harmonieren. Um eine ›Dachsrobe‹ zu tragen, ist eine frische, rosige Gesichtshaut und hellblondes Haar unbedingt notwendig … fast noch riskanter ist für eine nicht mehr in erster Jugendblüte prangende Weltdame die Farbe der Dänischen Dogge … für die trauernde Witwe eignet sich der schwarze Spitz am besten.«

In London fand man es dagegen offenbar bequemer, nicht die Toilette an den Hund, sondern jenen an die Kleidung der Damen anzupassen und färbte das Fell der Hunde zuweilen kurzerhand um.

Um 1900 dann war auch in Berlin Kleidung und alles nur erdenkliche Zubehör für den Hund bekannt. Ein Berliner Hundeausstattungsgeschäft setzte dabei auf Straßenreklame und zog mit einem Dackel-Sechser-Zug, den man vor ein Wägelchen mit Werbeplakat gespannt hatte, äußerst publikumswirksam durch die Straßen der Hauptstadt.

Etwas gänzlich Neues bot Berlin für den Clown unter den Hunden, den Mops, was ein Beobachter humorvoll kommentierte:

»Die Toilette des Mopses ist um ein neues Stück vervollständigt worden. Zu dem weißen Kragen, der bunten Krawatte, welche neben der karierten Decke, dem braunledernen Geschirr und diverser Schleifen die Straßentoilette eines gebildeten Mopses bilden, kommt nun noch die Brille. In dem Berliner ›Bazar für Hundekonfektion‹ sind Mopsbrillen in jeder Schärfe (!) zu haben. In dem Schaufenster präsentiert sich bereits ein ausgestopfter Mops mit schwarzer Hornbrille … die schwarze Brille passt zu dem schwarzen Gesicht ganz vortrefflich. Dass es in unserem nervösen Zeitalter auch kurzsichtige

Möpse gibt, ist eine bekannte Tatsache. Manche können zum Beispiel kaum die Waden ihrer menschlichen Umgebung von dem für sie bestimmten Knochen unterscheiden. Da helfen weder Ermahnungen noch Schläge – da hilft nur eine scharfe Brille! Wie lange wird es dauern, und echte Mopsgigerl werden mit dem Monokel herumlaufen! Und in dem Polizeibericht wird man eines Tages lesen: ›Gestern abend wurde im Stadtpark ein schlafender Mops von Leichenfledderern seiner sämtlichen Effekten beraubt. Die Diebe eigneten sich außer dem silberbeschlagenen Halsband und einer karierten Seidendecke auch noch den Stehkragen, die Krawatte und die Brille des Schlafenden an.‹ Dann wird auch die Zeit gekommen sein, wo sich Schulkinder nicht mehr den schönen Vers in die Stammbücher schreiben: ›Lebe glücklich, lebe froh – wie der Mops im Paletot!‹, sondern ›Lebe glücklich, lebe stille – wie der Mops mit seiner Brille!‹«

Die Gründung letzter Ruhestätten für Tiere fiel ebenfalls in diese Zeit, wobei der wahrscheinlich älteste Tierfriedhof der Neuzeit 1899 in Asnières bei Paris errichtet wurde. Doch neben der engen Beziehung zum Haustier war dafür die plötzlich so hohe Zahl an Tierkörpern und die damit verbundenen hygienischen Probleme ausschlaggebend. Mangels Alternative hatten viele Pariser Hunde- und Haustierfreunde ihre Lieblinge nach deren Tod einfach in die Seine geworfen – oder im Müll entsorgt. Berlin hatte seinen ersten Hundefriedhof vor dem Ersten Weltkrieg. Nach dessen Ende wurde auch in Hamburg-Alsterdorf ein Tierfriedhof errichtet, um den Hundefreunden die Sorge nach dem Verbleib ihrer gestorbenen Tiere abzunehmen. Eine Anwohnerin beschrieb diesen Tierfriedhof als wahre Sehenswürdigkeit, mit Grabsteinen, die die eingemeißelten Namen von Hunden sowie rührende Inschriften trugen. Alle Gräber dort wurden stets gut gepflegt, im Frühling mit Stiefmütterchen, im Sommer und Herbst mit Begonien bepflanzt und im Winter mit Tannengrün abgedeckt. Sogar einen Kiosk gab es am Friedhof, wo Bier,

Brause, Zigaretten, Gebäck und Süßigkeiten zur Stärkung der Besucher angeboten wurden. Im Zeitalter der industriellen Tierkörperverwertungsstätten verschwand diese Stätte in den 1970er-Jahren.

Dass es angesichts der vielfältigen neuen Erscheinungen rund um den Hund nicht nur Spötter, sondern auch glühende Kritiker der Luxushundehaltung gegeben hat, kann angesichts brennender sozialer Probleme insbesondere in den damaligen Großstädten kaum verwundern. Wo gleichzeitig in den unteren Gesellschaftsschichten zum Teil katastrophale hygienische Bedingungen sowie Enge und Armut den Alltag bestimmten, hatte man wenig Verständnis dafür, dass in besseren Kreisen Weihnachtsbescherungen für Hunde veranstaltet wurden, bei denen die Tiere mit Marzipan, Würsten und anderen Delikatessen behängte Weihnachtsbäume sowie Puppen, Bälle und sonstiges Spielzeug erhielten, was Tausenden Kindern zur gleichen Zeit verwehrt blieb, und der Hund besser behandelt wurde als manches Dienstmädchen. Der Unmut über diese Verhältnisse führte unter anderem dazu, dass immer wieder Forderungen laut wurden, doch die Hundesteuer »am besten um das Dreifache« zu erhöhen. So halfen also in Zeiten großer sozialer Unterschiede die damaligen Hundeliebhaber selbst mit ihren Übertreibungen bei der Etablierung und der gesellschaftlichen Akzeptanz der heute noch so ungeliebten steuerlichen Abgabe ungewollt mit.

HUNDEDIEBE UND ARTISTEN

Die große Zahl wertvoller Rassehunde in den Großstädten eröffnete nicht nur ehrenwerten Menschen ein neues Berufsfeld und sicheres Einkommen. Auch Ganoven erkannten schnell, dass mit der Liebe zum Hund gutes Geld zu verdienen war. Dabei ging man so vor: Man stahl die Tiere in einem unbeobachteten Moment und bot sie dann auf einem der traditionellen Hundemärkte an, die zum Beispiel in Paris jeden Sonntag stattfanden. Das dort seit 1900 geltende strenge

Maulkorbgesetz machte den Dieben ihr ruchloses Geschäft leicht. In der französischen Hauptstadt muss der Hundediebstahl hochsystematisiert vor sich gegangen sein, sodass man sogar von einer regelrechten Hundediebstahl-Industrie sprach.

Auch in London und Berlin machte sich Hundediebstahl in großem Stile breit, und es muss für Hundebesitzer, die ihre Lieblinge vermissten, ein schon gewohnter Gang gewesen sein: Zuerst ins Tierasyl, nachsehen, ob der Hund eventuell eingefangen wurde, und als nächstes auf den Hundemarkt, um den Dieb zu stellen, der sich mit dem Verkauf des gestohlenen Tieres bereichern wollte. Kein Markttag soll damals vergangen sein, ohne dass es zu Skandalen kam, wobei die Menschen um die Wette schrien und die Hunde bellten. Stets glaubte irgendwo irgendjemand, seinen Hund erkannt zu haben und stritt mit dem Händler auf das Heftigste um die Herausgabe. Um unentdeckt zu bleiben, versuchten manche Diebe, das Äußere der Hunde zu verändern und schoren ihnen das Fell oder färbten es. Wer sich nicht auf dem örtlichen Markt bloßstellen lassen wollte oder unter den Dieben, die diesen Ort dominierten, kein Plätzchen fand, richtete sich seine Einkommensnische auf anderem, ähnlich einträglichem Wege ein: Nachdem der Hund gestohlen war, zog man durch die Viertel auf der Suche nach Zetteln an Bäumen oder Hauswänden, auf denen die verwaisten Besitzer mit Angabe ihrer Adresse eine Belohnung für den ehrlichen Finder versprachen, klingelte und erhielt sein Geld dann dort mit einem herzlichen Dankeschön.

Sehr teure oder gerade moderne Rassehunde bekanntermaßen begüterter Besitzer waren besonders gefährdet. Einige wurden nach ihrer Entwendung mitunter ins Ausland geschafft und für hohe Summen verkauft. Doch einige Diebe kannten noch perfidere Mittel. Sofern aufgrund der finanziellen Lage der Besitzer Aussicht auf Erfolg bestand, griff man zur Erpressung. Die Familie Rothschild besaß einen Pudel, der in einem Jahr dreimal gestohlen und nach der Bereitstellung eines Lösegeldes wieder zurückgegeben worden sein soll.

Da man in dieser Zeit Vorführungen mit tanzenden, musizierenden und schauspielernden Hunden überaus gerne sah – um 1900 waren es an erster Stelle Pudel und Terrier, die als Clowns, Jongleure oder Artisten auftraten – konnte es einem gestohlenen Tier andererseits auch passieren, sich plötzlich in einer Gaukler- oder Zirkustruppe wiederzufinden und dort künftig sein täglich Brot verdienen zu müssen. In den Straßen von Paris trieb sich seinerzeit ein Gaukler herum, der die Flöte spielte, eine Trommel schlug und in einem Wagen mehrere kleine Hunde von einem großen ziehen ließ. Die Kleinen waren als Harlekine oder Abgeordnete verkleidet, dressiert, ein Menuett zu tanzen, auf den Hinterbeinen zu laufen und mit einem Hut im Fang unter den Zuschauern Geld einzusammeln. Eines Tages gab die Truppe eine Vorstellung in einem Salon, bei der einer der Hunde, in ein seidenes Gewand gehüllt, Verbeugungen vor den anwesenden Damen machte. Plötzlich erhob sich eine von ihnen und rief aus: »Aber das ist ja mein Hündchen, das ist Finette!« Der Hund sprang seiner Besitzerin freudig entgegen und gab ihr durch sein Verhalten recht. Es erhob sich ein großes Spektakel, der Gaukler aber bestritt einen Diebstahl des Hündchens natürlich auf das Entschiedenste und tischte eine tränenreiche Erzählung auf, wie er zu dem Tier gekommen sei. Nach einigem Hin und Her ließ er sich durch eine »angemessene Vergütung seines Verlustes« überreden, der Dame ihre Finette zu überlassen, und zog seiner Wege.

Zu Hunden auf den großen und kleinen Bühnen der Welt gibt es eine Vielzahl hübscher Geschichten. In London wurde bereits 1705 von einem Herrn namens Crawey mit großem Erfolg – wohl erstmals – eine Art Hundeballett aufgeführt. In Paris lockte Zirkusdirektor Currier mit seinem Hund Azor Tierfreunde in die Zelte. Azor hatte von sich reden gemacht, da er die Marseillaise auf dem Klavier spielen konnte – jedenfalls so lange, bis eines Tages ein Spaßvogel aus dem Publikum ausrief: »Azor, such's Kätzchen!« Der Hund sprang flugs von seinem Platz, das elektrische Klavier aber spielte die französische Nationalhymne brav und ganz von selbst zu Ende. Azors Karriere als Klaviervirtuose aber war ausgeträumt.

Kein Betrüger hingegen war Pudel Dick, der seinerzeit in vielen Varietés der Welt auftrat, wo er zum Entzücken aller Zuschauer die berühmte Schleiertänzerin Loie Fuller parodierte. Von Dick hieß es, er könne die Treppen eines vierstöckigen Hauses auf den Hinterbeinen hochlaufen und anschließend noch einen fünfminütigen Walzer tanzen.

Star des Cirque Olympique in Paris war lange Zeit Hund Emil. Emil gab auf der Bühne den Begleiter seines in Ketten gelegten Herren, den er befreite, wobei er sich selbst zunächst aus einem Kettenhalsband winden musste, in das er höchst geschickt immer wieder dann zurückschlüpfte, wenn er den Kerkermeister kommen hörte.

War von schauspielernden Hunden die Rede, hört man immer wieder Erstaunliches über die Talente von Pudeln. Ein hochbegabtes Exemplar kannte man in Goethes Zeiten. Ein Zeitgenosse des Dichters, Rudolf Karsten, reiste fünfzehn Jahre mit seinem erfolgreichen Stück »Der Hund des Aubry« herum, in dem Pudel Nero eine treue Dogge, die Hauptrolle, spielte. Die Geschichte erzählte vom Schicksal des Aubry de Mont-Didier, Ritter Karls V. von Frankreich. Aubry war mit dem Bogenschützen Macaire in Streit geraten und von diesem hinterrücks ermordet worden. Seine treue Dogge, von Nero glaubhaft dargestellt, fand den toten Herren verscharrt im Wald. Eines Tages, der Hund lebte mittlerweile an der Seite des Königs, traf er auf Macaire, stürzte sich auf ihn und hätte ihm mit Sicherheit den Garaus gemacht, wenn man Macaire nicht zur Hilfe geeilt wäre. Doch das Verhalten des Hundes hatte Misstrauen gegen Macaire gesäht und ihn verdächtig gemacht. Der König entschied daher, ein Gottesurteil müsse die Wahrheit ans Licht bringen und befahl dem Bogenschützen, zum Kampf mit dem Hund anzutreten. Dieser packte den Mörder seines Herren so fest, dass der schließlich die Tat gestand und dem Henker übergeben wurde.

1815 hatte das Stück in deutscher Sprache in Wien Premiere gehabt und der Andrang bei weiteren Aufführungen soll wegen der schauspielerischen Kunst des Pudels so groß gewesen sein, dass man in kurzer Zeit Einnahmen von über zehntausend Gulden zählte.

Ein geplanter Auftritt Neros als herrschaftliche Dogge im Hoftheater zu Weimar aber stieß auf großen Widerstand des damaligen künstlerischen Leiters Johann Wolfgang von Goethe, der die Stätte der hohen Kunst durch den Auftritt einer unverständigen Kreatur entweiht sah, mit der Niederlegung seines Amtes drohte und nicht versäumte, einen Reim darauf zu machen:

> »Dem Hundestall soll nie die Bühne gleichen,
> Und kommt der Pudel, muß der Dichter weichen.«

Aber der gewichtige Protest nützte nichts und Nero gab am 12. April 1817 in Weimar erneut die Dogge des Ritters Aubry de Mont-Didier.

Die Begeisterung über die Fähigkeiten der Hunde schlug im 19. Jahrhundert, davor und darüber hinaus, hohe Wellen und in diesem Zusammenhang hörte man regelmäßig von sprechenden, rechnenden und buchstabierenden Hunden. Noch 1933 verzeichnet ein Lexikon für Hundefreunde unter dem Buchstaben »B« folgenden Eintrag:

> »Bell-Alphabet: Besonderes Alphabeth,
> das von Tierpsychologen geschaffen wurde.«

Jedem Buchstaben war hier eine Anzahl von Bell-Lauten zugeordnet, mittels derer, so glaubte man, sich der kluge Hund mitteilen könne; auch Klopf-Alphabete für Hunde waren bekannt. 1912 war in Leipzig unter dem Namen »Denkende Tiere« ein Werk erschienen, dass sich mit sprechenden, denkenden und rechnenden Tieren beschäftigte und Furore gemacht hatte. Weitere Veröffentlichungen dieser Art folgten, wie die seinerzeit berühmten Bücher »Mein Hund Rolf«

sowie »Erinnerungen und Briefe meines Hundes Rolf«, in denen Paula Moeckel alle Versuche und Gespräche mit ihrem Airedale-Terrier Rolf genau festhielt.

Eine Vielzahl ganz besonders aufmerksamer Tiere hatte dafür gesorgt, dass Derartiges Tagesgespräch wurde. Einer der ersten war im 18. Jahrhundert ein kleiner Hund gewesen, der auf einer Messe in Danzig für Aufsehen gesorgt hatte, indem er hundert verschiedene Fragen, die in ein kleines Heft geschrieben standen, beantwortete. Die Antworten soll das Tier in Buchstaben gelegt haben. Als wahres Genie wurde Pudel Munito gehandelt, der um 1818 ganz Paris verzückte. Man sagte ihm nach, er habe Holländisch, Englisch, Italienisch, Französisch sowie Latein verstanden, zudem Karten und Domino spielen können. In Deutschland wurde der Dicke Don, ein Vorstehhund, berühmt, der im Berliner Wintergarten auftrat, wo er angeblich deutlich hörbar »Haben-Don-Hunger-Kuchen« aufsagte. Irgendetwas muss wohl daran gewesen sein, denn Don erhielt Gagen von bis zu 12 000 Goldmark. 1915 verstarb er an Herzverfettung.

»Weltmeister der denkenden Tiere« aber war Kurzhaar-Dackel Kuno von Schwertberg, Rufname Kurwenal, der sogar mit Herrn Otto Wulf einen eigenen Biografen besaß. Kurwenal gab seine Ansichten, die sein Weimarer Frauchen, Freiin von Freytag-Loringhoven, in einem 85-bändigen Tagebuch festhielt, in einer ausgefeilten Bellsprache von sich, aus dem 1933 ein Auszug veröffentlicht wurde. Daraus ging hervor, dass Kuno sich sehr für Literatur interessierte und der Meinung war, Goethe sei größer als Schiller, Musik nicht mochte, dichten konnte, dabei den Stabreim bevorzugte und Angst vor Dämonen hatte. Kuno wurde eine internationale Berühmtheit, Ehrenmitglied eines japanischen Hundeclubs und Gegenstand zahlreicher Abhandlungen in- und ausländischer Zeitschriften. Man glaubte fest, der Dackel zeige ein »unverfälschtes Medaillon tierischer Psyche bis in die tiefsten Feinheiten.«

Zu Leistungen dieser Art waren die beschriebenen Hunde immer dann in der Lage, wenn ihre Besitzer anwesend waren oder auch ein anderer Mensch, der die richtige Antwort kannte. Noch 1940 war der Besitzer eines klugen Hundes namens Struppke mit dessen Rechenkünsten an die Öffentlichkeit getreten und hatte sogar geglaubt, sein Tier könne Gedanken lesen. Der berühmte Tierforscher Bernhard Grzimek beschäftigte sich eingehend mit Struppke und machte aufmerksam auf das, was den Hund tatsächlich auszeichnete:

> sein Vermögen, Millimeterbewegungen in der Mimik seines Herrchens wahrzunehmen und entsprechend zu reagieren.

Mögen also die unterstellten Fähigkeiten dieser Hunde auf eine hohe Gelehrigkeit und eine außerordentliche Beobachtungs- und Interpretationsgabe zurückzuführen sein, so bleiben die intensiven Versuche der Besitzer, sich auf andere, unkonventionelle Weise mit ihren Tieren zu beschäftigen und zu verständigen, dennoch durchaus bemerkenswert.

DERBE BELUSTIGUNGEN

Neben dem vergleichsweise harmlosen Dressieren von Hunden zur Volksbelustigung war im 19. Jahrhundert eine weitaus derbere Form der »Vergnügungsveranstaltung« gleichermaßen beliebt: Rattenkämpfe mit Hunden. Ursprünglich aus England kommend, gehörten sie zunächst in London zu beliebten Einrichtungen, und in einigen Stadtvierteln etablierten sich organisierte Kampfplätze, die stets gut besucht waren. Anders als man auf den ersten oberflächlichen Blick erwarten könnte, waren die Besucher auch Damen und Herren der gehobenen Schichten, denen das Eintrittsgeld und ein Wetteinsatz nicht wehtaten, und zumindest in England entwickelten sich diese Kämpfe zu einer regelrechten sportlichen Disziplin. Eine ganze Riege von Leuten war damit beschäftigt, die nötige Anzahl an Ratten herbeizuschaffen. In sogenannten pits, kleinen Arenen also, die von bretternen Galerien umgeben waren, auf denen das zahlende Publikum dem Geschehen folgte, ließ man einen oder mehrere Hunde entweder um die Wette oder auf Zeit beißen. Dabei verwendete man zumeist Pinscher oder kreuzte Pinscher mit Bulldoggen. Je kleiner der Hund, desto größer waren Bewunderung und Wettquoten, die die kämpfenden Hunde erhielten. Ein entsprechender Ruf konnte die Quoten vor dem Kampf ungemein hochtreiben. In Zeitungen machten die »Hundekämpfer« auf sich aufmerksam: So suchte beispielsweise der Besitzer eines Terriers von nur 2 Pfund durch eine Zeitungsanzeige Konkurrenz zum Kampf und versicherte, dass sein Hund mit jedem von gleichem Gewicht gegen fünf Ratten um die Wette beißen wolle. Besonders berüchtigt war in den Londoner Arenen Bulldoggenpinscher Tinn, ein Tier von 5 Pfund, der Zeit seines Lebens angebliche 5000 Nager tötete und seinem Besitzer viel Geld gebracht haben soll. Dass diese Kämpfe zunächst in England so beliebt waren, hängt mit einer gewissen »Hundekampftradition« zusammen, denn dort kannte man schon lange vor dem 19. Jahrhundert Hundewettkämpfe, in denen man Bulldoggen gegen Bullen antreten ließ. Bereits im 12. Jahrhundert, zur Zeit König Johns, wurden Bullenkämpfe mit Hunden eingeführt, was folgende Bewandtnis gehabt haben soll: Ein Adeliger hatte von seinem Schlosswall einst auf einer Wiese zwei Bullen um eine Kuh kämpfen sehen. Die Hunde eines Fleischers wurden durch den Lärm aufmerksam und verfolgten schließlich einen der Bullen quer durch die Stadt. Dem Grafen bereitete dieser Anblick angeblich so viel Vergnügen, dass er den Fleischern der Stadt gemeinschaftlich eine seiner Burgwiesen zur Weide gab – unter der Bedingung, jedes Jahr sechs Wochen vor dem Weihnachtstag einen Bullen zu stellen, um den Kampf Hund gegen Bulle zu wiederholen. Diese Veranstaltungen konnten im weiteren Verlauf der Geschichte großes Geld bringen – ein Geschäft, in das man sich lange nicht dreinreden lassen wollte: Einst richtete ein Besitzer von Bulldoggen, der offenbar gewerbsmäßig Hundekämpfe durchführte, ein Schreiben an Königin Elisabeth, in dem er sich bitterlich über das Unrecht beschwerte, das ihm in diesem Zusammenhang durch die Theaterstücke eines gewissen Herrn Shakespeare zugefügt werde, der den »Geist der Jugend durch alle Arten von albernem Geschwätz und romantischer Erfindung« verderbe. An gewichtigen Kritikern dieses unwürdigen Vergnügens fehlte es offenbar zu keiner Zeit. Um 1802 beschäftigte sich dann das englische Parlament aufgrund eines Antrags von Tierfreunden mit den Bulldoggenkämpfen. Doch die Anhänger dieses »Sports« waren nicht zu überzeugen und wetterten wie ehedem genannter Bulldoggenbesitzer gegen Verweichlichung und antinationale Gesinnung. Der Antrag, die Bullenkämpfe zu verbieten, fiel durch, um 1835 – die Kämpfe waren nun regelrecht ausgeartet – endgültig verboten zu werden, aber man hatte ja noch Ratten. Wo sollte man auch so plötzlich hin mit den frei gewordenen Kapazitäten der temperamentvollen Bulldoggen, von denen es damals hieß,

»Zwei Bulldoggen frei auf dem Hof gehalten,
fördern die Ehrlichkeit mehr als alle Predigten des Pfarrers.«

Jedenfalls verbreiteten sich die Rattenkämpfe zunächst in Frankreich weiter, wo die Stadt Roubaix für ihre Kämpfe berühmt-berüchtigt wurde und es in einem recht zweifelhaften Viertel ein Haus gab, in dem regelmäßig Rattenkämpfe mit Hunden veranstaltet wurden und man noch perfidere Jagdformen erdachte. In einer Art Hindernisrennen wurden Ratten einzeln in umgestülpte Blumentöpfe gesteckt, neben sie stellte man leere Töpfe desselben Aussehens. Dann ließ man die Hunde, die die Ratten ungeheuer schnell ausmachten, in die Arena. In einer weiteren »Disziplin« brachte man die Tiere ebenfalls unter umgestülpte Töpfe, zog ihren Schwanz durch ein kleines Bodenloch des Topfes und machte allen Ernstes Knoten hinein. So konnten die Ratten den Topf nicht loswerden und die Hunde hatten es schwerer, ihrer Aufgabe nachzugehen. Dass diese Art des Publikumsspektakels überhaupt eine solche Verbreitung fand, hängt mit der ohnehin schon üblichen Praxis vieler Städte zusammen, Hunde zur Bekämpfung von Ratten einzusetzen. Insbesondere die Großstädte litten unter ständigen Rattenplagen. Die Pariser Stadtverwaltung hatte sogar das Jagdrecht auf die Nager an berufsmäßige Jäger verpachten müssen, um Epidemien vorzubeugen. Diese arbeiteten entweder im Auftrag mit ihren eigenen Hunden oder verkauften und vermieteten entsprechend abgerichtete Tiere an Privatpersonen.

Auch im deutschsprachigen Raum gab es bald Rattenkämpfe, doch legten diese Veranstaltungen hierzulande ihren Schmuddel- und Spelunkencharakter ab. Stattdessen organisierte man sie hochoffiziell beispielsweise als Gebrauchshundeprüfung auf einer Internationalen Hundeausstellung 1908 in Wien unter dem Dach des »Österreichischen Klubs für Luxushunde«. Die Ratten dafür ließ man von Kanalreinigern besorgen. An Zuschauern mangelte es hier ebenfalls nicht. Trotz strömenden Regens, so wurde einmal berichtet, habe sich zahlreiches Publikum eingefunden, das in gedrängter Enge stand, »fast als wenn ein weltberühmter Schauspieler oder Sänger auftrete ...« Auf Hunde, die die Ratten bei den Kämpfen nur herumjagten und nicht scharf genug anpackten, soll es verächtliche Redensarten und Schmähungen gehagelt haben, während man die tüchtig um sich beißenden frenetisch bejubelte.

Eine Hundezeitschrift aus diesen Jahren berichtet von einem solchen Ereignis und der Autor betont gegen Ende des Artikels:

> »Jede Arbeit oder jeden Hund zu beschreiben, das würde zu weit führen, denn weit über hundert Ratten mussten ihr Leben unter den scharfen Fängen der Hunde hergeben. Ich kann jedoch sagen, dass die Geschichte ganz interessant war und keinesfalls so ekelerregend, als man glaubt, annehmen zu dürfen. Da hat es ... schon viel garstigere Bilder gegeben.«

Man wird bei seinem heutigen Urteil nicht vergessen dürfen, dass Ratten eine echte und permanente Geißel der Städte waren und die

Hemmschwelle der Menschen ihrer Vernichtung gegenüber entsprechend niedrig. Der moderne Tierschutzgedanke war zudem noch jung, entwickelte sich aber auch an derartigen Veranstaltungen.

HUNDE IN DER TRETMÜHLE – KARNHUNDE

Die Geschichte der Ausnutzung tierischer Kräfte im Dienst des Menschen hält auch in der Neuzeit noch Überraschungen bereit. Bekanntlich mussten frühe Kraftmaschinen mit Muskelkraft betrieben werden, um Energie zu liefern, und ursprünglich hatten Menschen, so auf antiken und mittelalterlichen Baustellen, häufig diese Arbeit übernommen. Im Laufe der Zeit jedoch versuchte man stattdessen verschiedenste Tiere für derartige Aufgaben einzuspannen. Der Esel erwies sich in vielen Fällen als zu teuer und zu groß, der Bär als zu wild und zu schwierig zu beschaffen. Schnell kam man vor allem im Bereich der Lebensmittelherstellung auf den Hund, denn dieser war willig und – ganz wichtig – verfügbar. Die ersten Hunde, die für den Menschen zur Zubereitung von Speisen im Kreis laufen mussten, waren wohl die Bratspießdreher-Hunde höfischer Großküchen in Frankreich und Großbritannien. Einen vierbeinigen Bratendreher besaß gegen Ende des 18. Jahrhunderts auch das berühmte Hospiz St. Bernhard, das viele Reisende zu versorgen hatte. Kein Bernhardiner war es, der hier in einer großen Trommel seine Runden drehte, damit sich der Fleischspieß über dem Feuer gleichmäßig bewegte, sondern ein »gewöhnlicher« Hund.

Doch der hohe Butterkonsum und nicht die Fleischeslust der Menschen zwangen den Hund für eine kleine historische Weile regelmäßig in eine Tretmühle, wo übrigens die bekannte Redewendung »In einer Tretmühle stecken« herrührt. So kam der Mensch, der Butter produzieren, verkaufen und essen wollte, auf den sogenannten Karnhund, was so viel wie Butterfasshund heißt, denn Fässer wurden in Norddeutschland und in den Niederlanden auch Karnen genannt. Um 1800 hatte die Butterherstellung mit Hunden zunächst in Holland und etwas später auch in einigen Gegenden Niederdeutschlands Fuß gefasst. Die Hunde nun trieben dabei eine Art Tretmühle an oder sorgten in Trommeln und auf Rollbändern für Bewegung. Zumeist wurden wohl größere Schäferhunde herangezogen, und da nicht jeder »Butterbauer« einen Karnhund eigens für diese Tätigkeit besaß, waren es oft Ketten- und Wachhunde, die nun zwei Aufgaben zu bewältigen hatten. Um die Hunde in den Rädern zum Laufen zu bewegen, legte man ihnen Halsband und Leine an, die an den Radständern befestigt wurden. Die Tiere bekamen dabei nur so viel Spiel, dass sie zwar laufen, aber nicht hochspringen oder zu schnell rennen konnten, denn nur eine gleichmäßige Bewegung ließ aus dem Rahm der Milch Butter werden.

Die Hunderäder konnten, je nach Hersteller und Bedarf, ganz unterschiedlich groß sein. Ein seinerzeit in Hamburg gebautes Hundetretrad hatte einen Durchmesser von 2,50 Metern und war für ein 50-Liter-Butterfass gedacht. Wie es den Hunden bei der Verrichtung dieses Dienstes erging, hing anscheinend stark vom Einzelfall ab. Der einstmalige Betreiber eines Heimatmuseums in Jever jedenfalls behauptete, es habe Hunde gegeben, die diese Arbeit gern verrichteten:

> »So kam es wohl vor, dass die Hausbewohner durch einen furchtbaren Lärm aus der Mittagsruhe aufgestört wurden; denn der Hund hatte sich ins Karnrad geschlichen und legte nun so schnell los, wie er nur konnte. Hätte ihm das keinen Spaß gemacht, so hätte er sich wohl gehütet, ins Rad zu gehen.«

Die Erinnerungen eines Bauern, der um 1900 noch mit einem Butterfasshund gearbeitet hatte, gibt eine wahrscheinlich realistischere Einschätzung: »Wenn das Buttern getan, dann kam der Hund aus dem Rad, er hatte gewöhnlich die Zunge länger aus dem Maul hängen ...« Sicherlich keine allzu angenehme Arbeit, bei der aber

Belohnungen offenbar auch nicht unüblich waren. Ein Bauer ließ, wie berichtet wird, seinem fleißigen Hund im Winter ein Stück Leberwurst und im Sommer eine Schnitte »mett dicke Botter« zukommen.

Der Hund hat also bei der Herstellung eines der wichtigsten Lebensmittel des Menschen für kurze Zeit eine gewichtige Rolle gespielt. Die Entstehung technisierter Molkereien auf der einen und Tierschutzbestrebungen auf der anderen Seite aber machten diesem Intermezzo ein recht schnelles Ende.

BEGINN EINER GANZ NEUEN KARRIERE: DER HUND ALS POLIZIST

Gegen Ende des 19. Jahrhunderts tritt der heute mit Selbstverständlichkeit und Respekt akzeptierte Polizeihund seinen Dienst an. Anders als man vielleicht vermuten könnte, war er in der Bevölkerung zunächst keineswegs wohlgelitten, im Gegenteil. Die Pioniere der sogenannten Polizeihundbewegung hatten erst einmal einiges an Aufklärungsarbeit zu leisten und mussten die Befürchtungen der Bevölkerung, man wolle »Menschenjäger heranziehen und blutrünstige Monster auf unbescholtene Bürger loslassen«, entkräften. Ausdrücklich betonten sie daher, das Ziel sei nicht, »einen Bluthund heranzuziehen, der, lüstern nach Beute, in dieser nur den Gegenstand seiner tierischen Gier sieht, sondern einzig und allein einen Helfer und Schützer des in der Ausübung seines Berufes so oft gefährdeten Beamten.«

Die ersten Polizeihunde wurden 1896 in Hildesheim eingestellt und sollten eben genau dies tun: Den Beamten im Nachtdienst Hilfe und Schutz bieten. 1902 hatte sich der »Verein zur Förderung der Zucht und Verwendung von Polizeihunden« gegründet, der intensiv für den Einsatz der Hunde bei der Polizeiarbeit warb. Der Verein für Deutsche Schäferhunde trug ebenfalls zur Propagierung des Polizeihundes bei und verschickte eifrig Rundschreiben an Polizei und Stadtverwaltungen, in denen er zur Unterstützung der Polizei im Sicherheitsdienst die Verwendung von – natürlich – Deutschen Schäferhunden empfahl. Doch noch war nicht abzusehen, ob und in welcher äußerer Gestalt sich der Hundepolizist durchsetzen würde, und zunächst diskutierte man, welche Hunde für diesen Dienst überhaupt geeignet seien. Die einen argumentierten, man könne alle Rassehunde heranziehen, die eine entsprechende Größe, körperliche Beschaffenheit und Widerstandsfähigkeit besäßen. Andere meinten, bei Nacht seien ohnehin alle Katzen grau, und ein Grund, der gegen den Einsatz von Mischlingen bei der üblichen Verwendung der Tiere im Nachtdienst spräche, sei nicht auszumachen. Radikalere Vertreter sahen die Sache so: Der »Fixköter« beleidige das gesunde Gefühl für Schönheit, biete wenig Bürgschaft für einen guten, gleichmäßigen Charakter, für körperliche Gesundheit und Dressurfähigkeit. Zu Beginn der Polizeihundgeschichte jedenfalls kamen noch Mischlinge zum Einsatz und auf einer Ausstellung des »Vereins für Hundefreunde von Hamburg, Altona und Umgebung e.V.« hatte 1904 bei einer von der Polizei durchgeführten Prüfung ein Mischling den Beweis erbracht, dass er ein vorzüglicher Polizeihund war. Die Rassehunde aber besaßen die größere Lobby, und man ging rasch dazu über, polizeiliche Aufgaben ausschließlich ihnen zu übertragen.

Der ursprüngliche Grund für den Einsatz von Hunden zur Unterstützung der Polizei war auch ein ökonomischer. Man wollte Beamten im Nachtdienst, die unübersichtliche Bezirke nach Verdächtigen oder Obdachlosen absuchen mussten, bei ihrer Arbeit vor allem kostengünstige Hilfe zuteil werden lassen. Zudem sollten die Polizisten durch das Mitführen von Hunden ein erhöhtes Ansehen erhalten und für ein verbessertes Sicherheitsgefühl in der Bevölkerung sorgen. Neben dem Einsatz in entlegenen industriellen Bezirken oder ländlichen Gebieten wurden die ersten Polizeihunde zur Absuchung von Villenvierteln eingesetzt, wo die Bewohner des Nachts um ihr

Hab und Gut fürchteten. Dass man sich bedrohter fühlte als zu früheren Zeiten, hing eng mit den hässlichen Seiten der Industrialisierung und des Kapitalismus zusammen, wie der breiten Verelendung unterer Schichten in den Städten.

Über den »Arbeitstag« eines vierbeinigen Polizisten im Nachtdienst hieß es:
»Um zehn Uhr abends beginnt der Dienst, und die Hunde kennen die Zeit offenbar ganz genau, da sie mit dem Glockenschlag der zehnten Stunde ein ohrenzerreißendes Freudengebell anzustimmen pflegen. Überhaupt versehen sie ihren Dienst mit wahrer Begeisterung. Zuerst wird ein Erkundungsgang rund um die Stadtgrenze gemacht – dann löst man die Hunde von der Kette, und sie müssen nun rechts und links von den Wegen die Gärten absuchen. Dabei entgeht kein Gebüsch und kein noch so verborgener Winkel ihrem Spürsinn. Bei der geringsten Spur von etwas Verdächtigem rufen sie durch lautes Gebell sofort ihren Herrn herbei. Der Dienst währt bis sechs Uhr morgens, ohne dass die Hunde je Müdigkeit oder Lässigkeit verrieten.«

Die Hunde-Polizisten waren wohl schon durch ihre abschreckende Wirkung sehr effektiv, denn bereits kurz nach der Einführung von Diensthunden wurde vermeldet: »Die Polizeihunde zeigen sich so geschickt und erfolgreich, dass mit ihrer Einführung die Zahl der nächtlichen Diebstähle fast um die Hälfte abgenommen hat.«

Wer sich dennoch nicht von schändlichem Tun abhalten lassen wollte, dem konnte es so ergehen: Schäferhund Russe, der mit seinem Nachtpolizisten in Aschersleben unterwegs war, gab diesem durch Kratzen und Lautgeben am Rollladen eines Geschäfts zu verstehen, dass dort etwas nicht mit rechten Dingen zugehe. Der Polizist trat heran und schob den Rollladen etwas hoch, um in das Innere des Ladens zu blicken. Da sah er zwei jugendliche Strolche, die im Laden hatten übernachten wollen und nach denen schon seit einigen Tagen polizeilich gefahndet wurde. Mit Hilfe von Russe konnten die beiden Männer dingfest gemacht werden.

Hunde in die polizeiliche Ermittlungsarbeit mit einzubeziehen, war ein weiteres Ziel der Polizeihundbewegung. Im Kriminaldienst hatte Harras, ein Schäferhund von altem hannoverschem Schlag, die Karriere von Hunden bei der Aufklärung von Verbrechen ein entscheidendes Stück vorangebracht. Auf einem Gutshof war 1907 ein elfjähriges Mädchen getötet worden; eine Schandtat, von der man landauf landab sprach und die die Gemüter ungemein erregte. Wie in der polizeilichen Ermittlungsarbeit üblich, begann man mit der Suche nach dem Täter im engeren Umfeld des Mädchens. Harras nun, der Hund eines Braunschweiger Polizeiinspektors, machte unter den Bediensteten des Hofes den Knecht als Mörder des Kindes aus, was sich wie ein Lauffeuer herumsprach. Ein Jahr später war es der Schäferhundrüde Frack, der der Etablierung des Polizeihundes einen großen Dienst erwies: In Grünau bei Berlin war eine Frau auf einem Friedhof ermordet worden. Allein durch die hervorragenden Spürleistungen Fracks, so hieß es, wurde der Mörder überführt. Polizeihund Bosco von Reheim soll während seiner Laufbahn in 37 Fällen seinen Führer bei der Ausübung des Polizeidienstes gegen tätliche Angriffe erfolgreich verteidigt, bei 26 Diebstählen die Täter ermittelt und 14 Fluchtversuche von Gefangenen vereitelt haben. Die Erfolge von Russe, Harras, Bosco und ihren Kameraden führten zu einem ungeahnten Aufschwung. Man schuf Ausbildungsleitlinien, Prüfungsordnungen und gründete endlich eine Polizeihundeschule, die von ausgewählten Deutschen Schäferhunden, Rottweilern, Dobermännern, Riesenschnauzern und Airedaleterriern besucht wurde. Sie und ihre Vorgänger trugen zur Entwicklung des Hundes als engem Helfer des Menschen in neuen, der Zeit entsprechenden Bereichen mit ihren Leistungen Großes bei.

Dass man nun begann, sie auch als Tiere wahrzunehmen, die gesetzlichen Schutz benötigen, ist eine weitere der vielen Veränderungen im Verhältnis zwischen Mensch und Hund dieser Epoche.

TIERSCHÜTZER, KETTENHUNDE UND KARRENKÖTER

Die Entdeckung des Tierschutzgedankens ist untrennbar verbunden mit der im 18. und 19. Jahrhundert vorwiegend von Theologen und Philosophen in die Öffentlichkeit getragenen Vorstellung vom Tier als Freund und Mitgeschöpf Gottes, das zwar vom Menschen genutzt werden dürfe, aber vor Misshandlungen zu schützen sei. Die frühen Tierschützer waren außerdem der festen Überzeugung, der Anblick und die Ausübung von Tierquälereien verrohe den Menschen (Friedrich der Große lässt grüßen), während der Schutz der Tiere zur Verbesserung und Veredelung des menschlichen Charakters beitrage. Der nun einsetzenden Tierschutzbewegung ging es also nicht allein um das Tier, sondern auch um die sittlich-moralische Erziehung des Menschen und dessen kulturelle Entwicklung.

Besonders engagierte Zeitgenossen lehnten die Einstellung, die das Tier als einen der menschlichen Erziehung dienenden Gegenstand betrachtete, ab: Nicht Erbarmen schulde der Mensch dem Tier, sondern Gerechtigkeit; ein übrigens antiker und keineswegs originär moderner Gedanke. Kein geringerer als Philosoph Arthur Schopenhauer, der als Begründer des modernen Tierschutzgedankens bezeichnet wurde, empörte sich:

> »Die Thierschutzgesellschaften ... brauchen noch immer das schlechte Argument, daß Grausamkeit gegen Thiere zur Grausamkeit gegen Menschen führe; als ob bloß der Mensch ein unmittelbarer Gegenstand der moralischen Pflicht wäre, das Thier bloß ein mittelbarer, an sich bloß eine Sache! Pfui!«

Verstärkend wirkte eine insbesondere im städtischen Bürgertum vorherrschende sentimental-romantische Einstellung zur Natur sowie eine epochentypische Tendenz, tierisches Verhalten zu moralisieren und zu vermenschlichen, wozu Alfred Brehm mit seiner allgemein bekannten und viel gelesenen Tierkunde beigetragen hatte.

Diese gerade heute so oft kritisierte menschliche Verhaltensweise aber war Voraussetzung dafür, dass man dem Tier überhaupt Mitgefühl entgegenbrachte und allen Lebewesen eine Wesensverwandtheit mit dem Menschen zuschrieb. Manchen wurde das Tier sogar zum Vorbild: Sein unmittelbarer und unverstellter Bezug zur Welt sei beispielhaft für ein glückliches menschliches Dasein.

In Deutschland war es der evangelische Pfarrer Albert Knapp, der 1837 in Stuttgart den ersten deutschen Tierschutzverein ins Leben rief und als »Vater des deutschen Tierschutzes« gilt. Viele protestantische Pfarrer anderer Städte folgten seinem Beispiel, und es kam zur Gründung weiterer örtlicher Organisationen, die allesamt mit Knapp die Auffassung teilten, die Tierwelt bedürfe der Sklavenwelt gleich einer Emanzipation. Bereits 1891 gab es in Deutschland 191 (!) Tierschutzvereine mit etwa 70 000 Mitgliedern, deren Gründer neben Geistlichen zumeist Ärzte, Juristen, hohe Beamte und auch Adelige waren. 1884 hatte in Dresden die Gründung der Dachorganisation »Verband der Thierschutzvereine des Deutschen Reiches« stattgefunden, die auch die Macht der Medien erkannte und nutzte, indem man eine eigene Zeitschrift mit dem Titel »Deutscher Tierfreund« herausgab. Konkret wollten die Vereine den Tierschutzgedanken in die Öffentlichkeit tragen und Einfluss auf Gesetzgebung sowie Rechtsprechung zum Schutz der Tiere nehmen. Dabei machten sie die Vivisektion, Tierversuche und Quälereien bei Schlachtungen zum ständigen Gegenstand öffentlicher Diskussionen, und zwar durchaus erfolgreich. Seit den 40er-Jahren des 19. Jahrhunderts wurden in den verschiedenen Regionen Deutschlands Erlasse, Verordnungen und Gesetze gegen Tierquälerei erlassen, die nach der Gründung des Deutschen Reiches 1871 durch einen allgemeinen Paragrafen des Deutschen Reichsstrafgesetzbuches abgelöst wurden. Tierquälereien, die »öffentlich und in Ärgernis erregender Weise« erfolgten, konnten nun bestraft werden, sofern sich jemand fand, der sie als öffentliches Ärgernis ansah und zur Anzeige brachte, was durchaus seine Tücken hatte:

Fand sich kein Kläger, blieb Tierquälerei unbestraft. Das konnte die Tierschutzvereine nicht zufriedenstellen. Ihr Kampf für eine Verbesserung der Tierrechte zog sich durch die gesamte Kaiserzeit bis der Erste Weltkrieg den Menschen Sorgen ganz anderer Art bescherte.

Dieser Hintergrund und zeitcharakteristische Vorstellungen, wie »In dem treuen Haustier [Hund] ist uns in der Tat der letzte Zeuge der unschuldvollen Freundschaft aller Kreaturen aus dem Paradies nachgezogen«, ließen die Tierschutzbewegung den Hund jenseits des Luxuskleidchens und samtener Kissen entdecken. Sie brachte die ganze Ambivalenz der Tier- und Hundeliebe jener Tage in das Sichtfeld der Öffentlichkeit.

Gegen Ende des 19. Jahrhunderts begann sich der Tierschutz der bedauernswerten Existenz der Kettenhunde anzunehmen, die in ländlichen Gebieten stark verbreitet waren und den Menschen dort als Wachhunde unverzichtbare Dienste leisteten, was folgende Geschichte eindrücklich erzählt: Ein bekannter Rechtsanwalt hatte die Aufgabe übernommen, einen Dieb zu verteidigen, und es war ihm gelungen, für diesen einen Freispruch zu erwirken. Da der Anwalt offenbar einiges besaß, was er für schützenswert hielt, bat er den Dieb nach dem Prozess um Rat:

»Ich habe auf dem Lande ein vereinzelt stehendes Haus. Welches ist das beste Mittel, um mich gegen Einbrecher zu schützen?«
Der Experte in dieser Sache zögerte nicht lange mit seiner Antwort: »Mein Herr«, sagte er, »halten Sie sich einen Hund, aber vertrauen Sie mir, einen kleinen Hund, nicht einen großen! Was die großen anlangt, so gewinnen wir sie bisweilen durch Liebkosungen für uns, aber die Spitze niemals. Sie bellen bei dem geringsten Geräusch so heftig, dass sie uns in die Flucht schlagen.« Rat von einem Sachverständigen, der es wissen musste.

Dass in bestimmten Kreisen der Hund allein durch seine Aufgabe wahrgenommen wurde und es häufig ganz andere Tiere waren als heute, die eine emotionale Funktion für den Menschen besaßen, zeigen die Lebenserinnerungen der Bäuerin Anna Wimschneider: In ihrem autobiographischen Lebensbericht »Herbstmilch« heißt es: »Weil wir Kinder fleißig waren, durften wir uns im Frühling (vom Vater) etwas wünschen. Franz und Michl bekamen ein kleines Schafböcklein ... Hans durfte die Tauben behalten, die zugeflogen waren. Meine Schwester, die zwei Jahre jünger war, und ich wünschten uns kleine Entlein. Jeder war nur für sein Vieh zuständig. Die Entlein meiner Schwester bekamen zum Erkennen ihre Schwänzelein abgeschnitten. Jeder hat sein Vieh fleißig gefüttert, damit es größer und schöner wird als bei den anderen. Hasen, Katzen und einen Hund hatten wir auch, der war gut abgerichtet, und niemand hätte uns Kindern auch nur nah kommen dürfen.«

Um die Forderung nach einer generellen Abschaffung von Kettenhunden konnte es also nicht gehen, sehr wohl aber darum, auf ihr Los hinzuweisen und eine Verbesserung zu erwirken, was die Allgemeine Tierschutz-Zeitschrift 1895 vehement in Angriff nahm. Das Schicksal der Kettenhunde stand dabei in nur allzu krassem Gegensatz zu dem schnarchender Möpsen in Menschenbetten:

»Vernachlässigt werden die Kettenhunde nicht allein Betreff des Fressens und Saufens, welches den Tieren zu sehr unregelmäßigen Zeiten vorgesetzt oder zuweilen auch ganz vergessen wird, wenn vom Mittagstisch nichts übriggeblieben [ist]. Wie oft erhält ein Kettenhund seine Kost kalt, auch nicht immer in reinem Gefäße – wie oft zu dem vom vorigen Tage übergebliebenen Futter geschüttet, welches inzwischen schon säuerlich geworden! Ist der Durst im allgemeinen schon jedem Tier lästig genug, so ist dieses noch mehr bei dem Kettenhund der Fall, der eben seine Wachsamkeit durch heftiges, anstrengendes Bellen bekunden muss und daher des Stillens seines Durstes ganz besonders bedarf. Wie oft wird es aber versäumt, dem Hunde Wasser vorzusetzen, auch wenn dieses wirklich geschieht,

– wie oft erhält ein armes Tier das Wasser in einem schmutzigen Gefäße, zuweilen sogar in einem Troge, in welchen Nahrung überhaupt nicht gehört! Noch mehr ist ein solcher Hund zu beklagen, wenn derselbe spät abends von seiner Kette gelöst wird und dann in eingeschlossenem Gehöfte wegen Mangels an Wasser seinen Durst nicht stillen kann. Diejenigen Kettenhunde, die stets an ihrer Kette bleiben, leiden häufig sehr schwer dadurch, dass ihre Hütte oder Häuschen undicht ist, so dass Regen und schneidender Wind durchdringen und das Lager des Hundes auf längere Zeit durchnässt. Wie oft hört man auf dem Lande des Nachts das Wimmern und Heulen der vor Kälte zitternden Kettenhunde und die gewöhnliche Folge eines solchen Jammers, durch welches ein hungriger und durstiger Hund sein Unbehagen kundgibt, ist, dass ihn dafür heftiges Schelten aus dem Zimmer des Wohnhauses trifft, statt das sein Herr sich fragen sollte: Was fehlt wohl dem Tiere?«

Im Winter 1901 wurden ähnliche Mahnrufe zugunsten der geplagten Kettenhunde sogar in allgemeinen Tageszeitungen veröffentlicht, was von weitaus größerer Wirkung war:

»Alle Menschen richten sich im Winter ihre Wohnungen behaglich ein, Vieh und Pferde erhalten eine sorgfältige Stallpflege – nur die armen Hunde werden leider zu oft vergessen! Nicht von verweichlichten Stubenhündchen ist hier die Rede, sondern von den unglücklichen Geschöpfen, welche jahraus, jahrein an den Ketten liegen und nichts weiter als eine offene Hütte mit schlechter Unterlage haben. Was sollen wir tun, um solchen bedauernswerten Vierfüßlern ihr herbes Los zu erleichtern?«

Die Tierschützer beließen es nicht bei emotionalen Appellen. Sie wurden nicht müde, öffentlich Anleitung und Ratschläge zu geben, die das Dasein dieser Hunde verbessern sollten. So riet man, sicherlich sehr zum Verdruss der Diebeszunft, zur Anschaffung kleinerer Hunde, die ihren Dienst genauso gut versahen, aber stets frei laufen konnten, nicht ständig angebunden werden mussten und sich daher auch beim Menschen zu melden vermochten, wenn sie durstig waren. Man mahnte an, Hütten unbedingt mit Stroh auszustatten und mit einer über dem Eingang hängenden Decke gegen Witterungseinflüsse zu schützen. Erstmals wurde darauf hingewiesen, dass die Tiere am Tag unbedingt mehrere Stunden herumlaufen müssten, um sich zu erwärmen und Steifheit zu vermeiden. Während der kältesten Wintermonate seien sie am besten im Stall aufgehoben und müssten unbedingt besser gefüttert werden als im Sommer. Bei all diesen Aufrufen beriefen sich die Tierschützer immer wieder auf die Dankbarkeit, die der Mensch dem Hund schulde, und sorgten damit zwar nicht für ein generelles Verbot dieser Haltungsform, das es bis heute nicht gibt, erreichten aber eine erhöhte Aufmerksamkeit für den Kettenhund als schützenswerte Kreatur.

In heute kaum vorstellbarer Weise war der Hund aber auch als Zug- und Lasttier im 19. Jahrhundert in erster Linie für den Kleinhandel von existentieller Bedeutung. Wie wichtig er auf dem Land für Gewerbetreibende war, erzählt ein weiteres Mal Anna Wimschneider: »Wieder einmal kam ein Eierkarrer zu uns, um Eier aufzukaufen. Er hatte einen alten Kinderwagen dabei, an den er einen großen Hund eingespannt hatte. Der Hund trug ein schönes Geschirr, wie ein Pferd, er zog den Wagen ganz allein, gut gefüttert war er auch. Unser Hund, der Schockerl, war nur ein kleiner Hund, meine Brüder hatten ihn aber gut abgerichtet. Wir Kinder warteten alle schon immer gespannt auf den Eiermann. Wenn er sich dem Hof näherte, ließen die Buben den Schockerl los und hetzten ihn auf den großen Hund. Im Handumdrehen war die schönste Hunderauferei im Gange, der große Zughund riss sich von seinem Geschirr los, dass es in Fetzen ging. Der Mann musste seinen Wagen selber schieben, und unser Hund war halt doch der bessere Kämpfer, da verlangte der Eierkarrer, wir müssten unseren Hund immer einsperren, wenn er am Montag kommt.«

Auch die Städte kamen nicht ohne den Zughund aus. Um das Jahr 1900 wurden allein in Dresden 115 000 bis 120 000 Zughunde registriert, die dort jährlich eine bestimmte Brücke überquerten, was eine werktägliche Zahl von 380 bis 400 Fuhrwerken ausmachte. Ein norddeutsches Unternehmen, dass sich auf den Verkauf entsprechender Fuhrwagen spezialisiert hatte, verteilte um 1910 die beeindruckende Anzahl von jährlich einer Million Kataloge, und einem skandinavischen Reisenden des 19. Jahrhunderts fiel in Berlin, wo er alljährlich verweilte, die große Zahl der Zughunde auf, die, wie er meinte, »eines Kulturvolkes wie dem Deutschen unwürdig« sei. In der Tat muss es hierzulande nirgends so viele Zughunde gegeben haben wie in der Hauptstadt, wo die Versorgung der Städter mit Milch, Fleisch und Gemüse eine Zeitlang größtenteils durch Hundegespanne gesichert wurde. Neben den Zugkarren der Lebensmittelhändler tummelten sich die der Lumpensammler, Korbflechter, Scherenschleifer sowie Kohlen- und Topfwarenhändler.

Die »Ziehhundfrage« wurde daher zu einer der wichtigsten Aufgaben des Berliner Tierschutzvereins. Beständig trat man an die Öffentlichkeit: Hunde müssten viel zu große Lasten schleppen, seien körperlich nicht geeignet, Zugdienste zu verrichten, und würden insgesamt schlecht versorgt (Tatsächlich fütterten viele Zughundbesitzer ihre Tiere nicht, sondern spannten sie, auf dem Marktplatz oder sonstwo angekommen, einfach aus und schickten sie auf Nahrungssuche. Die treuen Tiere kehrten dabei erstaunlicherweise in der Regel kurze Zeit später zurück und ließen sich erneut einspannen!) Zusätzlich führte der Verein in Berlin zur »Befreiung des Zughundes« eine originelle Aktion durch und ließ 50 Esel aus dem Kaukasus kommen, die man Besitzern von Kleinfuhrwerken anbot und überraschend schnell an den Mann brachte. Der Esel, so propagierte man, sei mit seiner Ruhe und Zähigkeit, seinem starken Bau und den prallen Hufen als Zugtier weit besser befähigt. Beim Tierschutzverein liefen daraufhin mehrere Hundert Bestellungen für Esel ein – die Arbeit des Vereins hatte sich gelohnt. Ähnliches unternahm man in Dresden, Leipzig und weiteren Städten, jedoch stand der im Vergleich zum Hund höhere Anschaffungspreis und Unterhalt einer generellen Einführung des Esels im Wege.

Die Initiativen der Tierschutzvereine erreichten in einzelnen Gegenden wie Thüringen, Mecklenburg und in Schleswig die Verabschiedung verschiedener behördlicher Vorschriften und eine polizeiliche Kontrolle des Zughundwesens. So musste in den entsprechenden Regionen nun auf gesetzlicher Grundlage ein polizeilicher Erlaubnisschein eingeholt werden, zudem wurden Höchstgewichtsgrenzen und die Verwendung tierschutzgerechter Anspannungen festgelegt. Zu einer für das gesamte Reich geltenden Regelung des Ziehhundwesens konnte man sich erst 1934 durchringen. Diese brachte zwar Verbesserungen für die Tiere, war jedoch noch lange kein Verbot, und es fehlte die von Tierschützern so lange angemahnte Verpflichtung der Lastbestimmung und Untersuchung durch einen Veterinär. 1936 berichtete ein Polizei-Tierarzt aus Hannover: »Tatsache ist, dass heute in Deutschland (in der einen Gegend mehr, in der anderen weniger) Hunde zum Ziehen verwendet werden. Die Schlachter und Bäcker usw., die früher mit Hundewagen zum Schlachthof oder zum Markte gefahren sind, haben sich ein Auto zugelegt. Es gibt aber noch Altpapierkäufer, Lumpensammler, Kartoffelschalenabholer usw. genug, die einen Ziehhund in der Stadt besitzen, es werden von den gleichen Gewerbetreibenden auf dem Lande ebenfalls Hundefuhrwerke gehalten, dazu kommen Häusler, Besenbinder, Milchverteiler usw.«

Trotzdem war schon manches erreicht. Neben den reichsweiten gesetzlichen Bestimmungen hatten die Tierschützer durch ihre unermüdliche Aufklärungsarbeit eine immer breitere Ablehnung des Zughundes in der Öffentlichkeit bewirkt und somit entscheidend zu seiner »Ablösung« beigetragen.

Eine der größten Errungenschaften der Tierschutzbewegung des 19. Jahrhunderts aber war die Errichtung der ersten Tierasyle, die zur Unterbringung herrenloser Katzen und Hunde eingerichtet wurden. Bezeichnenderweise entstanden diese dort zuerst, wo es auch Luxushunde in großer Zahl gab – in Berlin, München und Dresden – und wo, wie wir gesehen haben, die systematische Züchtung von Hunden aus Liebhaberei zur Beschäftigung breiterer Bevölkerungskreise geworden war. Kleinere deutsche Städte kannten solche Einrichtungen um 1900 noch nicht. Viele der Insassen waren dementsprechend auch ehemalige Familien-, Haus- und Rassehunde, die nicht aus wirtschaftlicher Notwendigkeit angeschafft worden waren. Als Musterasyl galt das vom Berliner Tierschutzverein gegründete Heim, welches hundert Tiere aufnehmen konnte. Anders als heute verwahrte man die Tiere nur wenige Tage und tötete sie dann, sofern sie nicht von ihren Besitzern ausgelöst wurden. Eine Abholung war in den ersten Tierheimen allerdings eher die Ausnahme. Einen längeren oder gar lebenslangen Aufenthalt aber konnte man den Tieren aus Kapazitäts- und finanziellen Gründen nicht gewähren und selbst an dem Bestehenden wurde in der Öffentlichkeit angesichts städtischer Armut unter so vielen Menschen häufig Kritik geübt.

Um sich zu finanzieren, verkauften die Tierasyle einsitzende Rassehunde, die nicht abgeholt worden waren, und konnten auf diese Weise einen nicht unbeträchtlichen Anteil ihrer jährlichen Kosten decken.

Wie sehr die frühen Tierheime mit finanziellen Problemen zu kämpfen hatten, zeigt die Geschichte des Londoner Hundeasyls. In der englischen Hauptstadt war 1824 unter Mitwirkung von Theologen der erste »Antitierquälereiverein« gegründet worden und im selben Jahr hatte dort ein Hundeasyl seine Pforten geöffnet. Eine geregelte staatliche Unterstützung gab es nicht und daher stand das Heim bereits sechs Jahre später wieder kurz vor der Schließung, bis genau zum rechten Zeitpunkt ein unerwartetes Vermächtnis seinen Fortbestand sicherte. Offenbar wirkte dies vorbildhaft, denn fortan konnte sich das Londoner Asyl – ähnlich wie spätere Gründungen anderer Städte auch – durch regelmäßige private Stiftungen und Erbschaften über Wasser halten. Die Galgenfrist für Hunde betrug in London damals übrigens drei Tage, bis sie auf Intervention Königin Victorias, die ja auch das Rassehundewesen so entscheidend prägte, auf fünf Tage ausgedehnt wurde. Äußerst klug suchten sich die frühen Hunde- und Tierasyle einflussreiche, adelige Schutzherren, die nicht nur finanzielle Unterstützung boten. In London machte man Victoria, damals noch Prinzessin, zur Schutzherrin, was für das Überleben und den Erfolg des Vereins unvergleichlich förderlich war. Ihr Protektorat besaß ein derart hohes moralisches Gewicht, dass eine Kritik an der Tierschutzbewegung nun zur Majestätsbeleidigung geworden und ein Votum gegen den Verein und seine Ziele einer Maßnahme gegen das Königshaus gleichgekommen wäre. Die Tierliebe Victorias scheint übrigens keineswegs nur ein populistisches Mittel zum Zweck der Herzensgewinnung ihrer Untertanen gewesen zu sein. Ihren Lieblingshund Dash ließ sie in ihrem Garten bestatten und verfasste eigenhändig seine Grabinschrift:

»Seine Anhänglichkeit war frei von Selbstsucht,
sein munteres Spiel ohne Tücke, seine Treue ohne Trug.
Leser! Willst du bei Lebzeiten so geliebt und im Tode
beweint werden, so nimm dir ein Vorbild an Dash!«

Deutsche Vereine jedenfalls nahmen sich ein Vorbild und rekrutierten ihre Schutzherren nun auch aus Mitgliedern des Hochadels, wie der Münchner Tierschutzverein, der sich vom Bayerischen König protegieren ließ.

An der Geschichte des Tierschutzes und seinem Engagement für den Hund lässt sich nicht nur eine veränderte Haltung zum Tier ablesen. Sie zeigt eindrucksvoll, dass der organisierte Tierschutz keine »von oben« verhängte Bewegung war. Er kam direkt aus der – wenn auch besser gestellten – Bevölkerung, die das Tier und insbesondere den Hund als Freund und Mitgeschöpf entdeckt hatte. Mag Tierliebe damals wie heute auch ihre Ambivalenzen aufweisen, dem Hund hat sie in dieser Form ebenso weitergeholfen wie dem Menschen und seiner kulturellen Entwicklung.

ANGEKOMMEN IN DER NEUZEIT – AUCH IN DER ZIVILISATION?

Endlich angekommen im 20. Jahrhundert und Schluss mit allen Wirren? Endlich, egal, ob gemixt oder rassig, sozialer und gleichwertiger Partner der Menschen aller Schichten, der sich in Sessel, Sofa oder Hundekissen bequem zurücklehnen kann? Nein! Die zwei größten Katastrophen der jüngeren Vergangenheit, der Erste und der Zweite Weltkrieg, stehen noch bevor, und zwar auch für den Hund.

Seit ältesten Zeiten wird uns immer wieder überliefert: Der Hund als Waffe im Krieg gegen den Menschen, der sich noch nicht durch technisch ausgefeilte Schusswaffen zur Wehr setzt und der Kampfeskraft abgerichteter Hunde wenig entgegenzusetzen hat. Kriegshunde als Verstärkung der eigenen Kampftruppe waren in der Antike vor allem bei den Persern eine typische Erscheinung. An der Seite der Kelten zogen Hunde mit Rüstungen und Eisenstachel-Halsbändern in den Kampf. In mittelalterlichen und frühneuzeitlichen Schlachten bediente man sich ihrer ebenfalls und bewaffnete sie obendrein, indem man an ihrer Rüstung einen über dem Kopf herausragenden Speer sowie einen Feuertopf befestigte. Auf diese Weise sollten die Pferde des Gegners verletzt und in feindlichen Lagern Feuer gelegt werden. Den größten Masseneinsatz hatte wohl Heinrich VIII. zu verantworten, der im 16. Jahrhundert 4000 Hunde und die gleiche Anzahl Menschen gegen Frankreich in den Kampf geführt haben soll. Diese Kampfhunde wurden dem Gegner entgegengeschickt, um in dessen Reihen Verwirrung zu stiften, die feindlichen Pferde in die Flucht zu schlagen und die Reiter niederzureißen.

Erheiterndes gibt es, wie man sich denken kann, über den schon vielbeschriebenen, missbräuchlichen Einsatz von Hunden als Kämpfer im Dienste der Menschen nicht zu berichten, doch Groteskes, wie die kleine Geschichte um die Schlacht bei Hastings im Jahre 1066.

Die in England einfallenden Normannen hatten zu ihrer Unterstützung eine große Anzahl vorwiegend doggenartiger Hunde mit sich genommen, und die Briten besaßen ganz ähnliche, die sie denn auch gegen die Normannen hetzten. Indes, dies war nicht von Erfolg gekrönt, denn die Normannen wussten, dass die Angelsachsen fast ausschließlich Rüden zum Kampf einsetzten und hatten nur Hündinnen mitgebracht. Der Plan soll aufgegangen sein: Die Kriegsrüden vergaßen ihre Pflichten und vergnügten sich stattdessen lieber mit den Hundedamen. Den Normannen aber gelang es, die Herrschaft zu erringen und sich in England festzusetzen.

Als die Kriege der Neuzeit zu Materialschlachten mit Massenvernichtungscharakter wurden, in denen auf allen Seiten Tausende von Soldaten stündlich ihr Leben ließen, verlor der Einsatz von Hunden als lebendiges Kriegsgerät an Bedeutung. Die Folgen und Bedingungen des Ersten und Zweiten Weltkrieges nun führen stattdessen zu einer Neuentdeckung des Hundes als Helfer und bringen erneut seine wertvollsten Tugenden zum Vorschein. Viele, heute selbstverständliche gemeinnützige Aufgaben, die der Hund vom Blindenführdienst bis zum Rettungseinsatz mit Bravour erfüllt, bekommen durch die verheerenden Weltkriege erstmals höchste Notwendigkeit, werden systematisiert und organisiert: Aus den Urkatastrophen des 20. Jahrhunderts wird der Hund als Helfer in seiner ganzen späteren Vielfalt hervorgehen.

Die ersten nachweisbaren Erfahrungen mit Hunden im Such- und Rettungsdienst freilich machten fernab von Kriegsereignissen fromme Männer, die der Forscher Friedrich von Tschudi Mitte des 19. Jahrhunderts besuchte:

»Die Reise über den alten Gebirgspaß ist nur im Sommer bei ganz klarem Wetter gefahrlos [möglich], bei stürmischem Wetter dagegen und im Winter, wo die vielen Spalten und Klüfte vom Schnee bedeckt sind, dem fremden Wanderer ebenso müh- wie gefahrvoll. Alljährlich fordert der Berg eine kleine Anzahl von Opfern. Bald fällt der Pilger in eine Spalte, bald begräbt ihn ein Lawinenbruch, bald umhüllt ihn der Nebel, daß er den Pfad verliert und in der Wildnis vor Hunger und Ermüdung umkommt, bald überrascht ihn der Schlaf, aus dem er nicht wieder erwacht. Ohne die echt christliche und aufopfernde Tätigkeit der edlen Mönche wäre der Bernhards-Paß nur wenige Wochen oder Monate gangbar. Seit dem 8. Jahrhundert widmen sie sich der frommen Pflege und Errettung der Reisenden. Die Bewirtung geschieht unentgeltlich. Feste, steinerne Gebäude, in denen das Feuer des Herdes nie erlöscht, können im Notfall ein paar hundert Menschen beherbergen. Das Eigentümlichste ist aber der stets gehandhabte Sicherheitsdienst, den die weltberühmten Hunde unterstützen. Jeden Tag gehen zwei Knechte des Klosters über die gefährlichsten Stellen des Passes, einer von der tiefsten Sennerei des Klosters hinauf in das Hospiz, der andere hinunter. Bei Unwetter oder Lawinenbrüchen wird die Zahl verdreifacht, und Geistliche schließen sich den Suchern an, welche von Hunden begleitet werden und mit Schaufeln, Stangen, Bahren und Erquickungen versehen sind. Jede verdächtige Spur wird unaufhörlich verfolgt, stets ertönen die Signale; die Hunde werden genau beobachtet. Diese sind sehr fein auf die menschliche Fährte dressiert und durchstreifen freiwillig oft tagelang alle Schluchten und Wege des Gebirges. Finden Sie einen Erstarrten, so laufen sie auf dem kürzesten Wege nach dem Kloster zurück, bellen heftig und führen die stets bereiten Mönche dem Unglücklichen zu. Treffen sie auf eine Lawine, so untersuchen sie, ob sie nicht die Spur eines Menschen entdecken, und wenn ihre feine Witterung ihnen davon Gewißheit gibt, machen sie sich sofort daran, den Verschütteten freizuscharren, wobei ihnen die starken Klauen und die große Körperkraft wohl zustatten kommt. Gewöhnlich führen sie am Halse ein Körbchen mit Stärkungsmitteln oder ein Fläschchen mit Wein, oft auf dem Rücken wollene Decken mit sich. Die Anzahl der durch diese klugen Hunde Geretteten ist sehr groß und in den Geschichtsbüchern des Hospizes gewissenhaft verzeichnet.«

Wenig bekannt ist, dass man im Hospiz nicht nur Bernhardiner hielt und zuweilen auch Nachwuchssorgen kannte. Als der Prior des Klosters in der zweiten Hälfte des 19. Jahrhunderts klagte, er habe nur noch einen Hund zur Verfügung, den er zum Dienst heranziehen könne, schenkte ein gewisser Herr Essig aus Deutschland dem Hospiz von St. Bernhard zwei Leonberger und erntete dafür große Dankbarkeit:

»Unsere treuen Kameraden des Hospizes haben zwei neue Freunde bekommen aus Leonberg, schwarzköpfig, sonst löwengelb. Nun ist ein Jahr vergangen und [es] kann wohl bei dieser Gelegenheit ein Urteil abgegeben werden. Der Leonberger hat sich als ein ganz außergewöhnlich treuer, in den Grundeigenschaften des Bernhardiners voll ebenbürtiger Kamerad gezeigt. Aber der Leonberger hat noch einen, namentlich für uns hier oben, weiteren Vorzug, den der Bernhardiner nicht hat, und das ist sein Temperament, seine Beweglichkeit in Schnee und Eis.«

Doch sei's drum, ob nun Bernhardiner oder Leonberger. Wie viel die Mönche und ihre Hunde damals zu tun hatten und wie wichtig dieser Gebirgspass war, zeigen folgende Zahlen: Um das Jahr 1794 flüchteten 50 000 Menschen vor der Französischen Revolution nach Italien und suchten dabei im Hospiz Zuflucht, gegen 1800 waren es 40 000 napoleonische Soldaten, die auf einem Kriegszug versorgt werden wollten. Kein Wunder also, dass dieser Pass mit seiner Gefährlichkeit und das Hospiz mit seinen Hunden von großer Bedeutung waren. Ob man sich in den nun folgenden Zeiten der Not an Schilderungen wie die des Forschers von Tschudi erinnerte?

VERSUCHE MIT HUNDEN ZU KRIEGSZWECKEN

Der Einsatz von Hunden als Helfer geschah im Ersten Weltkrieg von 1914 bis 1918 nicht völlig voraussetzungslos. Bereits früher hatte es erste Einsatzversuche gegeben. Ihre Heranziehung als Wachposten lag dabei aufgrund der Alltagserfahrungen der Menschen natürlich noch recht nahe, und auch Napoleon hatte sich seinerzeit diese Eigenschaft zunutze gemacht, indem er einen seiner Feldmarschälle aufforderte, alle herrenlosen Hunde einzusammeln und vor Wällen zu postieren, damit sie bei feindlichen Angriffen rechtzeitig anschlugen.

Zu einiger Berühmtheit gelangte in Frankreich der Pudel Moustache, der bei der Schlacht von Austerlitz die französische Fahne gerettet haben soll, die der Hand des gefallenen Fahnenträgers entglitten war, wofür Moustache, wie sich versteht, eine Auszeichnung erhielt.

Eine besondere Ausbildung aber hatte dieser Hund, der bei einer späteren Belagerung getötet wurde, nicht. Auch die Franzosen entdeckten die Notwendigkeit einer Anleitung vierbeiniger Kriegshelfer erst etwas später.

»Versuche mit Hunden zu Kriegszwecken« wurden im Deutschen Reich auf obrigkeitlichen Befehl erstmals um 1885 durchgeführt, wobei man rasch erkannte, dass Hunde hervorragend die schnelle Überbringung von Meldungen und Nachrichten erlernten, die man den Tieren in einer am Halsband angebrachten Kapsel mitgab. Ihre »Verwendbarkeit zu Zwecken des Munitionsersatzes im Gefecht« hingegen stellte sich den deutschen Militärs glücklicherweise als zwecklos dar.

Große Probleme hatte man zunächst mit dem Einsatz »unter Schuss«. Die Hunde waren dies nicht gewohnt, nahmen durch das Pfeifen der Geschosse völlig verängstigt Deckung und ließen sich erst bewegen weiterzulaufen, sobald das Schießen eingestellt wurde. Die französische Armee bemühte sich etwa um dieselbe Zeit, Kriegshunde einzuführen, die ebenfalls Meldedienste leisten sollten, hielt aber gleichzeitig noch eine Weile am Hund als Waffe fest. So steckte man Menschen in verschiedene deutsche Uniformen, reizte an der Leine gehaltene Hunde gegen sie auf und ließ sie im weiteren Verlauf der Ausbildung los, wovon ein Augenzeuge berichtet:

»Man stellte Feldwachen in den Wald und teilte jeder einen dressierten Hund zu. Kurze Zeit später nahte ein Pseudopreuße. Bei seinem Anblick bellte nicht nur der betreffende Hund, sondern er stürzte sich auch wild auf den mit Helm bedeckten Soldaten los, und der Unglückliche konnte sich nur dadurch den Bissen des Tieres entziehen, dass er auf einen Baum kletterte.«

Bereits vor dem Ersten Weltkrieg herrschende Ressentiments der Nationen untereinander spiegeln sich in weiteren Ausbildungsversuchen: Ein 1891 in Russland erschienenes Buch zur Ausbildung von Kriegshunden sollte Hunde anleiten, den deutschen Individualgeruch, bestehend aus einer »Mischung von Kaffee, Zigaretten, Wurst und Bier« zu analysieren. Auch den Schießhund schlug dieses Buch vor, der mit einem Apparat auf dem Rücken, durch Lunte ausgelöst, Platzpatronen abfeuern sollte, um den Feind an einer bestimmten Stelle zu beunruhigen oder von einer anderen abzulenken.

Die Versuche im Deutschen Reich wurden in dieser Zeit von preußischen Jäger-Bataillonen durchgeführt, worunter man sich im militärischen Sinne eine der ältesten Truppengattungen moderner Heere vorstellen muss: Der Begriff Jäger wurde im deutschen Heereswesen des 19. Jahrhunderts für Angehörige einer in lockerer Aufstellung und kleineren Einheiten operierenden Truppe verwendet, ausgebildet vor allem für den Gebirgs-, Wald- und Häuserkampf. Zu diesem Zeitpunkt versuchte man erstmals, Hunde zum Aufstöbern Verwundeter abzurichten und scheiterte dabei zunächst schlicht an mangelnder Erfahrung. Das deutsche Heereshundewesen entwickelte sich in diesen Vorkriegsjahren nur langsam. Die Jäger-Bataillone besaßen 1907 ganze 113 Hunde, worunter überraschenderweise 108 Airedale-Terrier waren, die dem Kriegsministerium als für den Heeresdienst besonders geeignet empfohlen wurden. Trotz dieser bescheidenen Anfänge müssen die Leistungen der Hunde auf die Menschen im Alltag zurückgewirkt haben, denn die Aufmerksamkeit, die Hunde plötzlich in ihrer Eigenschaft als potentielle Kriegshelfer erfuhren, zeigte Auswirkungen auf das Hundevereinswesen, und das nahm auch eine breitere Öffentlichkeit wahr: 1890 veranstaltete ein kynologischer Verein namens Juno einen Wettkampf, bei dem Patrouillenhunde auf der einen gegen Radfahrer auf der anderen Seite antraten und eine zwei Kilometer lange Strecke zu überwinden hatten. Unter reger Publikumsbeteiligung trug der altdeutsche Hühnerhund Boy, ein ausgebildeter Patrouillenhund, der nach nur 1 Minute 41 Sekunden durchs Ziel gegangen war, den Sieg davon. Ihm folgten unmittelbar eine Dogge und ein Setter. Der erste Radfahrer, ein gewisser Herr Arnold, hatte laut Zeitungsbericht fast 4 Minuten gebraucht, damit aber immerhin Pudel Nauke geschlagen, der die Ausbildung als Meldehund offensichtlich noch nicht abgeschlossen hatte und nach ihm das Ziel erreichte. Die Schlusslichter dieses kuriosen Rennens bildeten zwei Dreiradfahrer.

Obwohl verschiedene kynologische Vereine und auch private Züchter also durchaus regsam waren, wäre die Geschichte des Kriegshelferhundes beinahe eine sehr kurze gewesen, denn bereits 1907 schaffte die Bayerische Armee ihre Kriegshunde wieder ab und auch das preußische Kriegsministerium begann, die für Zucht, Haltung und Ausbildung aufgewendeten Mühen im Hinblick auf den im Ernstfall zu erwartenden Nutzen zu hinterfragen. 1910 sprach sich die Inspektion der Jäger und Schützen schließlich gegen den Einsatz von Kriegshunden aus, woraufhin das Kriegsministerium ein Jahr später die Abschaffung der Kriegshelferhunde verfügte. Lediglich verschiedene Festungskommandanturen behielten noch einige

Hunde in ihrer klassischen Funktion zur Bewachung von Magazinen und anderen Einrichtungen.

Diese zu Beginn recht bescheiden anmutende Karriere hing womöglich mit den Erfahrungen beim Einsatz von Hunden in Deutsch-Südwestafrika während des Hererokrieges 1904/1905 zusammen, der sich als völliges Fiasko erwiesen hatte. Für die Bekämpfung dieses Aufstandes von Einheimischen, die sich gegen ihre deutschen Kolonialherren zur Wehr setzten, konnten die Jäger-Bataillone kaum ein knappes Dutzend tatsächlich ausgebildeter Kriegshunde zur Verfügung stellen, und so verwendete man völlig unterschiedslos irgendwelche unausgebildeten Hunde, solange die nur laut genug bellten und wachsam erschienen. Die meisten dieser Hunde kamen dann auch lediglich als Wachhunde zum Einsatz, an eine andere Verwendung war nicht zu denken. In den für die Tiere völlig ungewohnten südwestafrikanischen Verhältnissen wurden sie nach Berichten außerdem eher zur Last, liefen sich schnell die Pfoten wund und mussten dann auf Karren transportiert oder auf den Stationen zurückgelassen werden.

DIE NEUENTDECKUNG DES HUNDES ALS HELFER

Die neue Ära des Kriegshelferhundes kündigte sich in Deutschland am 21. August 1914 an – bemerkenswerterweise unmittelbar nach der deutschen Kriegserklärung an Russland und Frankreich – als ein Aktenvermerk die Einstellung von je vier Sanitätshunden mitsamt Führern bei Sanitätskompanien festhielt. Die immensen Opferzahlen unter den Soldaten innerhalb kürzester Zeit und die militärische, aber auch ethische Verpflichtung, nach einer Schlacht Verletzte und Tote zu bergen, erforderten außerordentliche Anstrengungen. Da die Sanitäter außerdem oft ausschließlich in der Dunkelheit ohne Licht suchen durften, benötigte man Helfer, deren Sinne die menschlichen auf diesem Gebiet überragten und die willens waren, mit dem

Menschen zusammenzuarbeiten. All dies bewirkte einen beständig steigenden Bedarf an Sanitätshunden und die nun allmählich einsetzende Entwicklung des organisierten Sanitäts- und Rettungshundewesens.

Die rasch fortschreitende Entwicklung technischer Nachrichtenvermittlung durch Funkgeräte und Fernsprecher hatte die Militärs zunächst glauben lassen, der Einsatz von Hunden als Überbringer von Nachrichten sei gänzlich überflüssig. Doch die Realität des Ersten und Zweiten Weltkrieges belehrte sie schnell eines Besseren. Ungünstige Geländestrukturen machten sogenannte Blinkverbindungen oftmals unmöglich. Die Gefechtshandlungen schritten zum Teil so schnell voran, dass der Bau von Fernsprechanlagen häufig nicht mehr bewältigt werden konnte, oder stark gestiegene Artilleriebeschüsse zerstörten bereits existierende Leitungen, die zuvor übrigens nicht selten von sogenannten Kabelhunden gelegt worden waren. Diesen hatte man das lose Ende eines Kabels an einem Geschirr befestigt und sie damit zur Gegenstelle geschickt.

Mitunter verbot sich der Einsatz von technischen Nachrichtenmitteln aber auch aus taktischen Gründen, und hohe Verluste unter den Soldaten führten dazu, dass man den tierischen Melder, sofern ein solcher zur Verfügung stand, dem menschlichen vorzog. Dazu hieß es expressis verbis:

> »Allein zur Vermeidung unnötiger Mannschaftsverluste ist in diesem Fall die Nachrichtenübermittlung durch Meldehunde vorzuziehen.«

Zudem wurde vor allem der Erste Weltkrieg selbst im Winter im Hochgebirge weitergeführt – unter Bedingungen also, bei denen der Hund dem Menschen im schnellen Zurücklegen von Entfernungen haushoch überlegen war: Die Meldehunde am Nockstein bei Salzburg etwa schafften die Meldestrecke bergauf bestenfalls in

17 Minuten, wofür ein gut trainierter Bergsteiger eineinhalb Stunden benötigte, und den Abstieg legten sie in nur 7 bis 8 Minuten zurück. Des Weiteren setzten Spähtrupps, die zumeist im Morgengrauen vorgingen, bei Tageslicht jedoch verborgen liegen bleiben mussten, Hunde ein, die mit Meldungen zurückgeschickt wurden und mit Verpflegung zu ihren Führern wiederkehrten. Und so überbrachten Meldehunde Nachrichten auf einer Entfernung von etwa fünf bis sechs, zumeist stark umkämpften Kilometern vollkommen selbstständig insbesondere dann, wenn technische Mittel nicht einsetzbar waren. Mitunter arbeiteten die Meldehunde Hand in Hand mit Brieftauben, was dann nötig war, wenn es noch weitere Strecken zu bewältigen galt:

> Dabei sandte man zunächst den Hund mit einer Anforderung von Brieftauben los, die ihm am entsprechenden Ort in umgeschnallten Taschen – links und rechts je eine – mitgegeben wurden. Hatte er sie gebracht, wurden die Tauben mit den Meldungen losgeschickt.

Den rund 120 000 Tauben des Ersten Weltkrieges wurde für ihren Einsatz 1939 mit viel Pomp und Ehrengästen in Berlin-Spandau ein Denkmal gesetzt, in das man »Unseren Brieftauben 1914–1918« gemeißelt hatte. Die 25 Bronzetauben aber, die das Ehrenmal verzierten, wurden bald nach Kriegsbeginn für die Rüstungsindustrie eingeschmolzen.

Doch zurück zum Hund. Zunächst gab es kein von der Armee organisiertes Heereshundewesen, doch die Notwendigkeit einer raschen Einführung wuchs mit der Grausamkeit des Krieges. Während man den Meldehund in der Armee ja immerhin bereits kannte und eigene Versuche mit ihm angestellt hatte, ging die Idee vom Rettungshund auf eine private Initiative zurück. Dass es den Sanitätshund hierzulande überhaupt schon gab, war dem Tiermaler und Hundefreund Jean Bungartz zu verdanken, der im letzten Jahrzehnt des 19. Jahrhunderts den Deutschen Verein für Sanitätshunde ins Leben gerufen hatte. Früh erkannte er, dass sich in zukünftigen Kriegen die Schlachtfelder ausdehnen und die Zahl, der verwundet an schwer zugänglichen Stellen Liegenden, erhöhen würde. Ohne die Hilfe von Hunden – so seine Überzeugung – würden die Verletzten von den Krankenträgern leicht übersehen und einem entsetzlichen Tod anheimfallen. Bungartz begann mit viel Enthusiasmus, Hunde für diesen anspruchsvollen Dienst auszubilden, um sie Sanitätskompanien zur Verfügung zu stellen. Dabei wurde er zunächst keineswegs mit offenen Armen empfangen, denn die Militärs waren der Meinung, ihr Sanitätspersonal sei »derart ausgebildet und vervollkommnet worden, dass die Vermehrung des Trosses durch Mitführung einer doch immerhin notwendigerweise großen Zahl von Hunden« unnötig geworden sei. Erst auf Gesuch seines Vereins ließ man Bungartz 1899 mit vier selbst ausgebildeten Hunden an einer großen Krankenträgerübung des 8. Armeekorps in Koblenz teilnehmen, dessen Chef kein Geringerer war als Generalmajor von Hindenburg. Auf gänzlich unbekanntem Terrain hatten die Hunde bei einer Tag- und Nachtübung die Suche nach Scheinverwundeten unter Beweis zu stellen, was Bungartz ihnen mit so viel Hingabe beigebracht hatte. Nachdem die Krankenträger das ganze markierte Schlachtfeld bei Nacht mit Fackeln auf das Sorgfältigste abgesucht hatten, wurden die Hunde losgeschickt und fanden innerhalb weniger Minuten noch 12 »Verwundete« im dichten Gestrüpp. In der Tagübung entdeckten sie bei der Nachsuche nochmals 18 Mann, die die Sanitäter übersehen hatten. Das Können der Hunde hinterließ großen Eindruck bei den Militärs und wurde in vielen ausländischen Zeitungen besprochen. Eine armee-eigene Sanitätshundeschule jedoch veranlasste man immer noch nicht und daher geschah die Versorgung der Armee mit Sanitätshunden bei Kriegsausbruch 1914 ausschließlich durch den Verein für Deutsche Sanitätshunde. Aber dann handelte man schnell. Ende Mai 1915 beschloss das Kriegsministerium die Errichtung eines Sanitätshunde-Ersatzdepots namens »Fangschleuse« bei Berlin.

Dass man zur Beschleunigung der Ersatzanforderungen von Sanitätshunden bereits 1916 eine Sanitätshundestaffel West und eine Sanitätshundestaffel Ost einrichtete, lässt traurige Rückschlüsse auf die vielen Verluste zu diesem Zeitpunkt, nicht nur unter den Menschen, zu.

Im Mai 1916 verfügte man auf deutscher Seite erneut, »Versuche mit Hunden als Überbringer von Meldungen« anzustellen, was erfolgreich bei einem Gefecht in den Vogesen vor sich ging, und im September 1916 errichtete man eine der Armee angegliederte Kriegshundeschule, in der auch Meldehunde ausgebildet wurden. Die verstärkten Bemühungen, den Einsatz von Hunden als Helfern jetzt zügig zu organisieren, hängen zusammen mit den Erfahrungen und Entwicklungen der ersten beiden Kriegsjahre. Die bislang nicht gekannten hohen Verluste an Menschenleben in nur wenigen Stunden, der Einsatz von Gas als Kampfstoff seit 1915, die seit Februar 1916 tobende Schlacht vor Verdun, die insgesamt über 600 000 Tote und Verletzte auf französischer und deutscher Seite forderte, machten die Mobilisierung aller nur möglichen Kräfte erforderlich, und so versuchte man in nie gekanntem Maße und ohne Rücksicht alle nur verfügbaren personellen und materiellen Ressourcen aufzubieten.

Dabei machte man auch vor dem Hund nicht halt, für den man sogar eigens angefertigte Hundegasmasken schuf, damit er als Melde- und Sanitätshund in kampfstoffvergiftetem Gelände bei der Truppe seinen Dienst verrichten konnte.

Die Angaben über die in beiden Weltkriegen eingesetzten Kriegshunde weichen voneinander ab; am Ende des Ersten Weltkrieges sollen etwa 30 000 Meldehunde und geschätzte 4000 bis 6000 Sanitätshunde allein auf deutscher Seite im Einsatz gewesen sein. Während des Zweiten Weltkrieges kann man wohl von mindestens 50 000 Kriegshelferhunden ausgehen, ebenfalls vorwiegend Melde- und Rettungshunde, die im deutschen Heer an allen Fronten zu finden waren. Wo aber hatte man plötzlich – bei aller Organisation – die vielen Hunde her, die an der Seite des Menschen in den Krieg ziehen mussten? Auf eigene Tiere konnte die deutsche Armee zu Beginn des Ersten Weltkrieges ja nicht zurückgreifen, hatte man diese ja kürzlich erst abgeschafft. Und auch, wenn das Heereshundewesen in den 30er-Jahren vor dem Zweiten Weltkrieg einen weitaus größeren Bestand aufwies und einer staatlichen Förderung unterlag, hatte man schlicht und ergreifend auch zu diesem Zeitpunkt nicht genügend armeeeigene Hunde, um den hohen Bedarf zu decken. Also griff man auf private Hundehalter zurück und rief diese im Deutschen Reich und in Österreich auf, dem Militär geeignete Hunde zur Verfügung zu stellen, wozu man in Deutschland fast 50 Meldestellen für Sanitätshunde eröffnete. Folgender Appell der österreichischen Armee erging so während des Ersten Weltkrieges an die Bevölkerung:

Aufruf des k. u. k. Kriegsministeriums.
Rassehunde für die Armee.

Deutsche Schäfer, Dobermann-Pinscher und Airedale-Terrier werden weiterhin umso zahlreicher benötigt, als sie zum Schutze und zur Rettung unserer Soldaten vielfach beigetragen haben und deshalb von allen Fronten dringend beansprucht werden. Aber auch im Dienste der Polizei im Felde, in den besetzten Gebieten, ferner im Hinterland, zu Bewachungszwecken in Kriegsgefangenenlagern, ermöglichen sie bei ungleich erhöhter Sicherheit eine Verminderung der Indienststellung von Menschenkräften. Die weitere Ausstattung der Armee mit geeigneten Hunden ist daher eine derartige Notwendigkeit, daß kein Besitzer eines solchen Tieres zögern sollte, es dem patriotischen Zwecke, und wäre es nur auf Kriegsdauer, zu überlassen. Für bestimmte Verwendungen erfolgt auch der Ankauf entsprechender Hunde durch die Heeresverwaltung, welche auch für Schnauzer, Foxterrier, andere Terrierarten

und deren Kreuzungen als Rattenfänger (zur Bekämpfung der Rattenplage in den Schützengräben) Verwendung hat.
Geeignete Anmeldungen sind zur richten an den k. u. k. Kriegs- und Sanitätshundeführer-Kurs in Wien, XVIII., Herbeckstraße 66, Telephon Nr. 39.165 und werden auch in der am Vorführungsplatze befindlichen Kanzlei entgegengenommen.

Um der Bevölkerung den Nutzen der Kriegshunde vor Augen zu führen und sie zur Abgabe ihrer Tiere zu bewegen, setzte man neben Appellen auf regelmäßige Kriegshundevorführungen vornehmlich mit Sanitätshunden, die stets geeignet waren, großes Erstaunen und Bewunderung hervorzurufen.

Wenn es auch aus heutiger Sicht schwer vorstellbar ist, viele Menschen folgten den staatlichen Aufrufen und daher stammte die Mehrzahl der ersten vierbeinigen Helfer dieser Zeit direkt aus dem Volk – ebenso wie die kämpfenden Soldaten. Die Tiere auf einen so ungewissen und gefährlichen Weg zu schicken, war dabei nicht nur Ausdruck von Pflichtgefühl und Vaterlandsliebe. Die Ernährungssituation der Bevölkerung war schlimm, spätestens seit der Blockade gegen das Deutsche Reich und Österreich seit 1917, die etwa eine Millionen Hungertote forderte, sogar dramatisch; zudem konnten viele Menschen das Geld für die Hundesteuer nicht mehr aufbringen. Nicht wenige überließen ihre Hunde der Armee also aus Not, da man ihnen dort eine gute Verpflegung zumindest versprach, und immerhin gibt es Berichte, die behaupten, die körperliche Verfassung der Tiere sei bei der Armee eine bessere gewesen als zuvor. Doch auch so mancher Soldat, der seinen Einrückungsbefehl erhielt, nahm den eigenen Hund mit, was Steuerakten aus dem letzten Kriegsjahr 1918 festhalten. Weitere Kriegshunde bezog das Militär von Tierschutzvereinen und bildete sie entsprechend aus.

Die Art und Weise, wie man das Kriegshundewesen in Deutschland organisierte, veranlasste eine französische Zeitung im Dezember 1914, die eigene Nation zu Gleichem aufzurufen: »Es gibt keinen

Bereich der deutschen Kriegsmaschine, der so deutlich Planung und Organisation bis ins kleinste Detail spiegelt. Die Rekrutierung der Hunde in diesem Land ist so organisiert, dass Deutschland mit Sicherheit in seinen Ausbildungsmethoden von Hunden als Hilfskräften der Armee an der Spitze des Erfolgs gesehen werden muss.«

MUSTERUNGSBEFEHLE FÜR HUNDE

Auch während des Zweiten Weltkrieges war die Rekrutierung von Hunden durch die deutsche Wehrmacht straff organisiert und geregelt. Um den nötigen Nachschub zu gewährleisten, wurden Hunde, die eigentlich in privatem Besitz waren, ebenso wie zukünftige Soldaten auf ihre »Wehrtüchtigkeit« gemustert. Ihre Aushebung nahm man auf der Grundlage von Hundesteuerlisten vor, sodass man als Besitzer – sofern man Hundesteuer bezahlte – kaum eine Möglichkeit hatte, einem Musterungsbefehl für den Hund zu entgehen. Die Musterungskommissionen wurden in der Regel von einem Unteroffizier geleitet und zogen mehrere Wochen lang durch das Land. Hundebesitzer wurden aufgefordert, sich zu bestimmtem Tag und bestimmter Stunde in einem Lokal mit Saal und Garten oder Ähnlichem einzufinden, wo die Musterungen vor sich gingen. In Frage kamen im Idealfall nur Hunde zwischen dem 18. Lebensmonat und drei Jahren mit einer Schulterhöhe von mindestens 50 Zentimetern. Neben der Feststellung der allgemeinen Tauglichkeit – die Hunde durften zum Beispiel keine Gebäudefehler besitzen – erfolgte eine Eignungsprüfung auf Wesens- und Schussfestigkeit, wobei eine mangelnde Gewöhnung an Schüsse vielen Hunden letztendlich die Einberufung ersparte: Ein Major der Wehrmacht beklagte, dass regelmäßig riesige Hunde vorgeführt worden seien, die »sich angstbebend verkrochen, sobald die erste Platzpatrone knallte.« Auf die Verfassung der Besitzer nahm man bei der Zustellung der Musterungsbefehle keine Rücksicht. Häufig kam es vor, dass man alten

Bauersfrauen, deren Männer und Knechte bereits in den Krieg hatten ziehen müssen, einen Musterungsbefehl für den Hofhund ins Haus schickte. Diese Frauen mussten dann den oft sehr weiten Weg zum Musterungsplatz auf sich nehmen mit einem Hund, der bis dato nie etwas anderes kennengelernt hatte als seine Kette. Der bereits erwähnte Major berichtete, nicht selten seien Frauen bei der Vorführung physisch und psychisch so erschöpft gewesen, dass sie fast kniefällig darum gebeten hätten, den Hund unbedingt gleich dazubehalten oder totzuschießen, da sie sich der Qual des Rückwegs mit dem Hund nicht mehr gewachsen gefühlt hätten.

Interessanterweise wurde gelegentlich auch berichtet,
dass sich Kettenhunde bei Meldediensten besonders bewährten:
Eine anfängliche Bissigkeit habe sich recht rasch gelegt
und ihre Lauffreudigkeit sei kaum zu überbieten gewesen.

Die Prüfungskommissionen musterten in der Regel bis zu 150 Hunde am Tag. Dass bei einem solchen Tagespensum besonders sorgfältig vorgegangen wurde, ist nur schwer vorstellbar, und dennoch dachte man bereits bei der Musterung an die verschiedenen Verwendungsmöglichkeiten für Heereshunde und unterschied den Tauglichkeitsgrad in vier Klassen von Ia, I, II und III. Wurde ein Hund hier für tauglich befunden, so verblieb er bis zur Einberufung zunächst bei seinem Besitzer. Dieser erhielt dann zwar einen gewissen Obolus für sein Tier, wurde de facto jedoch enteignet. Nach dem Krieg sollten die Besitzer ihre Tiere für ein Drittel des Kaufpreises zurückerwerben können, so zumindest war es vorgesehen – angesichts des Wissens um den Zustand Deutschlands in der sogenannten »Stunde Null« eine geradezu absurd anmutende Vorstellung. Bei allem Zwang musste man unter den Hundehaltern im nationalsozialistischen Deutschland aber offenbar trotzdem noch Propaganda-Arbeit leisten, da sie ihre Hunde keineswegs gern abzugeben schienen. Ständig wandten sie ein, ihre Tiere seien für militärische

Aufgaben nicht geeignet, sorgten sich wegen der Kälte und der Ansteckungsgefahr bei der Massenhaltung in den Hundeersatzstaffeln. Die Nationalsozialisten forderten daher vom Hundesport, sich in den Dienst der Sache zu stellen und unter Hundefreunden Geeignetes zu verbreiten:

»Wenn der Hundesport durch Aufklärung auch weiterhin dahin wirkt, dass die Abgabe eines Hunde an das Heer nicht gleichbedeutend mit dem sicheren Verlust des Tieres und für das Tier nicht der Beginn eines freudlosen Daseins ist, wird er gerade denen, die nicht nur von einem Hund, sondern von einem liebgewonnenen Kameraden Abschied nehmen, den Trennungsschmerz erleichtern.«

Übrigens vereinen die massiven Versuche, den Kriegshund in der Bevölkerung populär zu machen, die Gegner des Zweiten Weltkriegs ganz ungewollt. In den Vereinigten Staaten wurden dazu nach Kriegseintritt Tausende von Anschlägen ausgehängt:

»Eine Botschaft an Amerikas Hundebesitzer!
Der totale Krieg hat es notwendig gemacht, viele Hunde unserer Nation zu den Waffen zu rufen. Tausende von Hunden, bereitgestellt von patriotischen Männern, Frauen und Kindern, wurden bei den bewaffneten Streitkräften für Spezialaufgaben ausgebildet. Sie dienen an allen Fronten, auch an der Heimatfront, gegen mögliche Saboteure ... Tag für Tag werden neue vierbeinige Rekruten in die Kriegsausbildungszentren eingeliefert, durch Erziehungskurse vorbereitet, die sie als Wachhunde, Meldehunde, Flugzeugwarnhunde, Lasttiere geeignet machen, auch für viele Aufgaben, die aber geheim gehalten werden müssen.«

Merkwürdigerweise wurde ausgerechnet der Deutsche Schäferhund in den Vereinigten Staaten der beliebteste Kriegshund, da man dessen Leistungs- und Lernfähigkeit ungeheuer schätzte. Weil man jedoch mit dem Deutschen Reich im Krieg lag, taufte man ihn kurzerhand um, und er wurde zum »Alsatian«. Zurück nach

Deutschland. Die Musterungskommissionen kritisierten regelmäßig die ihrer Ansicht nach zu magere Ausbeute an passenden Hunden und verlangten von den Züchtern, den Rassehund so zu kreieren, dass er den Erfordernissen eines Krieges genüge. Alles andere betrachtete man unter den Verantwortlichen als »unverantwortliche Schwäche zum Schaden der Wehrmacht« und hielt es für die »Pflicht jedes deutschen Hundeliebhabers ... gute Gebrauchshunde, nicht aber verzärtelte, verwöhnte und instinktverdorbene Modehunde, wie sie leider heute auch schon unter den ehedem so rühmlich zu brauchenden Rassen auftreten, zu züchten, die dem deutschen Vaterland durch ihre Leistung nutzen ...«

Nicht zuletzt in diesen Zitaten spiegelt sich der totalitäre Charakter eines Regimes, welches die Eigenschaften selbst des Hundes für seine Eroberungs- und Vernichtungskriege auszunutzen gedachte.

Unter den vielen gemusterten Hunden waren Schäferhunde, Airedale-Terrier, Rottweiler, Dobermänner, Boxer, Jagdhunde, Hovawarts, Bernhardiner, Doggen, Ungarische Hirtenhunde – und Mischlinge. Letztgenannte kamen durchaus zum Einsatz, was den hohen Bedarf an Kriegshunden zeigt, – allerdings nicht ohne die nationalsozialistische Rasseideologie mit vollem Ernst auch auf dem eigenen Rücken diskutiert zu sehen. Ein Hauptmann der Wehrmacht, der an einer Musterung teilgenommen hatte, bei der fast 90 Prozent der vorgeführten Hunde Mischlinge waren, ereiferte sich in einer kynologischen Zeitschrift ganz im Sinne der Ideologie, unter der Millionen von Menschen zu leiden hatten:

»Hält man sich vor Augen, dass die Haltung eines Rassehundes die gleichen Kosten verursacht wie die eines Mischlings, so kann man vom Standpunkt der Gebrauchsfähigkeit geradezu von einer Vergeudung des Volksvermögens sprechen, die sich niemals und besonders nicht in Kriegszeiten rechtfertigen lässt. Eine solche Vergeudung liegt vor, wenn ein großer Teil von Hunden mehr oder weniger nutzlos gefüttert wird. Es sei nicht bestritten, dass sich von diesen ein Teil als Wachhund sein Brot verdient. Aber ihr Beitrag zur Stärkung der Wehrkraft unseres Volkes ist wahrlich recht bescheiden.« Zitat Ende.

Unvorstellbar, dass sich vor diesem Hintergrund Positives entfalten konnte, und dennoch kann selbst diese unerträglich dumme Ideologie die Leistungen der Kriegshelferhunde und deren Auswirkungen auf spätere gemeinnützige Aufgaben nicht schmälern, denn der Hund tat lediglich, über jeden anderen Verdacht erhaben, das, was er vermochte, indem er dem Menschen seine außerordentlichen Eigenschaften zur Verfügung stellte.

DIENSTANTRITT MORGENS UM SECHS!

Hatte ein Hund einmal den »Wehrtauglichkeitsstempel« bekommen und war eingezogen worden, stand ihm je nach zukünftigem Einsatzgebiet eine anspruchsvolle Ausbildung bevor, der keineswegs jeder Vierbeiner gewachsen war und mitunter kam es vor, dass bereits eingezogene Hunde wieder an ihre Besitzer zurückgegeben wurden. Die Lehrgänge, die die Hunde zu absolvieren hatten, dauerten während des Zweiten Weltkrieges lediglich acht Wochen. Vielfach wurde die kurze Dauer der Ausbildung beklagt, die oftmals überhaupt nur deswegen realisierbar war, weil viele Heereshundeausbilder aus dem Hundesport kamen oder auf andere Weise bereits jahrelange Erfahrung im Umgang mit Hunden vorweisen konnten. Die Hundestaffeln wurden häufig in Rekordzeit aus dem Boden gestampft. Innerhalb weniger Wochen mussten Notunterkünfte für die Tiere in feste Zwingeranlagen verwandelt und nahezu hundert Hunde untergebracht und versorgt werden. Küchen- und Krankenanlagen bauten die Ausbilder in der Regel selbst. Der Tagesablauf von Hund und Mensch in einer Heeresersatzstaffel war streng reglementiert und begann bis auf den sonntäglichen Ruhetag um 6.30 Uhr in der Frühe. Täglicher Auslauf, Bürsten und Körperpflege waren ebenso minutiös im Tagesablauf geregelt wie die Abrichtung. Die Fütterung soll zumindest in der ersten Kriegsjahren noch recht feudal gewesen sein, die Hunde erhielten täglich wechselnd je ein halbes Pfund getrocknetes Fleisch oder Hundekuchen, bei einer zweiten Fütterung ein bis zwei Futternäpfe voll Mischfutter zu je 2 Litern Inhalt.

Der Meldehund musste in der kurzen Ausbildungsdauer lernen, eine Wegstrecke zwischen zwei bestimmten Punkten zurückzulegen, wobei man entweder auf das Ortsgedächtnis der Hunde setzte oder sie auf einer künstlichen Fährte arbeiten ließ, die zuvor mit Hilfe einer Tropfkanne gelegt worden war. Auf dieser Spur konnten die Tiere beliebig oft hin- und herlaufen, um Nachrichten zu überbringen. Der Fährtensuchhund wurde dem Ortsgedächtnishund spätestens seit dem Zweiten Weltkrieg vorgezogen, da Ersterer mit bis zu sechs Kilometern längere Strecken zurücklegen konnte und ihn die auf dem Schlachtfeld entstehenden Gerüche weniger ablenkten. Die Meldehunde mussten auch lernen, sich auf der Meldestrecke nicht durch Fremdeinwirkung ablenken oder gar mit Futterbrocken locken zu lassen. Dazu baute man während der Ausbildung Soldaten in wechselnden Uniformen oder in Zivil mit ein, die Fleischbrocken in den Händen hielten, an denen, wie man stets betonte, eine stumpfe Nadel befestigt war. Versuchte der Hund nun das Fleisch zu nehmen, war ein kurzer Schmerz die Folge und die Gleichsetzung eines unbekannten Menschen auf der Strecke mit diesem Schmerz (Diese »Vermeidungsmethode« findet sich übrigens noch bis in die 70er- und frühen 80er-Jahre des 20. Jahrhunderts in allgemeinen Hunderatgebern.).

Fremde Artgenossen zu ignorieren, war ebenfalls Teil der Ausbildung. Hierzu postierte man wiederum Soldaten, in Uniform oder zivil gekleidet, mit einem angeleinten Hund. Versuchte der Meldehund nun, sich diesem zu nähern, warf eine Hilfsperson eine Wurfkette nach ihm. Dann steigerte man die Schwierigkeit dieser Verleitung, indem der Ablenkungshund allein angebunden wurde und die Hilfsperson sich versteckt in der Nähe hielt. Der ganze Erfolg aber hing davon ab, ob die Hunde lernten, sich nicht vom Schlachtenlärm irritieren zu lassen, weswegen regelmäßig der sogenannte Feuerlauf geprobt wurde. Dabei schickte man mehrere Hunde hintereinander auf die Meldestrecke, sodass ständig ein Tier unterwegs war. Unterwegs stehende Helfer täuschten nun mit Platzpatronen und Übungshandgranaten den Ernstfall vor, wobei die Knallkörper gemäß Anweisung erst dann geworfen werden durften, wenn die Hunde vorbeigelaufen waren. Dass die eingesetzten Tiere keinesfalls apportierfreudig sein durften oder man ihnen das Apportieren unbedingt abgewöhnen musste, was durch den Einsatz heißer Steine geschah, erfuhr man erst durch leidvolle Fehlschläge: Zum Tag der Wehrmacht veranstaltete eine Staffel einmal einen Feuerlauf auf einem Exerzierplatz. Der Ausbilder eines Riesenschnauzers hatte sich zu diesem Ereignis auf den Weg gemacht, um seinen Zögling bei der Arbeit zu beobachten, und musste mit ansehen, wie der Hund, der die entsprechende Armbewegung hinter seinem Rücken noch wahrgenommen hatte, sich nach einem Knallkörper umdrehte, um diesen aufzugreifen.

Auch mit ausgebildeten Schutzhunden, die als Meldehund erzogen werden sollten, gab es zu Beginn der Lehrgänge nicht selten Probleme, denn häufig stellten und verbellten diese – ganz wie sie es zuvor gelernt hatten – auf der Strecke befindliche Personen, wobei so manche Hose zerrissen wurde.

Die Ausbildung der Sanitätshunde war nicht weniger anspruchsvoll, und bevor eine Vielzahl von Geschichten über die heroischen Rettungstaten von Hunden verbreitet werden konnte, stand auch hier eine zielgerichtete, keineswegs nur von Erfolg geprägte Anleitung der Tiere.

Der Sanitätshund musste lernen, ein bestimmtes Kampfgebiet, auch Suchfeld genannt, nach Verletzten abzusuchen, wobei die Hunde in der Regel dann zum Einsatz kamen, wenn die Krankenträger den entsprechenden Geländeabschnitt bereits einmal durchkämmt hatten.

Zunächst liefen die Hunde dabei im schnellen Zick-Zack, um bei dieser Quersuche über etwa 120 Meter seitwärts des Menschen das Gelände zu durchforsten. Man legte nun Scheinverwundete aus, die die Hunde suchten, wobei alle sonstigen Geruchsspuren und Verleitungen zu ignorieren waren. Problematisch blieb dabei lange Zeit die Art und Weise, wie der Hund auf den verletzten Menschen verweisen sollte. Das Naheliegendste, der sogenannte Standlaut, bei dem die Hunde lernten, den Fund eines Verletzten durch Verbellen anzuzeigen, erwies sich als zu gefährlich. Aus demselben Grund musste darauf verzichtet werden, den Hunden Glöckchen umzulegen, was man ursprünglich getan hatte, um ihnen jederzeit folgen zu können. Zeitweise verband man die Schnauzen der Hunde, sodass diesen das Bellen zumindest schwerfiel, denn keinesfalls durften die Hunde die Aufmerksamkeit des Feindes erregen und die Anwesenheit von Truppen verraten. Schließlich nahm man völlig Abstand vom Standlaut und versuchte bei der Ausbildung, die Aufmerksamkeit der Tiere auf einen Gegenstand zu lenken, der beim Verwundeten lag und zum Sanitätshundeführer apportiert werden sollte.

Dabei kam es zu unerwünschten Situationen. So nahmen Hunde, die etwa auf Mützen abgerichtet worden waren, entweder gar nichts auf, wenn sie Verwundete ohne Kopfbedeckung fanden, oder versuchten, den Soldaten angelegte Kopfverbände zu entreißen. Besonders zwischen temperamentvollen Hunden und Verwundeten soll nicht selten ein regelrechter Kampf entstanden sein, da die Tiere bei den Schein- oder tatsächlich Verletzten angekommen, in Ermangelung einer Alternative diese an den Haaren rissen oder versuchten, ihnen die Stiefel auszuziehen.
Bei einem Ernstfall-Einsatz sollen Hunde sogar schwere französische Infanteriegewehre mitsamt Bajonett apportiert haben!

Das Apportieren von Steinen oder Holzstücken, um auf einen Verletzten zu verweisen, erwies sich ebenfalls als unnütz, denn auf gefrorenem Schnee lag oftmals nicht einmal mehr das.

Die französische Armee konnte dieses Problem nicht lösen und schaffte den Sanitätshund kurzerhand wieder ab. Die vielen Fehlschläge in der frühen Helferhundgeschichte hingen damit zusammen, dass den Tieren – womöglich geblendet durch legendenhafte Erzählungen über Leistungen von Hunden oder in Verkennung ihres tatsächlichen Wesens – zunächst schlicht viel zu viel auf einmal abverlangt wurde. Häufig hatte man sie für verschiedenste Aufgaben gleichzeitig herangezogen, die einander in ihren Anforderungen widersprachen. Im Laufe der Erfahrungen schließlich wuchs die Einsicht in die Notwendigkeit einer Spezialisierung – eine Erkenntnis, die in ihren Auswirkungen auf die Zukunft des Helferhundes kaum überschätzt werden kann.

In Deutschland wollte man auf den Sanitätshund trotz aller Schwierigkeiten nicht verzichten, suchte intensiv nach einer praktikablen Lösung für das Verweisen auf Verwundete – und fand sie noch während des Ersten Weltkrieges mit dem sogenannten Bringsel-Verfahren. Dabei trug der Hund am Halsband einen Riemen mit einem Apportel aus Leder, das etwa zwölf Zentimeter lang und zwei Zentimeter dick war. Nun wurden die Hunde so ausgebildet, das Bringsel in den Fang nahmen, sobald sie einen Verletzten gefunden hatten, und schnell zu ihren Führern zurückzukehren. Diese nahmen sie an die Leine und ließen sich zu der entsprechenden Stelle führen.

ERDICHTUNG UND WAHRHEIT

Über Melde- und Sanitätshunde kursierten in allen Kriegsjahren die großartigsten Geschichten. Gerne wurde von legendären und heldenhaften Hunden erzählt und deren Mut und Moral betont, die man selbst so dringend benötigte. Sogar die posthume Verleihung von Adelstiteln kam vor, wie im Falle des Deutschen Schäferhundes Lord, der bei Varennes zu Tode gekommen war, und fortan den Titel Lord von Maurepas trug. Stark verbreitet waren solche Erzählungen, die trotz Verletzungen und Qualen von unermüdlichem Einsatz berichteten, wie die über einen Dobermann, der den Beinamen »Schrecken von Péronne« trug und mit zerschmettertem Lauf noch eine überaus wichtige Meldung überbrachte, bevor er wegen seiner Verletzung getötet werden musste, oder die Geschichte eines Hundes der 49. Reservedivision, der an einem bitterkalten Januartag 1917 mit verwundeten Vorderpfoten mehrfach eine überschwemmte Meldestrecke in nur wenigen Minuten durchschwommen haben soll. Von dem Schäferhundrüden Munni, der den Truppen von einer seinerzeit bekannten Schauspielerin als Meldehund zur Verfügung gestellt worden war, hieß es, er habe für seine abgeschnittene und dem Trommelfeuer des Feindes ausgesetzte Truppe durch dichte und giftige Gasschwaden hindurch noch rettendes Artilleriefeuer angefordert, bevor er zusammengebrochen sei.

Das Motiv des Retters aus höchster Not bestimmte auch die Erzählung über den Airedale-Terrier Raudi: Aus eigenem Antrieb habe dieser einen vom Feind nicht einsehbaren Übergang über das Eis der Somme gesucht und gefunden, da der Steg, der eigentlich überquert werden musste, unter starkem Beschuss lag. Als nun Tauwetter einsetzte und das Eis über den Fluss nicht mehr trug, soll er durch sein Verharren und Knurren die Soldaten vor dem sicheren Einbrechen bewahrt haben. Einer der bekanntesten dieser legendenhaften Hunde war der Chow-Chow Maski, Bordhund der U 202, von dem man sagte, sein feiner Instinkt habe das Boot mehrfach vor dem sicheren Untergang bewahrt. Das an der Ostküste Englands liegende deutsche U-Boot hatte einen bewaffneten Dampfer torpediert und war aufgetaucht, um von der Besatzung, die sich in Boote gerettet hatte, Namen und Ladung des Dampfers zu erfahren. Während der Kommandant die Papiere der Briten prüfte, soll Maski das Sehrohr eines angreifenden feindlichen U-Boots entdeckt und gebellt haben, so dass die U 202 dessen Torpedo noch in letzter Sekunde ausweichen konnte. Ein anderes Mal hielt die U 202 auf einen britischen Dampfer zu, dessen Besatzung auf einen Warnschuss hin in die Boote gegangen war. Maski aber, am Bug des Bootes stehend, habe auf dem scheinbar verlassenen Dampfer einen Artgenossen wahrgenommen und verbellt, woraufhin man auf eine Falle schloss und schnellstmöglich abdrehte. Tatsächlich setzte in diesem Moment Schnellfeuer ein und es kam zu einem Schusswechsel, in dessen Verlauf das britische Schiff sank. Der Chow-Chow, der dabei tödlich verletzt wurde und dem die deutsche Besatzung ihre Rettung zuschrieb, erhielt ein Begräbnis mit militärischen Ehren: Eingehüllt in eine Kriegsflagge bestattete man ihn auf hoher See.

Beliebtheit und Verbreitung heroischer Heldentaten mögen in Zeiten, in denen Menschen kollektiv tagtäglich um das eigene Leben fürchten müssen und der Tod allgegenwärtig ist, höchst charakteristisch sein. Und so dienten Erzählungen wie die geschilderten oft der Stützung des Durchhaltevermögens und der Kampfesmoral, ganz wie die Schilderungen soldatischer Heldentaten, die angeblich »mit einem Lächeln auf den Lippen« im tapferen Kampf gefallen sein sollen. Mythen, die nicht selten von oberster Stelle propagiert wurden, um die Opferbereitschaft des Einzelnen hochzuhalten. Weitaus realitätsnäher und völlig bar jeglicher Kriegsromantik lesen sich die Erfahrungen eines Unteroffiziers des Zweiten Weltkrieges:

»Ich war z. Zt. des Einsatzes Gefreiter und bildete mit Funker Jende eine Rotte. Wir führten die Dt. Schäferhunde Freya 164, Clodo 213 und den Mischling Bodo 166. Eingesetzt wurden wir am 3.3.1940 in der Pfalz. Dort blieben wir bis zum 17.4.1940. Unsere Meldestrecke war 2 km lang und führte vom Zuggefechtsstand zum vorgeschobenen S.M.G. Halbzug. Die Straße, auf der die Hunde liefen, war vom Feind vermint und lag unter Feuer.

Clodo bekam ich kurz vor dem Einsatz zugeteilt. Er stellte sich als schußscheu heraus, und ich habe ihn daher nicht eingesetzt. Obwohl ich dieserhalb Meldung machte, bekam ich weder Antwort noch Ersatz. Die andern beiden Hunde haben bei täglich starkem Einsatz zur vollsten Zufriedenheit gearbeitet. Durch den wochenlangen Einsatz an ein und derselben Stelle, wurden die Hunde auf der Strecke langsamer, weil sie jeden Baum und jeden Truppenteil, an dem sie vorbeikamen, kannten und teilweise von den Soldaten angelockt und gefüttert wurden. Von unserer Dienststelle sahen und hörten wir nichts, und die Offiziere der anderen Formationen hatten für die Hunde kein Verständnis. Die Futterbeschaffung machte anfangs Schwierigkeiten. Später erhielten wir Küchenabfälle, und so wurde es für die Hunde besser. Ich bin mit meiner Rotte dann nicht mehr eingesetzt worden, sondern erhielt die Kontrolle über 17 an der Front befindliche Meldehundrotten. Außerdem hatte ich für die Verpflegung und den Einsatz dieser Hunde zu sorgen. Die schlechteren Läufer habe ich dann auf kürzere, die besseren auf längere Strecken eingesetzt. Außerdem habe ich die Strecken von 7 – 8 km unterteilt (Stafetten) und dann sind Klagen innerhalb meines Bereiches nicht mehr gekommen.«

Der Verein für Sanitätshunde erhielt während des Ersten Weltkrieges regelmäßig Rückmeldungen über die zur Verfügung gestellten Hunde. Glaubwürdige Aussagen direkt von der Front, wie die eines Unteroffiziers und Sanitätshundeführers, der ein anschauliches Bild vom Kriegsalltag und den Arbeitsbedingungen der Hunde gibt:

»Noch am selben Abend rückten wir in strömendem Regen mit der Kompagnie zum Absuchen aus. Es handelte sich um das Gelände vor dem Orte B., um welchen tagelanger heißer Kampf gewütet, und wo viele, viele Kameraden für unser deutsches Vaterland ihr Blut fließen ließen. Schaurig finstere Nacht, teilweise erhellt durch brennende Häuser des genannten Ortes. Wir konnten wegen der Nähe des Feindes unsere Hunde nur an langer Leine arbeiten lassen, Glocken abgenommen, jedes Geräusch mußte vermieden werden. Folgedessen mußte man scharf aufpassen, daß unsere Hunde nicht Laut gaben. Bald fand auch Tell mehrere Schwerverwundete in einem Rübenfeld. Der Hund zog seinen Führer scharf dahin, und dieser konnte eben noch das Bellen verhindern. Ebenso fand mein Hund Sylvan drei Verwundete, schon derart schwach, daß sie ohne Besinnung waren, unter Stroh liegen. Der Hund witterte mit dem Fang ins Stroh und fing an zu scharren. Auf diese Art fanden diese beiden Hunde noch weitere drei Verwundete, welche sonst in strömendem Regen die ganze Nacht liegen geblieben wären. Morgens 4.30 Uhr, total durchnäßt, erreichten wir unser Quartier, von dem Gefühl beseelt, bereits den Anfang unserer Pflichterfüllung getan zu haben. Auch die beiden anderen Führer, welche mit ihren Hunden Pack und Lux beim zweiten Zug arbeiteten, hatten schon Erfolge, indem sie in einem dichten, hügeligen Gehölz abzusuchen hatten und dort neun Verwundete auf gleiche Weise fanden. Wir wurden während unserer Arbeit vom Dorfe aus von feindlicher Infanterie beschossen ...«

Wie Jean Bungartz es vorausgesehen hatte, berichteten Soldaten und Sanitätshundeführer häufig, die Hunde hätten bei ihrer Nachsuche noch Verwundete gefunden, die von den Krankenträgern übersehen worden waren und elendig hätten zugrunde gehen müssen:

»Nach langem Marsch kamen wir endlich abends auf dem Schlachtfeld an. Wir mußten unsere Hunde an der Leine arbeiten lassen, da wir bis 400 Meter an die französische Stellung herangingen. Mein Hund fand in kurzer Zeit fünf Schwer- und zwei Leichtverwundete. Diese würden sicher nicht gefunden worden sein, da sie sich verkrochen und schon seit anderthalb Tagen in dieser Lage befunden hatten!«

Es verwundert nicht, dass der Verein für Sanitätshunde sich aufgrund solcher Rückmeldungen in seiner Arbeit bestätigt sah und diese fortsetzte. Die steten Bitten der Sanitätskompanien an der Front, die Zahl der eingesetzten Hunde zu erhöhen, rissen nicht ab, und man konnte den eigentlichen Bedarf kaum decken. Lobende Äußerungen derer, die tagtäglich mit den Hunden an der Front arbeiteten, bestätigten ihren unersetzlichen Wert ganz ohne Ausschmückungen und Pathos, wie der Kommandeur einer Reserve-Sanitätskompanie: »Aufrichtig bedauern wir heute, daß wir nicht schon in der ersten Zeit der gewaltigen, verlustreichen Begegnungsgefechte mit diesen Sanitätshunden ausgerüstet waren.«

Für die Meldehunde galt dies gleichermaßen. Ein Infanterist beschreibt seine Erfahrungen mit ihnen: »Im Frühjahr 1918 war ich Führer des Nachrichtenzuges bei einem Infanterie-Bataillon. Das Bataillon war nordwestlich Montdidier eingesetzt. Leider hatten wir erst jetzt Meldehunde bekommen, die uns dann gute Dienste leisteten. Der Bataillons-Gefechtsstand befand sich diesseits des Dorfes Fontaine; die vorderste Linie jenseits des Dorfes war etwa 3 Kilometer entfernt. Bei starkem feindlichem Artilleriefeuer, an manchen Tagen mehrere tausend Schuß auf den Abschnitt des Bataillons, war der Fernsprecher fast immer gestört. Da brachten die Meldehunde durch das fast immer unter Beschuß liegende Dorf zum mittleren Kompanie-Gefechtsstand unsere Meldungen und haben so manchem Melder das Leben, zumindest aber die heilen Knochen erhalten. Ganz allgemein kann ich als Infanterist des Ersten Weltkrieges aus meiner Erfahrung heraus feststellen, daß uns damals Meldehunde weit größere Dienste hätten leisten können, wenn sie der kämpfenden Truppe früher und in großer Anzahl zur Verfügung gestanden hätten.«

Während die Geschichte des Meldehundes in der Nachkriegszeit zu Ende ging, stand die des Rettungshundes mit all seinen ausdifferenzierten Tätigkeitsbereichen der Gegenwart noch ganz am Anfang. Ohne die Erfahrungen der zwei Weltkriege aber wäre sie undenkbar oder zumindest anders verlaufen. Denn ein weiterer, mittlerweile geradezu klassischer und unverzichtbarer Helferbereich wird durch den Ersten und Zweiten Weltkrieg in systematisierter Form ins Leben geradezu gezwungen: der Blindenführdienst. Aus diesen Kriegen waren Tausende schwerbehinderte, zum Teil bis zur Unkenntlichkeit entstellte Soldaten zurückgekehrt, von denen noch eine Vielzahl erst nach dem Krieg an den Spätfolgen ihrer Verletzungen starben. Besonders die neuartige chemische Kriegsführung mit ihrem grausamen Einsatz von Senfgas hinterließ plötzlich mit völliger Hilflosigkeit konfrontierte, blinde Männer, die sich bei Kriegsbeginn mit Blumen und »Hurra!« hatten verabschieden lassen und nach ihrer Rückkehr im Alltag nicht mehr zurechtkamen.

Erste Erfahrungen und zaghafte Schritte, Hunde zum Führer von Blinden zu machen, hatte es im deutschsprachigen Raum bereits vor Ausbruch des Ersten Weltkrieges gegeben. Pionierarbeit leistete dabei ein junger Mann im Selbstversuch um das Jahr 1800.

Der Stellmachergeselle Joseph Reisinger war mit 19 Jahren erblindet und bekam von einem Schlächtergesellen einen Hund geschenkt mit der Anregung, diesen doch zu seinem Führer zu machen. Der tapfere Reisinger ging das Wagnis ohne Hilfe Dritter an und zog mit seinem einfach angeschirrten Hund durch die Straßen Wiens. Mit großer Geduld nahmen er und sein Hund alle Anstöße an Ecken, Mauern und Vorsprüngen hin. Unzählige Male stolperten sie über Kantsteine, Rinnsale und landeten in Gräben. Jede unangenehme Erfahrung Reisingers war auch eine des Hundes, was letztendlich wohl den Ausschlag dafür gab, dass dieser Weg über Versuch und Irrtum zum Erfolg führte und das Tier lernte, die Welt nach menschlichen Maßstäben zu beurteilen.

Theoretisch beschäftigte sich nur wenige Jahre später der Gründer des Blindenerziehungsinstituts Johann Wilhelm Klein in einem Lehrbuch mit der Ausbildung von Blindenführhunden. Doch gelegentliche Aufsehen erregende Berichte über Blinde und ihre Hunde blieben noch Einzelfälle, und zur Gründung einer Blindenhundschule kam es erst nach Kriegsbeginn 1916 in Oldenburg. 1923 dann öffnete die »Ausbildungsstätte für Blindenführhunde des Landesverbandes Brandenburg im Verein für Deutsche Schäferhunde« in Potsdam ihre Pforten, die in knapp neun Jahren rund 1000 Hunde ausbildete. Nach und nach hatte das Heer weitere Blindenführhundschulen eingerichtet, was einerseits für den hohen Bedarf spricht und andererseits die Ausbildungserfolge sowie die Leistungen der Hunde beim Einsatz mit kriegsversehrten Soldaten zeigt. Zunächst bevorzugte man in der Ausbildung den Deutschen Schäferhund, bildete aber auch Neufundländer, Hovawarts und zuweilen sogar Kuvacs, ungarische Hirtenhunde, aus. Die Ausbildung der Hunde ging in heute fast unvorstellbarem Tempo vor sich und konnte – je nach dem – vier Wochen bis drei Monaten beanspruchen. Wegen geringer Erfahrung verfuhr man systematisch und durchdacht.

Das Problem der Raumbeherrschung – die Hunde mussten lernen, alle Hindernisse des Menschen als die ihren zu betrachten – löste man recht einfach, indem man einen sogenannten »künstlichen Menschen« entwickelte. Dieser war in seiner ursprünglichen Ausführung nichts anderes als ein dreirädriger, niedriger Karren, auf dem sich in Höhe und Breite eines erwachsenen Mannes ein Holzgestell befand. Vor diesen Karren schirrte man den Hund an einer einfachen Holzdeichsel ein, und das Tier machte nach der Gewöhnung an den Wagen alle Erfahrungen mit der Welt des Menschen, die der blinde Reisinger seinerzeit mit seinem Hund gemacht hatte. So arbeiteten die Hunde und ihre Abrichter zunächst in einem eigens entwickelten Hindernisgarten. Hier wurden die Tiere auf überschaubarem Raum mit allen Hindernissen bekannt gemacht, denen sie später im Straßenverkehr begegnen würden. Sämtliche Einwirkungen durch Hindernisse, die für die Hunde eigentlich keine waren, wurden durch den »künstlichen Menschen« auf dem Karren unmittelbar an sie weitergegeben, und die Tiere versuchten daher folgerichtig, Störendes zu umgehen oder durch Stehenbleiben darauf zu verweisen. Nach dieser Grundausbildung verlegte man die Arbeit vom

Hindernisgarten auf ruhige Straßen mit wenig Verkehr – ein Schritt, der erst vollzogen werden konnte, wenn sich der Hund im Hindernisgarten auf das Beste bewährt hatte. Unter ständig wachsenden Anforderungen wurde noch eine Weile weiterhin am Karren geübt. Erst wenn das Tier am Wagen absolut zuverlässig arbeitete, wechselte man zum Führhundgeschirr an der Hand des Ausbilders, und der Hund bekam für seine zukünftige Aufgabe den letzten Schliff.

Es ist schwer zu ermessen, wie viel es einem kriegsblinden Soldaten, der von einem auf den anderen Moment auf fremde Hilfe angewiesen war und doch gerade eben noch das Vaterland hatte retten sollen, bedeutete, einen Blindenhund zu erhalten. Ein Sanitätsunteroffizier, der bereits im Ersten Weltkrieg gekämpft hatte, erblindete im Zweiten Weltkrieg. Die Vorstellung von nun an für den Rest seines Lebens auf Mitleid und Hilfe anderer angewiesen zu sein, erschütterte ihn so sehr, dass er in eine Nervenheilanstalt eingewiesen werden musste. Als sich sein Zustand langsam gebessert hatte, ließ man ihn an einem vierwöchigen Lehrgang der Blindenführhundstaffel teilnehmen. Der Mann war derart froh über diese Wendung und die Arbeit mit dem Hund, dass er, wie einer der verantwortlichen Ausbilder festhielt, am Ende des Lehrgangs wieder und wieder betonte, er sei erst durch den Hund wieder zu einem selbstständigen Menschen geworden, stehe nun fest im Leben und wisse ganz genau, dass eine solche Nervenkrise, wie die zuvor durchlebte, nie wieder Gewalt über ihn bekäme. Im nationalsozialistischen Deutschland wurde das Phänomen der blinden Soldaten, die mithilfe von Hunden den Weg zurück ins Leben fanden und ihr Schicksal tapfer ertrugen, übrigens vom Chefideologen des Dritten Reiches Joseph Goebbels propagandistisch ausgeschlachtet. In einem Artikel pries er in den höchsten Tönen 1942 das Opfertum eines jungen Soldaten, der mit 21 Jahren erblindet war und nun mit seinem Hund natürlich »auf das Beste im Leben zurechtkam«. Tatsache dürfte sein, was Blindenhundausbilder von der Basis berichteten: Kriegsblinde Soldaten, die Hunde an die Hand bekamen, gewannen durch diese ein Maß an Selbstvertrauen und innerer Festigkeit, wie es ihren versehrten Kameraden ohne Hunde nie wieder zuteil wurde. Im Alltag sollen die erstaunten und bewundernden Ausrufe von Passanten, die den Anblick derartiger Mensch-Hund-Gespanne noch gar nicht gewohnt waren, die ehemaligen Soldaten mit großem Stolz erfüllt haben – der Hund hatte ihnen, denen so vieles genommen worden war, ein Stück Würde zurückgegeben.

RANDNOTIZ ZUGHUND

1944, ein Jahr vor Ende des Zweiten Weltkrieges, erschien in einer kynologischen Fachzeitschrift, die sich ausschließlich dem Thema »Der Hund im Krieg« widmete, ein Artikel, in dem sein Autor, Professor am Institut für Veterinäranatomie der Universität Berlin, für den kontrollierten Einsatz des Hundes als Zugtier eintrat. Aufwendige Versuche mit Hunden, bei denen man verschiedene Rassen mit verschiedenen Gewichten im Einsatz getestet hatte, wurden als Argumente angeführt, um der Öffentlichkeit den Hund für diese Aufgabe erneut nahezubringen. Doch wozu das Ganze?

In Deutschland war der Hund ja bekanntlich lange Zeit das Pferd des kleinen Mannes gewesen, hatte Kleinbauern und -händlern zum Transport von Gegenständen gedient, Futter für das Vieh eingefahren, Milch befördert. Hausierer hatten ihre Karren von ihnen ziehen und Waldarbeiter Holz transportieren lassen. Ganz allgemein waren sie überall dort zum Einsatz gekommen, wo das Pferd in Anschaffung und Unterhalt zu teuer war oder in der Erntezeit andere Dienste leisten musste. Zu Beginn des Zweiten Weltkrieges allerdings waren Zughunde in Deutschland mit Ausnahme der bergigen Gebiete Süd- und Mitteldeutschlands nahezu aus dem Straßenbild verschwunden, wozu die von Tierschützern öffentlich diskutierte »Ziehhundfrage«, wie wir sahen, entscheidend beigetragen hatte. Diese »Ziehhund-Debatte« war mit dafür verantwortlich, dass der Hund als Zugtier in den Weltkriegen im Vergleich zu den sonst von ihm geleisteten Diensten eher eine Randerscheinung blieb. Erst ein Jahr vor Ende des Ersten Weltkrieges 1917 wurde er zum Transport leichter Maschinengewehre und Nachrichtengeräte in der Deutschen Armee eingeführt. Belgien und Holland hingegen hatten bereits vor dem Ersten Weltkrieg Versuche mit Hundegespannen in Maschinengewehr-Abteilungen durchgeführt mit Ergebnissen, die großes Aufsehen erregten, da man insbesondere in schwierigem Gelände und bei Schnee eine größere Beweglichkeit schwerer Waffen erreichte. Zwei Hunde zogen hier im Doppelgespann einen Maschinengewehrkarren oder -schlitten, ein weiteres Gespann den dazugehörigen Munitionswagen.

Dass ausgerechnet Belgien Vorreiter beim Einsatz von Zughunden im Krieg wurde, war kein Zufall, denn diese Transportweise war dort im Alltag noch unvergleichlich stark verankert: Hunde transportierten Brot, Gemüse, Fleisch, Geräte und sonstige Materialien. Sogar eine eigene Ziehhundrasse kannte man, und eine speziell auf den Hund ausgerichtete Industrie stellte Wagen und Geschirre her, die ein möglichst bequemes Ziehen ermöglichen sollten. Dabei wurde der gesamte Ziehhunddienst vom belgischen Tierschutzverein beaufsichtigt, der Behörden und Presse hartnäckig auf Missstände hinwies, dafür sorgte, dass man sich dieser Missstände annahm und außerdem eine eigene Zeitschrift herausgab, in der die Öffentlichkeit beständig auf Fehler bei der Haltung von Zughunden hingewiesen wurde. Die Aufmerksamkeit Ziehhunden gegenüber war also hoch, und in Brüssel hatten die Milchfrauen sogar begonnen, ihre Hunde durch »Sonnenschirme« gegen zu starke Hitzeeinwirkung zu schützen: Kleine Leinwanddächer, die an der Deichsel der Milchkarren befestigt waren, spendeten den Hunden während des Laufens Schatten.

In Holland, wo 1911 rund 150 000 Hunde im alltäglichen Zugdienst standen, gab es ähnliche Bestrebungen und 1910 hatte man dort einheitliche und allgemein gültige Bestimmungen zum Schutz von Ziehhunden, die unter anderem eine Mindestgröße von 60 Zentimetern vorschrieben, erlassen. Im Jahre 1804 hatte ein englischer Reisender aus Holland noch mitleidig berichtet:

> »Hunde jeder Art und Rasse werden zur Förderung des Handels in dieser Republik mit einer solchen Unnachgiebigkeit eingesetzt, dass es praktisch in den ganzen sieben Provinzen nicht einen einzigen müßigen Hund gibt. In allen Teilen von Den Haag trifft man auf diese Hunde im Geschirr, ebenso in anderen Städten. Sie ziehen Karren und kleine Wagen. Dabei wischen ihre Zungen nahezu den Boden ab, ihre armen, wild schlagenden Herzen brechen fast durch die Flanken; häufig sind drei, vier, fünf und manchmal sogar sechs Hunde eingespannt, sie ziehen Menschen und Waren mit der Geschwindigkeit kleiner Pferde.«

Die Alltagserfahrungen der Belgier und Holländer jedenfalls führten zu einer Verwendung von Zughunden im Krieg in den Armeen Norwegens, Schwedens, Finnlands, Russlands und Frankreichs. Dass insbesondere Russland und die nordischen Länder im Krieg auf den Zughund setzten, ist mit Blick auf die dortigen klimatischen und geografischen Bedingungen leicht zu verstehen.

> Überall, wo unwegsames Gelände und hoher Schnee Fahrzeugen ein Durchkommen unmöglich machte, verwendete man zum Transport von Munition, Verpflegung, Feldpost sowie zur Bergung Verwundeter Zughunde, und von einem Gefecht im russischen Winter 1943 ist bekannt, dass man um die 500 Verwundete nur deshalb schnell bergen und somit retten konnte, weil es gelang, sie mit leicht beweglichen Hundeschlitten zum rückwärtig gelegenen Verbandsplatz zu bringen.

In Deutschland aber scheint die ablehnende Haltung gegenüber der Verwendung von Hunden als Zugtiere in der Öffentlichkeit aus den genannten Gründen bereits zu groß gewesen zu sein, als dass es zu einer breiten Einführung zu Kriegszeiten hätte kommen können. Die gegen Kriegsende nochmals aufflammende Diskussion um die Eignung des Hundes für diesen Dienst hängt ein weiteres Mal mit den grausamen, vom Krieg geschaffenen Realitäten zusammen. Auf das Pferd als Zug- und Transporttier konnte man nicht mehr zurückgreifen, zu hoch waren die Verluste auch unter ihnen. Eine genaue Zahl der im Krieg umgekommenen Pferde ist, ebenso wie bei den Hunden, zwar nicht bekannt, doch müssen die getöteten, verhungerten, notgeschlachteten oder sonstwie umgekommenen Pferde auf allen Seiten die Millionengrenze bei Weitem überschritten haben. Ein neues Transportmittel tat also not, aber das nahende Kriegsende bewahrte den Hund zumindest in Deutschland vor einem breiten Einsatz als Zugtier des Krieges. Nun hatte man mit gravierenden Kriegsfolgen zu kämpfen, nämlich der Rückkehr vieler schwerstbehinderter Soldaten von der Front. Sicherlich ermutigt durch die Erfolge beim Einsatz von Hunden als Helfer der Blinden wurde erwogen, Zughunde für den alltäglichen Transport gehunfähiger Kriegsheimkehrer auszubilden, wozu es allerdings nicht mehr kam. Anders als beim Rettungs- und Blindenhund konnte man nicht auf bereits ausgebildete Strukturen und Erfahrungen zurückgreifen und der Aufbau entsprechender Strukturen musste in den Wirren der Nachkriegsjahre zunächst einmal der Sorge um weitaus dringlichere Dinge weichen. Technische Neuerungen machten eine spätere Wiederaufnahme dieser Überlegungen schließlich obsolet.

Der Hund als Helfer aber blieb durch seine Leistungen in beiden Weltkriegen nach deren Ende unzerstört und war nicht mehr wegzudenken. Der einmal eingeschlagene Weg wurde nicht mehr verlassen, er verzweigte sich, wurde in vielen Bereichen tiergerechter angelegt und führte zu immer spezifischeren Hilfs- und Dienstleistungen, die der Hund mit großer Hingabe an der Seite des Menschen vollbringt.

Ist es aber nicht vermessen, ja beschämend, angesichts unzählbarer Opfer der Kriege und Diktatur von einer Kulturgeschichte zu sprechen, von Errungenschaften, die aus diesen fürchterlichen Zeiten hervorgegangen sein sollen? Aus Zeiten, in denen die nationalsozialistische Rassenideologie sogar auf den Hund angewandt wurde und man unzählige Hunde missbrauchte, um KZ-Häftlinge und Kriegsgefangene in Angst und Schrecken zu halten und zu quälen? Das ist es sicherlich. Betrachtet man jedoch den ideologisch über jeden Zweifel erhabenen Hund, der menschliche Maßstäbe, die solches Unglück verursachen, nie geteilt hat, weil er sie nicht kennt, und macht ihn zum Hauptträger wahrer Helferleistungen in dunklen Zeiten, wird diese Vorstellung wieder erträglicher und auch der Blick auf den Menschen versöhnlicher, der schließlich nicht ganz schlecht sein kann, wenn er in Friedenszeiten die wunderbaren Fähigkeiten von Hunden immer wieder aufgreift und zu zivilen und gemeinnützigen Zwecken kultiviert und verfeinert. Der gemeinsame, ungeheuer wechselvolle und komplexe Weg von Mensch und Hund jedenfalls ist noch lange nicht zu Ende. Was noch kommen und uns überraschen wird? Begleiten wir ihn noch ein Weilchen ...

DAS LETZTE UNEROBERTE TERRAIN? SCHAUSPIELER HUND

Jede Epoche verbreitet ihre Mythen über den Hund und seine außerordentlichen Taten zum Wohle des Menschen auf ihre Weise, aber das Bild, das man sich dabei von ihm machte und macht, bleibt durch die Zeiten erstaunlich konstant. Das uralte Motiv des Hundes als treuem Retter aus der Not wird in besonderem Maße durch das mächtige Medium Film und Fernsehen in unsere Zeit transportiert. Collie Blair, der 1905 berühmt wurde und im Film Rover hieß, gilt als Pionier der Filmtiergeschichte. Ein amerikanischer Filmhistoriker, der offenbar keine Stummfilme mochte, befand, Rover sei der erste Schauspieler (!) der Stummfilmgeschichte, der auf der Leinwand nicht einfach nur wild gestikuliere. Die Hundebegeisterung der Jahrhundertwende war mit Rover jedenfalls mit ungeahnten Folgen in Kino und Film angekommen und sollte sie bis heute nicht wieder verlassen. Rovers erster Film (Spieldauer sieben Minuten!), in dem er ein entführtes Mädchen befreit, war noch eine echte Familienunternehmung. Cecil Hepworth war nicht nur Blairs Herrchen, sondern auch Produzent und männlicher Hauptdarsteller in einem. Seine Frau und Tochter gaben die weiblichen Hauptrollen. Wegen der großen Nachfrage musste Hepworth den Film zwei Mal nachdrehen, da die Negativfilme durch das viele Kopieren schnell nicht mehr zu gebrauchen waren. Sieben weitere Rover-Filme folgten. Ähnlich wie alle auf Blair/Rover folgenden Filmhunde sorgte er für große Kinder- und Erwachsenenaugen, rief aber auch Generationen enttäuschter Hundebesitzer hervor, die nur schwerlich von einer ungesunden und überzogenen Erwartungshaltung an ihr Tier Abschied nehmen konnten. Dabei ist die Geschichte der Hunde als Filmstars ungeheuer interessant, wenn man nicht vergisst, was sie – ebenso wie ihre zweibeinigen Kollegen – vor der Kamera sind: keine real existierenden Superhelden, sondern Darsteller, die zumindest im Falle des Hundes ein entsprechendes Handwerk gelernt haben müssen, bevor sie die Menschen vor den Leinwänden und Bildschirmen begeistern können. Doch Film ab: Einer der ersten echten Superstars der jungen Filmgeschichte, die – wo auch sonst – in Amerika ihren Anfang nahm, hätte sich eigentlich schon 1923 zur Ruhe setzen können. Längst hatte er erreicht, wovon viele Schauspielerkollegen ein ganzes Darsteller-Leben lang träumen: nie weniger als zehntausend Fanbriefe die Woche, einen eigenen Koch, einen Chauffeur und einen von seiner Produktionsfirma Warner Bros. gestellten Bungalow. Dabei war für Schäferhund Rin Tin Tin ursprünglich eine Karriere ganz anderer Art vorgesehen gewesen ...

Lee Duncan, einen jungen amerikanischen Leutnant, hatte es gegen Ende des Ersten Weltkrieges mit seiner Einheit nach Nordfrankreich verschlagen, wo die Deutschen einen mittlerweile verlassenen und zerstörten Flughafen gehalten hatten, der von den Amerikanern eingenommen worden war. Im September 1918 bekam Duncan die Aufgabe, diesen Flughafen zu inspizieren. Als er, was noch übrig war, in Augenschein nahm, entdeckte er unter den Trümmern eine Zwingeranlage, in der offenbar Kriegshunde gehalten worden waren, von denen allerdings keiner mehr zu leben schien. Das interessierte Duncan, der ein großer Tierfreund war, sehr, und er untersuchte die Anlage genauer, als er plötzlich ein Winseln vernahm: In einem Graben einige Meter entfernt entdeckte er eine Schäferhündin mit sechs Jungen, die alle noch lebten. Duncan überließ die Tiere nicht ihrem Schicksal. Er nahm sich ihrer an und brachte sie zu seinem Stützpunkt. Für jeden der Welpen fand sich unter den Soldaten ein neuer, amerikanischer Besitzer. Duncan selbst behielt einen Rüden, den er Rin Tin Tin, und eine Hündin, die er

Nanette nannte. Um die Namen der beiden Welpen rangt sich eine kleine Geschichte, die man während des Krieges in Frankreich erzählte und die ihr neuer Besitzer bei der Namensgebung seiner Hunde aufgriff.

Der Legende nach hatte sich ein junges Liebespaar mit Namen Rin Tin Tin und Nanette mit einer Anzahl anderer Menschen vor den Deutschen in eine Bahnhofsstation geflüchtet. Als eine Bombenattacke das Gebäude zerstörte, kamen alle, die sich darin befanden, ums Leben – nur Rin Tin Tin und Nanette sollen völlig unverletzt überlebt haben.

Der vierbeinigen Nanette war das Glück nicht so hold. Kurz nach ihrer Ankunft in Amerika – Duncan hatte nach Beendigung seines Einsatzes beide Tiere mit in seine Heimat genommen – starb Nanette an einer Lungenentzündung. Für ihren Bruder aber, der eigentlich hatte Kriegsdienst leisten sollen, begann stattdessen eine bis dahin beispiellose Laufbahn in der gerade aufblühenden Unterhaltungsbranche. Typisch für eine amerikanische Karriere mussten Rin Tin Tin und sein Besitzer erst einmal auf Tellerwäscher-Niveau beginnen und besuchten zunächst mehrere Ausstellungen, bis dort eines Tages ein Beobachter – ganz anders als man nun vielleicht erwarten würde – Duncans Hund als plump kritisierte. Verzagtheit aber und schnelles Aufgeben ist kein nationales Merkmal eines Amerikaners und diese Bemerkung weckte den Ehrgeiz des ehemaligen Soldaten, der nun beschloss, aus Rin Tin Tin einen echten Champion zu machen und der Welt somit das Gegenteil zu beweisen. Dabei begann Duncan eigentlich wie die meisten Hundebesitzer mit dem kleinen Erziehungs-Einmaleins: Sitz und Bleib, bis er außer Sichtweite gehen konnte, und Apport möglichst weicher und für den Hund angenehm aufzunehmender Gegenstände standen auf dem Stundenplan. Vieles, was heute den meisten Tiertrainern selbstverständlich ist, da sie von der Pionierarbeit ihrer frühen Kollegen profitieren können, musste

Duncan erst über Versuch und Irrtum ausprobieren, wie das Einstudieren von Hörzeichen ohne jegliche Ablenkung und auf geringe Distanz. Mit den ersten erlernten Tricks tingelten die beiden dann quer durch die Varietés der USA und wurden von Filmleuten entdeckt. 1922 debütierte Rin Tin Tin mit »The Man from Hell's River« in den Kinos. Die Kritiken allerdings waren zurückhaltend bis ablehnend. Erst einmal musste einem anderen vierbeinigen Konkurrenten, an dem man Rin Tin Tin beständig maß, der Rang abgelaufen werden: Etzel von Öringen, ebenfalls Deutscher Schäferhund und (noch) unumstrittener Stummfilmstar, der Anfang der 20er-Jahre unter dem Namen Stronghead bereits in einem Luxuszug durch das Land reiste, an jeder Station von Verehrern und Presse begrüßt wurde, in den besten Hotels des Landes abstieg und mehrfach von den jeweiligen Stadthonoratioren unter großer Aufmerksamkeit der Öffentlichkeit den Stadtschlüssel überreicht bekam. 1923 aber war es dann soweit und Rin Tin Tins zweiter Film, »Where the North begins« machte nicht nur Duncan zu einem reichen Mann, sondern begeisterte diesmal einhellig Presse und Publikum, welche das Tier von Anfang an innig geliebt hatte.

Rin Tin Tin wurde der Kassenstar seiner Produktionsfirma, und als Jack Warner 1978 verstarb, erinnerte man in der Todesanzeige des Filmmoguls an den Beitrag des Schäferhundes zum Erfolg des Unternehmens. In dem Nachruf hieß es sinngemäß, die ganze Sache wäre schiefgegangen, hätte nicht Rin Tin Tin mit seinem unvergleichlichen Erfolg Warner in seinen frühen Jahren so große Einnahmen beschert.

Was folgte, waren in der Tat Superlative der Tierfilmgeschichte. Als »d'Artagnan of dogs« bezeichnete man ihn, in weiteren, zahllosen Filmen des sogenannten B-Western-Genres kämpfte Rin Tin Tin gegen das Böse, sprang über Abgründe, durch Feuer und Flammen und rettete unzählige Menschenleben. Den Übergang vom

Stummfilm zum Tonfilm in den späten 20ern, der vielen Schauspielern das Aus brachte, überstand er, der auch weiterhin auf Körpersprache und Taten an Stelle großer Worte setzte, völlig problemlos. Seinen letzten Film drehte er 1931: »The Lightning Warrior«. Am 10. August 1932 meldeten die amerikanischen Zeitungen einem erschütterten Publikum, dass Rin Tin Tin, »der größte aller Filmtier-Schauspieler« einen geisterhaften Schurken in die glücklichen Hundejagdgründe verfolgt habe. Rin Tin Tin war an der Seite seines Besitzers und Trainers Lee Duncan gestorben. Doch – »The show must go on« – Duncan hatte vorgesorgt. Bereits seit Jahren gab es einen Sohn Rin Tin Tins, den Duncan selbst gezogen hatte und auf den die Zuschauer schon 1927 mit einem gemeinsamen Film von Vater und Sohn vorbereitet worden waren. Der Ruhm des Älteren ging übergangslos auf den Nachwuchs über und bescherte diesem eine ebensolche Karriere wie dem berühmten Vater. Und so beglückte nun Rin Tin Tin Junior das Publikum mit Filmen und zum Teil wöchentlich ausgestrahlten Radiosendungen. Dass Rin Tin Tin Junior, ebenso wie alle schauspielernden Hunde, keineswegs ein »Wonderdog« war, wie man ihn nannte, sondern schlicht an der Seite begabter Trainer eifrig deren Anweisungen ausführte, die die Zuschauer natürlich im Film nicht sehen konnten, zeigt eine Anekdote aus seinem wahren Leben. 1936 verschlief Junior in aller Seelenruhe einen Einbruch in die Duncan-Villa, bei der Diebe das ganze Haus ausräumten, in einem Nebenzimmer. Auch ein Superstar muss eben einmal ausruhen und immerhin war auch er schon in die Jahre gekommen. An seinem mangelnden Einsatz im Ernstfall lag es jedenfalls sicherlich nicht, dass das Rin-Tin-Tin-Fieber Ende der 30er-Jahre erst einmal abebbte, um einige Jahre später mit dem Siegeszug von Farbfilm und Fernsehen erneut aufzuleben. Duncan hatte sich derweil der Zucht von Quarter-Horses und Deutschen Schäferhunden gewidmet und besaß noch immer einen direkten Rin-Tin-Tin-Nachkommen, mit dem er 1947 ein Comeback versuchte. Zuvor hatte der umsichtige Mann eine Umfrage gestartet. Allein auf den vergänglichen Ruhm alter Zeiten wollte er sich bei der Reaktivierung seines Helden nicht verlassen – und siehe da: Über 70 % der Befragten kannten noch den Namen des Hundes, davon wussten 95 % genau, wofür er stand, konnten seine Heldentaten nennen oder hatten seine Filme gesehen. Also ging »The Return of Rin Tin Tin« in Produktion und wurde, eindeutig auf Familien und Kinder zugeschnitten, erneut ein großer Erfolg an den Kinokassen. Und immer noch war kein Ende in Sicht. Als in den 50ern das bald alles dominierende Fernsehen in Amerika aufkam, entstand eine große Nachfrage nach Kinderabenteuersendungen und man suchte händeringend nach einem passenden Programm für die frühen Abendstunden, wenn sich die Familie wie einstmals um das Lagerfeuer vor dem heimischen Fernsehgerät im Wohnzimmer versammelte. Schnell erinnerte sich die Columbia-Pictures-TV-Filiale an den Erfolg des Deutschen Schäferhundes an den Kinokassen und seine Beliebtheit bei Familien. Man nahm also Kontakt mit Duncan auf, mittlerweile selbst ein Senior und in Rente, um ein Fernsehserien-Konzept zu entwickeln, das man um 1880 im Wilden Westen spielen ließ und bei dem Rin Tin Tin an der Seite eines tapferen kleinen Jungen die Rolle eines Truppen-Maskottchens mimen sollte. »The Adventures of Rin Tin Tin« gingen am 15. Oktober 1954 bei ABC Network auf Sendung und lief bis August 1959 wöchentlich. Die halbstündigen Episoden wurden zum Straßenfeger und erneut begleitet von Radiosendungen. Das Unternehmen »Milk Bone« entdeckte den Hund als Sympathieträger und übernahm das Sponsoring, sodass Rin Tin Tin auch zum Werbestar mutierte und es am Ende eines jeden Radio-Abenteuers hieß: »Okay, Rinty, you've earned your Milk Bone.« In den 60ern kamen die Rin Tin Tin-Serien dann nach Deutschland, wo sie ähnliche Begeisterung hervorriefen.

Lediglich die ersten Fernsehfolgen wurden noch mit Duncan und Hunden aus seiner Zucht gedreht, da er sich schließlich aus Altersgründen gänzlich zurückzog. Aber schnell war ein neuer Trainer mit neuem Hund gefunden. Frank Barnes und Golden Boy Junior, kurz

JR genannt, traten die Nachfolge mit großer Professionalität an. Der neue Rin Tin Tin musste nun nicht mehr alles selbst machen und wurde in gefährlichen Szenen von den Stuntdogs Hey You und Bearheart gedoubelt. Dem Vermögen nach hätte Golden Boy alles Verlangte durchaus zeigen können, doch wollte man das wertvolle und einträgliche Tier nicht unnötig gefährden. Das tat dem Erfolg keinen Abbruch: In den Jahren 1958 und '59 gab es für JR und Barnes den Patsy Award, eine Art Tierfilm-Oskar der amerikanischen Filmbranche. Ein Schauspieler, der seinerzeit mit Barnes gearbeitet hatte, bezeichnete diesen als größten Schäferhund-Trainer, der je gelebt und seinen JR wie den eigenen Augapfel gehütet habe. Wäre ein Kind auf ihn zugekommen mit der Bitte, Barnes' Hund streicheln zu dürfen, hätte dieser zuvor gefragt: »Hast du überhaupt saubere Hände?« JR erfreute sich bei allen Schauspielern, die mit ihm drehten, echter Beliebtheit. Ungeheuer klug sei er gewesen, alles habe ihm sein Trainer höchstens zweimal zeigen müssen, bevor die Szene auf bloßes Handzeichen hin habe gedreht werden können. Neben seiner hohen und schnellen Auffassungsgabe rühmten die Schauspieler die unglaubliche Freundlichkeit JRs allem und jedem gegenüber: Einmal als JR mit einem Pferd drehen sollte, erhielt er den Befehl, unverzüglich das Lasso vom Sattel zu holen und zu bringen. Der Hund nahm das Seil und in diesem Moment wandte das Pferd seinen Kopf, um den Hund anzuschauen. JR tat einen Schritt auf das Tier zu und schleckte es ab, was ihm einen kräftigen Tritt des Pferdes einbrachte, welches sich von seiner Berühmtheit gänzlich unbeeindruckt zeigte. Er wurde zwar nicht schwer verletzt, humpelte aber ein paar Wochen herum und man musste zuerst alle nur möglichen Szenen ohne ihn drehen, bis er wieder ganz der Alte war. Daraufhin ließ man JR nicht mehr in die Nähe von Pferden und verwendete in Szenen, die Pferde verlangten, Doubles. Dass nicht alle Fernsehhunde-Stars von derart vorbildhaftem Wesen und Liebling aller am Set waren, erzählt das Beispiel Chinooks, der im bürgerlichen Leben Harvey hieß, und in den 50er-Jahren dennoch zu einiger Berühmtheit gelangte. Kirby

Grant, ein Darsteller, der mit ihm gedreht hatte, wusste zu berichten, dass dieser weiße Schäferhund fast alle am Drehort – außer selbstverständlich ihn – mindestens einmal gebissen hatte. Ganz politisch korrekt ergänzte er allerdings, der Hund sei keinesfalls von schlechtem Charakter, sondern lediglich außerordentlich temperamentvoll gewesen. Eine vergleichbare Karriere im deutschsprachigen Raum jedenfalls machte Chinook nicht und auch die Rin-Tin-Tin-Geschichten hatten sich nach einem letzten Zwischenspiel 1976 nach langer Zeit endgültig erschöpft.

Vielleicht war aber auch die Konkurrenz zu übermächtig geworden und hatte ihn – wie einstmals Etzel von Öringen – einfach verdrängt. Denn schon seit einer ganzen Weile existierte ein Hundestar neben ihm, der zum meistgeliebten und -beweinten Vierbeiner aller Zeiten aufsteigen sollte:

Ein Collie mit unerhört großer weißer Blesse quer über dem Gesicht, den seine ersten Besitzer wegen vermeintlicher Unerzogenheit gar nicht schnell genug los werden konnten …

Noch aber ahnten Schöpfer und Geschöpf nichts voneinander. Eric Knight, Amerikaner englischer Herkunft und Journalist der Saturday Evening Post, überlegte angestrengt, womit er seine Leserschaft als Nächstes beglücken könnte. Einige Kurzgeschichten hatte er bereits veröffentlicht und irgendwann muss er bei seinen Überlegungen wohl einen Blick auf seinen Hund Toots geworfen haben:

Die Idee zu »Lassie Come Home« war geboren. Als er Frau und Kind aus seiner gerade verfassten Geschichte vorlas, kullerten Tränen über ihre Gesichter – den Lesern seiner Zeitung erging es ebenso, und 1939 machte Knight ein Buch aus seiner Erzählung.

Schon der literarische Erfolg war ungeheuerlich: »Lassie Come Home« wurde in 24 Sprachen übersetzt und verkaufte sich über eine

Million Mal. Als Nächstes streckte die Filmproduktionsfirma MGM, immer auf der Suche nach geeigneten Stoffen, die Hand nach Lassie aus und zahlte für die Rechte die schon damals lächerliche Summe von 8000 Dollar. Als man 1956 die Filmrechte an eine andere Firma verkaufte, kassierte MGM übrigens unglaubliche 3 500 000 US-Dollar. Eric Knight, der 1943 bei einem Flugzeugabsturz ums Leben gekommen war, und seine Familie sahen von den hohen Einnahmen der Lassie-Filme nie einen Cent. Längst verdienten andere an der Idee des Journalisten.

Nur kurze Zeit, nachdem Knight am Bleistift gekaut und die größte anzunehmende Hunde-Ikone in Buchform zur Welt gebracht hatte, ging in der Hundeschule von Rudd Weatherwax der Anruf einer nervlich zerrütteten Familie ein. Der acht Monate alte Collierüde Pal, so klagte man, treibe sie ihn den Wahnsinn, kläffe den ganzen Tag und hetze zudem jedes Auto, dessen er ansichtig werde. Weatherwax, ein erfahrener Hundetrainer, nahm den Auftrag an und versprach, aus Pal einen wohlerzogenen Zeitgenossen zu machen. Nachdem er seine Arbeit gewissenhaft getan hatte, kontaktierte er Pals Herrchen: Ob man Pal denn nicht abholen wolle, es sei alles wieder im Lot. Doch die ehemalige Familie des Hundes hatte ganz offensichtlich genug von dem Collie und überredete den Trainer, das Tier ganz zu behalten, die 70 Dollar Unterrichtsgebühr könne er ruhig mit dem Hund verrechnen. Rudd Weatherwax mochte den Hund, seine Intelligenz beim Training hatte ihm gut gefallen und er willigte ein. Also lebte Pal von nun an bei einem neuem Herrchen, der nicht nur mit erziehungsbedürftigen Familienhunden arbeitete, sondern sich bereits als Tiertrainer beim Film einen Namen gemacht hatte. Bis heute gilt er als einer der talentiertesten und berühmtesten Filmtiertrainer und im Verlauf seines Arbeitslebens trainierte er Generationen von Collies für die Lassiefilme.

Das Beispiel von Weatherwax und Pal zeigt, dass Begabung auf beiden Seiten von einer engen Beziehung zwischen Trainer und Tier flankiert werden muss und nur dies zum Gelingen von Filmen mit

Hunden als Hauptdarstellern führen kann. Das Talent mit Tieren umzugehen, hatte Weatherwax nach eigenen Aussagen von seinem Vater geerbt, der auf einer Farm über 3000 Angoraziegen mit Hilfe von Collies hielt. Früh verblüffte der junge Rudd die Familie, indem er einmal einem Lamm, nicht ohne Weiteres bekannt für gute Trainierbarkeit, beibrachte, ein Gatter zu schließen und zu öffnen. Als die Farm verkauft wurde und ein Foxterrier in die Familie einzog, übernahm es Rudd, das Tier zu erziehen. Es begann die Zeit der großen Filmstudios, die, wenn sie Leute für Extras benötigten, einfach auf die Straße gingen und dort Passanten ansprachen. Weatherwax, der ein Faible für den Film hatte, begann, sich absichtlich in der Nähe der Studios rumzutreiben, in der Hoffnung, angesprochen zu werden. Kaum zu glauben, aber eines Tages klappte es tatsächlich. Man war auf der Suche nach einem Hund, der ein Telegramm überbrachte, und Rudd bot sich mit seinem Foxterrier an, der in den nächsten zwei Jahren noch öfter als Filmhund zum Einsatz kommen sollte. Nun hatte der Trainer seinen Fuß im Geschäft. Während seiner Laufbahn arbeitete er mit vielen bekannten Filmhunden, unter anderem mit Terrier Asta, ständige Begleiterin des Ehepaares Nick und Nora Nolte in den auch hierzulande bekannt gewordenen Thin-Man-Detektiv-Filmen, die zu den Klassikern der Filmgeschichte gehören. Myrna Loy, die Darstellerin der Nora, erzählte über die Dreharbeiten mit dem Hund, dieser habe für eine kleine Quietschmaus alles getan – allerdings habe ausschließlich ihr Trainer diese benutzen dürfen. Die Schauspieler hätten eigentlich nie mit dem Hund spielen können, weil dies Rudds Einfluss gestört und eine Kontrolle über den eigenwilligen Terrier unmöglich gemacht hätte.

Doch zurück zu Pal und dem Beginn seiner großen Karriere. Zusammengefunden hatten sie nun, Hund, Trainer und Filmgeschäft, und es war nur naheliegend, dass Weatherwax und der Collie an dem Casting für die geplante Verfilmung von »Lassie Come Home« teilnahmen. Die Konkurrenz war groß: Um die tausend Hunde sollen angeblich für die Titelrolle gesichtet worden sein. Gesucht wurde ein weibliches Tier mit ordentlicher Ahnentafel, das dem damaligen Schönheitsideal eines Collies voll und ganz entsprach – Pal aber war männlich, von Abstammungspapieren konnte keine Rede sein und hatte außerdem diese auffällige weiße Blesse, was unter Züchtern seinerzeit als absolutes *No Go* galt. Keine guten Voraussetzungen also, und dennoch bekam Pal immerhin die Rolle eines Stuntdogs, durfte sich von nun an für den eigentlichen Titelhelden in reißende Gewässer stürzen und auch sonst einspringen, wann immer es brenzlig wurde, wie in folgender Szene:

Unter großen Mühen sollte sich Lassie aus einem Fluss an Land kämpfen und dort direkt vor der Kamera von allen Kräften verlassen, erschöpft zusammenbrechen. Pal tat wie ihm geheißen, und zwar so hingebungsvoll mit sich müde schließenden Augen, dass es dem ganzen Team den Atem verschlug. Die Szene war im Kasten – und die unübersehbare Blesse auch. Doch die überzeugende Darstellung des Hundes, der sich, tropfnass aus dem Wasser steigend, noch nicht einmal nach Hundemanier schüttelte, bevor er sich niederlegte, hatte alle gängigen Schönheitsvorstellungen besiegt. Sein wahres Geschlecht sah man durch das lange Fell ja ohnehin nicht und aus Pal war endlich Lassie geworden – er war heimgekommen.

Knight war es vor seinem Tod noch vergönnt, Pal kennenzulernen. Er war über die Wahl begeistert und ließ sich einen männlichen Nachkommen des Collies versprechen.

1943 kam »Lassie Come Home« in die Kinos, wurde ein überaus großer Erfolg und machte ganz nebenbei die junge Elizabeth Taylor, die in dem Film mitspielte, über Nacht berühmt.

Hauptmotiv des ersten Lassie-Films war die Treue des Hundes: Von seiner armen englischen Familie verkauft, kehrt der Titelheld Lassie den weiten Weg von Schottland, wohin ihn sein neuer Besitzer gebracht hatte, wieder zu dem jungen Sohn der Familie, Joe, zurück.

Um eine Bindung zwischen dem Darsteller Joes und Pal aufzubauen, hatte Weatherwax vor Drehbeginn den Hund über Nacht bei dem Jungen gelassen. Was mit Terrier Asta undenkbar gewesen war, der enge Kontakt zwischen Schauspieler und Hund, wurde für Lassie zur Voraussetzung. Gedoubelt wurde Pal beim Dreh nun selbst. Vorbei die Zeiten, in denen er sich nass machen oder tatsächlich gefährlichen Situationen aussetzen musste.

Es folgten weitere sechs Lassie-Kinofilme von MGM gedreht und finanziert, in denen auch Kriegserlebnisse bewältigt werden mussten: So kehrt Lassie in einem der Filme völlig verstört von der Front des Zweiten Weltkrieges zurück und seine Besitzerin aus Vorkriegszeiten reaktiviert mit großer Liebe und Geduld Lassies alte Tugenden.

Eine Million Dollar für MGM und etwa 264 000 Dollar für Weatherwax später war Lassie eine Institution geworden und noch lange kein Ende in Sicht. Die Frau des Produzenten der Lassie-Fernsehserie Jack Wrather brachte das Phänomen des Kultes um diesen Hund auf den Punkt: Lassie sei

---

> »the image of loyalty, courage,
> compassion, but almost of love.«

Pal blieb sechs Jahre Hauptdarsteller, stets unterstützt von Stuntdogs, die ebenfalls sämtlich von Weatherwax trainiert wurden. Auch bei der Lassie-Nachfolge setzte man, ganz wie bei Rin Tin Tin, auf Tradition und die Vererbung gewünschter Eigenschaften, wählte aber aus den von Pal gezeugten Würfen interessanterweise nie eine Hündin, sondern stets Rüden als zukünftige Filmstars aus. Der Sohn Pals, der originellerweise Laddie hieß, spielte dann schon überwiegend in Fernsehepisoden, die ganz zu seinem Metier wurden. Beeindruckende 13 Jahre blieb Laddie auf der Fernsehbühne und starb im hohen Alter von 18 Jahren. Noch mehrere direkte Pal-Nachkommen folgten ihm, alle unter der Obhut des Ursprungstrainers gezogen und ausgebildet.

Lassies Fernseherfolge und ihre langjährige Präsenz in diesem Medium wären nicht denkbar ohne die frühen und sehr hartnäckigen Klagen besorgter Mütter-Komitees über den negativen Einfluss des Fernsehens, welches zu viel Gewalt zeige und von dem man ein familien- und kinderfreundliches Fernsehprogramm forderte. Damit war Lassies schauspielerische Freiheit auch für die Fernsehserien, die bis 1970 produziert wurden, stark eingeschränkt und sie auf das Urbild des Familienhundes, zunächst in einer Familie mit Großvater, verwitweter Mutter und einem elfjährigen Jungen namens Jeff, festgelegt. Ganz nebenbei entstand mit den Lassie-Fernsehserien auch eine der längsten Sponsoren-Programm-Verbindungen des Show-Business, und zwar mit der Campell Soup Company, was ausschließlich durch die ungeheure und langjährige Popularität Lassies möglich war.

In den ersten Fernsehepisoden nun ist Lassie nicht mehr irgendwer, sondern dem Publikum bereits wohlbekannt, und folgerichtig ist es nun der Mensch, der sich in Person des Filmjungen Jeff die Liebe des Hundes erst einmal verdienen und erarbeiten muss, da sein eigentlicher Besitzer, dem das Tier nachtrauert, gerade verstorben ist. Die Rechnung des Produzenten ging von Anfang an auf: Die Einschaltquoten waren hoch, die Suppenfirma zufrieden und die Mütter ebenfalls. Preise häuften sich auf Preise: Allein im Jahr 1954 erhielt Lassie:

- Den Emmy Award für das beste Kinderprogramm
- Den American Mother's Commitee Award
- Den U.S. Army Recruiting Service Award
- Den Gold Star Award von Milky Way für Best Children's Performer
- Den General Federation of Women's Clubs TV Award
- Den Billboard Award für Best Network Adventure Filmed Series and Best New Network Adventure Film Series

- Den National Association for Better Radio and Television Award
- Den Parents and Teachers' Association Award – und zwar den nationalen und den lokalen
- Und 1955 gab es den Emmy Award for Best Children's Program gleich noch mal

Die Rahmengeschichten wurden in den Fernsehjahren mehrmals verändert, nicht nur neue Lassie-Darsteller folgten, auch die menschlichen Schauspieler wurden mehrfach ersetzt oder ausgetauscht. Einer wurde zu alt und wollte in Rente, ein anderer suchte neue schauspielerische Herausforderungen oder hatte schlicht keine Lust mehr. Mit den Episoden rund um den adoptierten Timmy, der Filmkind Jeff ersetzte, und dessen Adoptiveltern Phil und Ruth, die keine eigenen Kinder bekommen konnten, wurde Lassie schließlich in Deutschland bekannt und verantwortlich für die Vorstellung vom idealen Hund für Generationen – und hatte doch nur gewissenhaft das getan, was ihr alter Trainer Weatherwax verlangte. Übrigens gab es zuweilen unter den Schauspielern sogar Eifersüchteleien auf den berühmten Hund. Eine der weiblichen Darstellerinnen der Fernsehepisoden, Cloris Leachman, die eine Zeitlang die Adoptiv-Mutter von Timmy spielte, zeigte sich sehr verständnislos darüber, dass Lassie so viele Großaufnahmen erhielt. Doch die Dame wurde rasch ausgetauscht, da sie sich auch mit einem der Hauptdarsteller nicht vertrug, und in Timmys zweiter Fernsehfamilie ging es wieder harmonisch zu. Der Inhalt der Geschichten um Timmy und Lassie ist schnell erzählt: Lassie rettet Timmy oder Timmy und Lassie retten jemand anderen, – entweder einen Menschen oder ein anderes Tier – und zwar zehn lange Jahre. Die Zeiten aber ändern sich und die heilige Allianz zwischen einem fischenden Jungen und einem treuen Hund entsprach nicht mehr dem Zeitgeist. Kaum glaublich, doch Flower Power, Blumenkinder und Vietnam-Krieg hinterließen auch bei

Lassie ihre Spuren und sollen dafür verantwortlich gewesen sein, dass sie ein neues Setting erhielt. Lassie selbst stand überhaupt nicht zur Disposition, immer noch verfügte sie in den Augen der Produzenten über ausreichend Potential und Anziehungskraft, um hohe Einschaltquoten zu gewährleisten. Lassie fand sich nun nach einem tränenreichen Abschied von Timmys Familie an der Seite des Rangers Corey Stuart. 1965 starteten ihre gemeinsamen Abenteuer in Farbe. Auch hier schaffte man wieder einen eleganten Übergang, um die Trennung von der alten Familie und den Übergang zum Ranger zu erklären. Lassie kam viel herum an der Seite des Rangers, und die Attraktivität der Serie lebte eigentlich von der Schönheit der verschiedenen Drehorte in ganz Amerika. 1968 schlugen die neuen Zeiten nochmals unerbittlich zu und Lassie wurde zum Rolling Stone, zwar immer mal wieder an einzelne Personen oder Familien gebunden, in ihrer Rolle als Helfer von Mensch und Tier jedoch stets von Ort zu Ort ziehend. Die allumfassende Treue und Liebe des Hundes galt nun quasi der ganzen Welt und war nicht mehr an feste Filmfiguren gebunden. Einer der späten Schauspieler sagte nebenbei bemerkt, für ihn sei ein Traum in Erfüllung gegangen, als er in dieser Zeit mit dem Helden seiner Kindheit habe drehen dürfen.

Die Lassie-Serien im Fernsehen liefen bis 1972/73, eine Zeichentrick-Version sogar bis 1975. Längst aber war der bekannteste aller Fernsehhunde von einem der Realität entwachsenen Ideal zum festen Symbol für all das geworden, was sich Menschen von ihren Hunden wünschen. Das amerikanische Magazin Esquire erteilte ihr 1975 mit den Prädikat »One of the Great American Things« den endgültigen Ritterschlag; eine Ehre, die neben Lassie noch Fred Astaire, John Wayne, Marylin Monroe zuteil wurde. Und noch immer wollte man nicht von ihr, also ihm, lassen. Ein neuer Spielfilm mit dem Schauspieler Jimmy Stewart, einem Pal-Nachfolger der mittlerweile 6. Generation und dem schier unsterblichen Weatherwax ging 1977 in Produktion. Dieser Hund besaß nicht mehr nur Doubles. Ein eigener Van mit Klimaanlage und Heizung stand für ihn bereit, ausgestattet mit speziellem Trockner und Shampoos, Mänteln und Handtüchern mit eingesticktem Namen. Ein Pfleger und zwei weitere Helfer, unter ihnen ein Sohn Rudds, standen außerdem Tag und Nacht zu des Tieres Diensten. 1978 hatte »The Magic of Lassie« Premiere und bereits in den ersten vier Tagen spielte der Film in der Radio City Music Hall in New York Rekordsummen ein. Weatherwax und Lassie traten während der Spielzeit des Filmes vier Mal täglich in der Music Hall vor dem begeisterten Kinopublikum auf und teilten sich dazwischen ganz standesgemäß eine 380-Dollar-Suite im Plaza Hotel. Dabei kam es zu einem kleinen Zwischenfall. Als Rudd den Hund im Central Park ausführte, trat ein Polizist heran und verlangte, den Hund an die Leine zu nehmen. Rudd sagte: »Dieser Hund trägt niemals eine Leine! Das ist Lassie!« »Ja klar«, erwiderte der Cop, »und ich bin der König von Siam. Leinen Sie den Hund jetzt an oder ich verhafte Sie!« Man glaubte nicht daran, diesem mittlerweile weltberühmten Tier profanen Geschäften folgend auf der Straße begegnen zu können.

Während der gesamten Spielzeit, es folgten noch jahrelange Wiederholungen alter Episoden und ein Kino-Remake 1994, hatte man den Machern Sentimentalität, Vermenschlichung und Verzerrung des Verhältnisses zum Hund vorgeworfen. Stets hatten sie sich mit neuen, erfolgreichen Lassie-Abenteuern zur Wehr gesetzt und ihre Geschichten als Parabel und Modell für menschliches Verhalten ausgegeben. Der bodenständige Rudd Weatherwax jedenfalls, mit Sicherheit am besten geeignet, ein abschließendes Urteil über Lassie zu fällen, befand: »Pretty good for a dog that chased cars and wasn't wanted, eh?« Dem zuzustimmen, dürfte nicht viel Überwindung kosten.

Angeregt durch Lassies Popularität wurde bereits Anfang der 50er-Jahre eine zeitweise auch in Deutschland recht beliebte Comicreihe ins Leben gerufen. Hier hieß die Heldin Bessie und hatte im Wilden Westen des 19. Jahrhunderts ganz ähnliche Abenteuer wie ihre berühmte Vorlage zu bestehen. Nach diesem so übermächtigen Vorbild aber noch gänzlich Neues zu schaffen und das Genre des Hundefilmes weiterhin am Leben zu halten, mag auf den ersten Blick schier unmöglich scheinen. Doch zunehmende Brutalität im Fernsehen, die Gegenbewegungen hervorrief, und findige Regisseure und Produzenten, die kaum erfolgreich sein könnten, ohne die Fähigkeit, den Zeitgeist der Menge zu erspüren, sorgten für weitere, stets zeitgemäße Hundefilmstars, wie im Falle Benjis, der in Deutschland unter dem Filmtitel »Benji – Auf heißer Fährte« bekannt wurde.

> Hier erhielt das originelle Aussehen, die Pfiffigkeit und das sympathische Herumtreibertum von Mischlingen ein filmisches Denkmal.

Mulberry Square, eine 1972 noch junge, texanische Produktionsfirma, und ihr Präsident Joe Camp, hatten sich heere Ziele gesetzt: Familienunterhaltung wollte man produzieren unter völligem Verzicht auf Gewalt und nackte Körper. Was lag da näher, als sich der größtmöglichen Identifikationsfigur zu erinnern, die stets züchtig bekleidet und, wenn gewünscht, auch gewaltfrei, Probleme aller Art lösen und die Welt wieder ein kleines Stückchen besser machen kann? Joe Camp begann, nach einem Trainer nebst passendem Hund zu suchen, und fand Frank Inn mit Mischling Higgins. Inn aber riss sich keineswegs um den Auftrag, lehnte diesen aus gutem Grund zunächst sogar ab: Higgins sei bereits mindestens 13 oder gar 14 Jahre alt und viel zu alt für den Job. Da er den Hund einst aus einem Tierheim geholt hatte, kannte er sein genaues Geburtsdatum nicht; ähnlich wie bei Lassie war auch im Leben dieses zukünftigen Superstars nicht alles glatt gelaufen. Doch Higgins bot genau, was Camp wollte, und er ließ nicht locker. Sein Alter sah man ihm nicht an und irgendwie gelang es, seinen Besitzer Frank zu überreden. Das Besondere an dem nun in Arbeit genommenen Film war nicht sein

Plot, der einen herrenlosen Benji, zwei entführte Kinder und eine Rettung trotz widriger Umstände beinhaltete, sondern seine Erzählperspektive. Joe Camp wollte die Geschichte aus der Sicht des Hundes darstellen. Er hatte sich von Walt-Disney-Klassikern wie »Susi und Strolch« inspirieren lassen, die eine hohe Identifikation und emotionale Involviertheit beim Zuschauer erreichten, und genau dies strebte Camp nun mit einem echten Hund an. Also musste man sich zunächst einmal technisch auf die Ebene des Hundes begeben, was vollkommen neu war, denn das ganze Equipment war ausgerichtet, Geschichten aus menschlicher Warte und Höhe zu erzählen.

Spezielle Kameras wurden entworfen, die es dem Team ermöglichten, 12 Wochen auf der Höhe des Hundes zu drehen und ihm auch dann noch auf fünf Meter Entfernung und Augenhöhe zu folgen, wenn er mit einer Geschwindigkeit von 35 Meilen durch die Straßen rannte. Die Kritiker nahmen dem Film ab, was er transportieren wollte: Hier schauspielere kein Hund wie ein Mensch, sondern handele wie einer. Man feierte Benji als »new most-huggable hero«.

Die hohen Begeisterungswellen aber wurden nicht nur durch das technische Vermögen der Filmleute hervorgerufen, sondern vor allem durch die so überzeugende mimische Darstellungskraft des Mischlings, die mit einem tiertrainerischen Ausbildungsprinzip erreicht wurde: der Stimmungsübertragung. Frank Inn, der zu einem der größten Trainer der Branche aufstieg, erzählte, nach dem Geheimnis seines Erfolges mit Benji gefragt, wie stark der Hund auf genau die Stimmung reagiert habe, die er ihm hinter der Kamera stehend suggerierte. Mit der Übertragung seiner Stimmung durch Mimik und Gestik auf den Hund habe er ihn trainiert und erreicht, dass er traurig, aufmerksam, nachdenklich und so weiter wirkte, wenn die Szene das verlangte.

Inns eigene Geschichte ist ebenso interessant, wie die Benjis und Lassies. Auch bei ihm war ein unglücklicher Umstand der Auslöser für eine große Lebenswende. Anders als Weatherwax hatte Frank überhaupt nicht vorgehabt, Tiertrainer zu werden und stand diesbezüglich auch in keinerlei familiärer Tradition. Ein Autounfall zwang ihn vorübergehend in einen Rollstuhl. Da schenkte ihm ein Freund zur Kurzweil einen Hund, und Frank verbrachte die Zeit der Genesung damit, dem Tier alles Mögliche beizubringen. Als er nach seiner Genesung an seine Arbeit in die MGM Studios zurückgekehrte, wo er als Hausmeister tätig war, sah er zufällig, wie ein Trainer während der Proben zu einer Filmszene mit seinem Hund schier verzweifelte. Von mangelndem Selbstbewusstsein wenig geplagt, verkündete Frank, sein Hund könne leicht das tun, was des Trainers Hund verweigere. Dieser reagierte keineswegs beleidigt, sondern verlangte lediglich, Inn solle dafür den Beweis antreten. Das tat er, und der Trainer engagierte ihn vom Fleck weg als Assistenten. Inns Karriere entwickelte sich kometenhaft, mehr als vierzig Patsy Awards und ein lebenslanger Vertrag von Mulberry Square waren lange nicht alle Höhepunkte seines Lebens. Oft wurde ihm nachgesagt, er müsse ja geradezu ein Ausbund an Geduld sein, so wie er mit den Tieren arbeite. Dann antwortete er schlicht: Man braucht keine Geduld, um das zu tun, was man liebt.

Den nächsten Benji-Film »For the Love of Benji«, der in den Ruinen des alten Griechenlands und auf seinen Inseln spielte, drehte man traditionsgemäß mit einer Benji-Tochter, die ihm sehr ähnelte. Er selbst hatte in Rente gehen dürfen. Auch diese Fremdheitserfahrungsgeschichte wurde ein Kassenschlager und für Mulberry Square Productions gemeinsam mit dem ersten Film zu einem Multi-Millionen-Dollar-Erfolg. Über 65 Millionen Dollar spielte er an den Kinokassen der Welt ein, und das bei einem Budget von nicht einmal fünf Millionen Dollar. 1978 befand sich der Mischling bei einer jährlichen Umfrage nach den populärsten Persönlichkeiten des Show Business – neben Schauspielern wie Bob Hope und John Wayne – auf einem der höchsten Ränge. Preise und Ruhm, die Benji über die Jahre einheimste, kommentierte Frank Inn gerne mit den Worten: »Ich hoffe, es steigt ihm nicht zu Kopf.« 1980 gab es dann noch einen dritten Benji-Film und zwischenzeitlich auch einige TV-Specials.

Zwischen Frank Inn und dem ersten ähnlich berühmten Hundestar deutschsprachiger Provenienz besteht eine wenig bekannte, aber umso bemerkenswertere Verbindung. Ein österreichisches Drehbuchautorenteam saß auf der Suche nach Ideen beieinander und heraus kamen Wiener Unterweltsgeschichten mit einem zwei- und einem vierbeinigen Kommissar. Bei der Besetzung des menschlichen Polizisten gab es wenig Kopfzerbrechen; einen geeigneten Trainer und passenden Hund zur geplanten Serie zu finden, gestaltete sich dagegen schwieriger. Als eine gesamteuropäische Suche ergebnislos blieb, erinnerte man sich an das Land, das zumindest in diesem Bereich auf weit mehr Tradition und Erfahrung zurückblicken konnte als das alte Europa. Schnell stieß man in Hollywood auf Animal Action, eine Schauspielschule für Tiere, und die Trainerin Teresa Ann Miller, die seit ihrem 19. Lebensjahr in der Firma ihres Vater Karl mitarbeitete. Karl Miller hatte zunächst Hunde für die Militär-Polizei und Privatpersonen ausgebildet, kam dann nach Hollywood, wo er den schon etablierten Frank Inn kennenlernte, der ihn als Tierpfleger anstellte und schließlich zum Film-Tiertrainer ausbildete. 1978 dann gründete Miller mit Animal Action seine eigene Filmtierschule, in die Tochter Teresa wie selbstverständlich hineinwuchs. Zum Zeitpunkt der Suche war Millers Tochter schon eine Koryphäe und bekannte Filmtiere zählten zu ihren Schützlingen. Für den Steven King Film »Cat's Eyes« hatte sie ihrem Vater bei der Arbeit mit den 15 (!) dazu benötigten Katzen assistiert und außerdem die Hunde für »Ein Hund namens Beethoven«, »Eine Familie namens Beethoven« und »Mein Partner mit der kalten Schnauze« trainiert. Der erste Beethoven-Darsteller, der eigentlich Chris hieß und zu Beginn der Dreharbeiten zwei Jahre alt war, hatte die stolze Zahl von acht Doubles. Die Ausbildung der Bernhardiner ging in nur 20

Wochen über die Bühne. Als Welpe und im Flegelalter drehte man sogar mit 16 Hunden, von denen einer seine Karriere als Hauptdarsteller der deutschen Fernsehserie »Felix, ein Freund fürs Leben« fortsetzte. Zu Millers zweifellos entzückendsten Stars aber zählt das kleine Schweinchen Babe, dessen Geschichte 1995 nach der literarischen Vorlage eines Kinderbuches in die Kinos kam. Wer diesen Film noch nicht gesehen hat, hole das schnellstmöglich nach: Eine Sternstunde des Tierfilms, in der ein elternloses Ferkel von einer Border-Collie-Hündin adoptiert wird und gemeinsam mit seinem menschlichen Besitzer, dem Farmer Hogget, einen nationalen Wettbewerb im Schafehüten gewinnt.

Schweine arbeiten übrigens ausschließlich für Futter, was das Training mit ihnen gänzlich anders gestaltet als mit einem Hund: Sie tun nichts, nur um dem Menschen zu gefallen. Umso bemerkenswerter ist die filmische Illusion, die mit Hilfe der Trainerin in »Ein Schweinchen namens Babe« erzeugt wird.

Nur verständlich und klug, dass man diese erfahrene Frau in die Suche nach einem passenden Hund mit einband. Während einer der Autoren darauf achtete, dass das Äußere des Hundes seinen Vorstellungen entsprach, richtete die Trainerin ihre Aufmerksamkeit auf die für einen Filmhund so wichtigen charakterlichen Eigenschaften wie Menschenfreundlichkeit, Neugierde und Spieltrieb. In Ingolstadt schließlich fand man das Gewünschte:

> Aus dem achtzehn Monate alten Reginald von Ravenhorst wurde Kommissar Rex, der ab 1994 in einer mehrstaffeligen Serie Millionen von Zuschauern aus Deutschland, Österreich und der Schweiz vor den Bildschirm lockte.

Rex brachte eine begonnene Schutzhundausbildung mit, die allerdings für die Zwecke eines Filmhundes ungeeignet ist und von Teresa zunächst sozusagen neutralisiert werden musste. Bevor die erste Staffel 1994 starten konnte, lebten Rex und Teresa zwei Jahre mit dem Produktionsteam zusammen, in der Regel wurden fünf Tage die Woche jeweils zwölf Stunden lang gedreht. Viele tradierte und für den Erfolg unverzichtbare Ausbildungsprinzipien für Filmhunde spiegeln sich in der Arbeit mit Rex: Trainer und Besitzer sind identisch, denn erst eine durch Training und tägliche Bindung erarbeitete Kommunikation zwischen beiden ermöglicht, dass ein Filmhund vor der Kamera die Anweisungen befolgt, die sein Trainer – und nicht der Schauspieler – möglichst ausschließlich per Handzeichen und Körpersprache hinter der Kamera gibt. Das bestätigt auch einer der Darsteller: »Rex arbeitet mit der Trainerin und die Schauspieler können sich voll auf ihre Rollen konzentrieren.«

Üblicherweise, so auch bei Rex, benötigt man einen A-Trainer, der auch Besitzer ist, und einen zweiten Trainer, da der Hund in vielen Szenen zwischen den zwei Trainern hin- und hergeschickt werden muss. So wird im Film die Illusion erzeugt, er bewege sich zielgerichtet und überlegt, was ja letztendlich auch stimmt – nur seine Beweggründe sind andere als die, die der Zuschauer wahrnimmt. Um beim Hund einen bestimmten mimischen Ausdruck zu erzeugen, setzte Teresa wie ihre Vorgänger auf das Phänomen der Stimmungsübertragung. Ihre Körperhaltung und Mimik waren es, die Rex nachahmte, wenn er dem Zuschauer traurig, heiter oder müde erschien. Bellen auf Hör- und Sichtzeichen lernte er, indem seine Aufgeregtheit vor den Mahlzeiten so lange verstärkt wurde, bis er Laut gab. Anschließend musste das Bellen nur noch mit »Speak« und einem Handzeichen verbunden und regelmäßig eingeübt werden. Auf Bewegungs- und Spielfreude hatte man ja schon bei Rex' Auswahl geachtet, sodass die vielen Sprünge und Apporte von Blumensträußen, Telefonen und Hausschuhen nur eine Frage der schrittweisen und systematischen Übung waren. Dass Rex schon lange kein Schutzhund mehr war und Teresa Miller ganze Arbeit geleistet hatte, zeigt eine häufig wiederkehrende Verhaltensweise des Hundes am Set und bei öffentlichen Veranstaltungen. Wann immer Kommissar Moser sich in einer Einstellung verletzt am Boden zu wälzen hatte, machte Rex Anstalten hinzuzulaufen, um mit ihm zu spielen. Ein anderes Mal sollten Rex und Teresa als Gäste einer Live-Sendung teilnehmen und mussten vor ihrem Auftritt hinter der Bühne warten. Unter den Zuschauern befand sich ein kleines Mädchen, dass seine Puppe mitgenommen hatte und diese in die Luft warf, da das Programm sie offenbar langweilte. Rex, der dies wahrnahm, war gar nicht zu beruhigen, so sehr fühlte er sich angesprochen, wenn irgendwo gespielt wurde. Damit die Sendung ohne laut hörbares Hundewinseln fortgesetzt werden konnte, musste die Aufnahmeleiterin das Kind bitten, seine Puppe zu verstecken. Bei einem anderen Fernsehauftritt wurde Rex, der gerade auf seinen Einsatz wartete, wegen »Disziplinlosigkeit« zurück in seine Garderobe gebracht: Eine aus kleinen Mädchen bestehende Ballettgruppe, die als Schafe verkleidet waren, hopste munter hinter der Bühne herum, um sich aufzuwärmen. Ob er die kleinen Tänzerinnen gemäß seiner klassischen Schäferhund-Aufgabe zusammentreiben oder nur hatte spielen wollen, blieb sein Geheimnis; doch Bewegungen, die Spiel und Spaß verhießen, ihn aber eigentlich gar nichts angingen, waren offenbar sein ganz persönliches kleines Laster. Er war eben ein ganz normaler Hund geblieben, für den es einen Unterschied zwischen Schnaps und Dienst nicht gab.

Rex' Beispiel zeigt, dass die Leistungen eines Filmhundes auf eigenem Wollen beruhen, das zwar in bestimmte Bahnen gelenkt wird, aber mit Zwang nicht zu erreichen ist. Und so hat man von einem Hund, der ein bekannter, aber lediglich leidlich begabter Schauspieler ist, wahrscheinlich auch noch nie gehört, denn die Stimmungen eines Filmhundes sind stets authentisch und daher ansteckend.

Ähnlich wie um alle berühmten Filmhunde entstand auch um Rex ein regelrechter Boom. Er wurde ständiger Gegenstand journalistischer Neugier, die sogar verlangte, über seine Hobbys, Vorlieben, Speiseplan und so fort aufgeklärt zu werden.

Allein in einem einzigen Jahr sollen in Deutschland 467 000 Stofftier-Exemplare von Rex verkauft worden sein. Sogar eine Einladung zum begehrten Wiener Opernball erhielt das Tier, es hagelte Fernsehpreise und gab Empfänge bei Bürgermeistern. Seine Serie wurde in mehr als 150 Länder exportiert und gilt als eine der erfolgreichsten Fernsehserien aller Zeiten. Im Jahre 2000 bekam Rex seinen ersten Nachfolger.

Als traurige Kehrseite dieses medialen Ruhms waren eine Zeitlang wieder verstärkt Deutsche Schäferhunde allzu fernsehgläubiger, enttäuschter Besitzer in den Tierheimen und Hundeschulen zu finden; nur allzu bereitwillig lässt man zu allen Zeiten Unterscheidungsfähigkeit zugunsten schöner Illusionen fahren. Die aber seit Entstehung von Film und Fernsehen immer wiederkehrende Beliebtheit von Filmhunden als Helden spiegelt eine historische Konstante des langen gemeinsamen Weges von Mensch und Hund: wie leicht sich menschliches Wunschdenken auf diesen alten, perfekt angepassten Gefährten projizieren lässt – wofür jede Zeit nur eben ihre eigenen, epochentypischen Mittel bereithält.

NACHKRIEGS- UND FRIEDENSJAHRE: HUNDEJAHRE

Nicht alle haben nach dem Zweiten Weltkrieg so viel Glück wie einst Rin Tin Tin und an eine Filmkarriere dürften die wenigsten gedacht haben. Die ersten Jahre nach der Stunde Null sind bekanntlich keine Herrenjahre. Der tägliche Überlebenskampf, der mühselige und entbehrungsreiche Wiederaufbau einer in Trümmern liegenden Welt geht auch am Hund nicht spurlos vorbei und Hundeschlachtungen sind für eine kurze Phase im hungernden Nachkriegsdeutschland, wo es Nahrung nur gegen Lebensmittelkarten gibt, keine Seltenheit. Gegen grassierende Lungenleiden empfiehlt der erkrankte Volksmund Hundefett. Zur gleichen Zeit allerdings beklagen sich besorgte Hundebesitzer, die durch die Futterkarten gewährten Rationen seien zu gering, um ihre Tiere satt zu machen: »Es gibt nichts zu fressen für meinen Hund!« Wieder einmal teilen Mensch und Hund dasselbe Schicksal. Einige Hundefreunde fürchten, die Forderungen nach mehr könnten ihren Tiere in den Augen der Öffentlichkeit zu Schaden gereichen, Volkes Zorn auf sich ziehen und Hunde zu unnützen Schädlingen degradieren. Sie rufen angesichts der verheerenden Umstände zur Mäßigung auf, wie in diesem Artikel einer Hundezeitschrift aus dem Jahre 1947:

»Natürlich muß es da jetzt Einschränkungen geben, denen sich der Mensch willig unterzieht, die er aber bei seinem Hunde in leider nur allzu vielen Fällen nicht wahrhaben möchte ... Es heißt durchaus nicht der Heuchelei das Wort reden, wenn man die Hundehalter ermahnt, die Sorge um die Ernährung des Hundes innerhalb der vier Wände auszutragen ... Wer seinen Hund so unsachgemäß ernährte, daß er ihm Kartoffeln, Tunke, Fleisch vom eigenen Teller zusammenrührte, der hat jetzt am wenigsten ein Recht, in den Schlächterläden Lamento zu schlagen, weil für Karo und Flip kein Filet am Lager ist.«

Das Engagement für ihre Hunde in Hungerzeiten zeigt, dass die Tiere ihren kriegs- und diktaturtraumatisierten Besitzern Trost gewesen sein müssen, was eine gängige Spruchtafel dieser Jahre festhält:

> »Der einzige wirklich selbstlose Freund, den wir haben in dieser Welt voll Selbstsucht, der einzige, der uns nie verlässt und nie zum Verräter an uns wird, ist der HUND.«

So ist es nicht verwunderlich, dass mit die Ersten, die sich nach dem Krieg wieder in festen Gruppierungen organisieren, Rassehundevereine sind, die im Dritten Reich aufgelöst worden waren. Die Nationalsozialisten hatten das Hundewesen zwar durchaus gepflegt, aber nach ihren Vorstellungen und unter eigener Kuratel. Wie für Diktaturen üblich, begründeten sie eine Vielzahl an Feiertagen und riefen 1934 auch einen »Tag des Hundes« ins Leben. Zu diesem Anlass veranstaltete die »Reichsfachschaft für Schutz- und Dienstgebrauchshundewesen« in einigen Städten Umzüge mit Rassehunden. Die dort mitgeführten Tiere wurden mit Marschmusik beschallt und mit Hakenkreuzfähnchen dekoriert, um klarzumachen, in wessen Dienst sie nun ständen. Der jüdischen Bevölkerung verbot man nur wenige Jahre später, Haustiere zu halten und zwang sie per Verordnung, ihre Hunde abzugeben. Doch dieses Grauen war nun zu Ende und der Schäferhund-Verband, wie er sich damals noch nannte, war einer der ersten Vereine, der im Januar 1948 seine Neugründung bekanntgab, sich dabei ausdrücklich auf sein demokratisches Recht dazu berief und das Hundevereinswesen sowie die Maßstäbe von Hundeausbildung und -erziehung der kommenden Jahre prägte.

Andere Vereine, wie der Pinscher-Schnauzer-Klub, taten es ihm gleich, und das Ausstellungswesen blühte erneut auf. In der DDR wurde der Hund nochmals in den Dienst einer Diktatur genommen und hatte seinen Anteil an der Planerfüllung dort zu leisten, wo er es vermochte. Man verkündete:

»Entscheidend für die Arbeit des Schäfers aber ist die Mitwirkung des Hütehundes, ohne den er seine schwere Aufgabe niemals meistern kann. So spielt also der Hütehund bei der Erfüllung des Fünfjahresplans eine klar umrissene und wichtige Rolle.«

Sein Auftrag war eindeutig: der Sieg über den Kapitalismus, »der ein entscheidendes Mittel für den Sieg des Fortschritts über die Reaktion sein wird.« Auch dieses Zitat stammt, kaum zu glauben, aus einer kynologischen Fachzeitschrift, die Hundehaltung und -zucht im Sinne des DDR-Sozialismus propagierte. Und damit keiner vor dem vermeintlich unvermeidlichen Sieg davonlaufen werde, setzte man Diensthunde in großer Zahl zur Abschreckung Fluchtwilliger an der innerdeutschen Grenze ein.

Im Westen kommt das Wirtschaftswunder, von dem auch die Hunde profitieren, und mit ihm interessanterweise eine neue Begeisterung für den Pudel, über den es heißt: »Er ist elegant, aber er strahlt Herzenswärme aus, die wir in unserer nach Geld und Robotertum orientierten Zeit immer nötiger brauchen und tagtäglich zunehmend als kostbar und selten empfinden.« Entfremdung aufheben und Unverstelltheit zeigen: die Aufgabe des Hundes im Kapitalismus.

Bundeskanzler Adenauer erspürte die Hundeliebe seiner Landsleute genau, als er sagte: »Die Mehrheit könnte ich nur verlieren, wenn eine Zeitung schriebe, daß ich Hunde schlachte.«

Bis heute macht die Politik es ihm in Sachen Hundehaltung nach und greift ungern zu unpopulären Maßnahmen und deren Kontrolle, wie Leinenzwang in innerstädtischen Ballungsgebieten oder empfindliche und konsequent durchgesetzte Geldbußen für das

Ignorieren von Verunreinigungen auf den Straßen. Der Hund ist ein emotional besetztes Thema geworden, an dem sich auch kein Volksvertreter die Finger verbrennen möchte.

In den 60er-Jahren wird der Hund neben seinen altbekannten Funktionen zu einem bedeutenden Wirtschaftsfaktor und ist somit restlos im Kapitalismus, der für seine angeblichen Bedürfnisse ungeahnte Produkte und Zweige schafft, angekommen. Hundebesitzer in Westdeutschland, gerade noch selbst kaum etwas zu beißen, geben nun bereits 1,2 Milliarden Deutsche Mark allein für Futter aus. Ein Trend, der sich fortsetzen wird, und auch im wiedervereinten und gesamtkapitalisierten Deutschland hängt man nicht mehr nur emotional an dem Tier. Um die fünf Millionen Rassehunde und Mischlinge leben im Nach-Wende-Deutschland, und die sollen versorgt sein mit allem, was das Hundehalter-Herz begehrt. Die Umsatzsummen rund um den Hund erreichen gegenwärtig geradezu astronomisches Ausmaß und werden mit jährlichen 4,5 bis 5 Millionen Euro beziffert. Im Jahre 2005 zählte man rund 950 Millionen Euro für Hundefertigfutter, im Hundezubehör-Bereich geht man von geschätzten 200 Millionen Euro aus. Sogar Arbeitsplätze, selten ein so wichtiges Thema wie heute, schafft der Hund direkt und indirekt, sei es im Bereich von Produktproduktion und -verkauf, im tierärztlichen und Tierarzneimittel-Sektor, in Hundeschulen, -salons, -pensionen und Tierbestattungsunternehmen. Der Handel mit Literatur zum Thema Hund boomt, angeblich werden in den maßgeblichen Verlagen dabei jedes Jahr nicht weniger als 55 Millionen Euro umgesetzt. Sogar das wirtschaftliche Hätschelkind der Nation, die Automobilindustrie, soll profitieren. Nach einer Studie gaben 36 Prozent aller befragten Hundebesitzer an, ihr Hund habe Einfluss auf die Wahl ihres Autos: Wegen ihm habe man einen in der Regel größeren Wagen gekauft.

Doch Freundschaft lässt sich nicht in Zahlen bemessen und trotz Kampfhunddebatten, Statistiken über gebissene Postboten, Forderungen nach Maulkörben und Aufregungen um weitaus unbedeutendere Probleme haben Hunde ein gutes Image. Sie sind zu Sympathieträgern geworden, die gerne und erfolgreich in der Werbung selbst für Produkte eingesetzt werden, die mit dem Hund rein gar nichts zu tun haben. Eines der vielen und erfolgreichsten Beispiele ist ein in der 60er-Jahren in England ausgestrahlter Werbespot für Dulux Farben. Um beim Konsumenten eine positive Konnotation an dieses Produkt hervorzurufen, platzierte man neben den Büchsen »kalter weißer Chemikalie«, wie es ein Verkaufsmanager beschrieb, einen Bobtail – und wurde zur führenden englischen Farbenmarke. Ähnlich ertragreich übrigens funktionierte die Verbindung zwischen Labrador und Toilettenpapier. Dass die Übertragung dieses positiven Bildes aber überhaupt funktionieren kann, hängt mit seiner Glaubwürdigkeit und andauernden historischen Präsenz zusammen, und damit, dass man weiß, was man am Hund hat: Nie waren seine positiven Wirkungen auf die Lebensqualität der Menschen genauerer Gegenstand der Betrachtung, in einer Zeit allerdings, die alles zur Statistik erhebt und damit den Wert vieler Dinge relativiert.

Die Übernahme des *american way of life* nach dem Krieg schafft neben der Kapitalisierung des Tieres auf dem Gebiet der Pädagogik, Therapie und Resozialisierung ein Phänomen, das von seinen Schöpfern und den auf dem Gebiet Tätigen zuweilen als Revolution bezeichnet und auch bei uns – zögerlicher sicherlich und weniger radikal – übernommen wird: die *pet facilitated therapy*. Diese tiergestützte Therapie, deren Entwicklung in den 80er-Jahren in Amerika große Schritte macht, wird in den englischsprachigen Ländern zuerst erforscht und angewandt. In kurzer Zeit entstehen dort *pet visiting programs*, die von Tierfreunden, Hundezuchtverbänden und Tierschutzvereinen durchgeführt werden. Man besucht Alten- und Pflegeheime, Krankenhäuser sowie psychiatrische Anstalten, um sich von Tieren bei der Heilung von Menschen und der Verbesserung ihrer Lebensumständen unterstützen zu lassen. Sein besonderer Zugang zum

Menschen öffnet dem Hund hier die bemerkenswerteste Nische unserer Tage, denn gesucht sind Korrektoren menschlicher und gesellschaftlicher Unzulänglichkeiten, die uns bei dem Anspruch, eine humane Gesellschaft zu sein, unterstützen.

Der positive Einfluss von Hunden auf die Gesundheit des Menschen ist vieldiskutierter und -zitierter Gegenstand einer Unmenge Studien der letzten Jahre, denn ein langes Leben wünschen sich alle, alt und krank werden jedoch will niemand. Medizin, Hygiene und Pharmakologie schenken uns eine immer höhere Lebenserwartung, diese jedoch muss oft mit Einsamkeit, Isolation, altersbedingten Krankheiten und einem Lebensabend im Pflegeheim bezahlt werden. Und so wird der Hund zum Lebenswertverbesserer vor allem für alte und kranke Menschen und zum Assistenten von Pädagogen und Therapeuten.

Der Nutzen von Hunden für eine immer älter werdende Gesellschaft ist tatsächlich im wahrsten Sinne des Wortes unbezahlbar, denn vor allem hochbetagte Menschen erleben durch den Umgang mit ihm eine Form von Wertschätzung, Akzeptanz und emotionaler Nähe, die sie von ihren jüngeren Mitmenschen kaum noch erhalten. Lebten die Alten der Vergangenheit bis zum Tode im engsten Umfeld ihrer Kinder und Enkel, was ihnen Ansprache und Tätigkeit bescherte, übernimmt heute zumindest bei tierliebenden alten Menschen immer mehr der Hund diese Aufgabe. Ältere Menschen, die noch ein eigenes Tier besitzen, neigen weitaus weniger zu Depressionen, suchen seltener den Arzt auf, gesunden bei Erkrankungen schneller und benötigen dazu nachgewiesenermaßen weniger Medikamente. Bei einem Krankenhausaufenthalt drängen sie schneller nach Hause und werden in der Tat früher entlassen als ihre heimtierlosen Altersgenossen, denn es wartet jemand auf sie, der betreut werden will und für den es sich lohnt, gesund wieder heimzukehren. Best-Agers, wie man heute gerne sagt, um die unschönen Seiten des Altseins wegzuleugnen, die ohne menschliche Partner, dafür aber mit einem Hund leben, genießen einen aktiveren Austausch mit ihrer Umgebung, denn das Tier bietet Gesprächsstoff bei Begegnungen auf Spaziergängen, und auch die zumeist nicht unter demselben Dach lebende Restfamilie lässt sich bei Besuchen lieber Laikas Erlebnisse der letzten Wochen aufzählen als die neu hinzugekommenen Gebrechen und Verstorbenen des täglich kleiner werdenden Bekanntenkreises von Oma oder Opa.

Die Bedeutung jedenfalls von Hunden, die bei alten Menschen leben, als alleiniger Katalysator für Nähe und Fürsorge, kann mit Blick auf die 17 Prozent der über 65-jährigen in Deutschland – Tendenz rasant steigend – kaum überschätzt werden. Längst ist bekannt, dass zu viel Einsamkeit einhergeht mit psychosomatischen Symptomen, einer größeren Krankheitsanfälligkeit und verschlechtertem Immunsystem, der Hund puffert und fängt auf – und es geht ihm in der Regel auch noch richtig gut dabei.

Um diese positiven Auswirkungen zu nutzen, setzt man nun in der therapeutischen Altenarbeit systematisch und erfolgreich, aber leider insgesamt betrachtet noch zu selten, auf den Hund. Heime, die alten Menschen gestatten, gemeinsam mit ihrem Tier einzuziehen, erleichtern diesen ohnehin schwierigen Übergang zum letzten Wohnort ungemein und mildern das Gefühl der eigenen Nutzlosigkeit und Verzweiflung. In manchen Altersheimen bringen Pfleger oder Pflegerinnen ihre Hunde während der Arbeitszeit mit auf die Station oder lassen sich von speziellen und gut vorbereiteten Hundebesuchsprogrammen unterstützen, und erstaunlicherweise sind Folgen sogar dann erkennbar, wenn Hunde nur wöchentlich zu Besuch kommen. Die Reaktionen der dort Lebenden werden dabei von dem Pflegepersonal regelmäßig mit Aussagen wie »So interessiert und konzentriert ist sie sonst nie«, »Sie freut sich schon Tage vorher auf den Besuch«, »Er lässt sonst gar keinen Kontakt zu« oder »Normalerweise verlässt sie ihr Zimmer nie« kommentiert.

Die Schilderung einer Schweizer Tierärztin und Kynologin, die während ihres Aufenthalts in Amerika – wo in manchen Heimen das Halten eines Haustieres vorgeschrieben ist – wöchentlich mit ihrem Hund ein Alten- und Pflegeheim besuchte, gibt ein unaufdringliches und leises Bild davon, wie Hunde nicht nur Freude und Abwechslung in das Leben der Altenheime bringen, sondern selbst aus menschlicher Sicht hoffnungslose Fälle für einen Moment aus ihrer Isolation und Starre herauszureißen im Stande sind:

»Wie jeden Freitagnachmittag gingen wir die vertrauten Gänge des Alten- und Pflegeheimes in Raleigh, North Carolina, entlang. Der vertraute Geruch, ein Gemisch aus Putz- und Reinigungsmittel, Essensgerüchen und dem Geruch von Alter und Krankheit, stieg uns in die Nase. Während mich dieser Geruch doch schon ein wenig störte, schien Sooner dieses Problem nicht zu haben. Typisch Hund! Das Leben ist so wie es ist, und alles gehört natürlicherweise dazu: Leben, Geburt, Krankheit, Sterben, Tod – kein Problem. Ich wünschte, es wäre so einfach für mich. Wir waren jetzt seit eineinhalb Stunden in den Gängen und Zimmern des Pflegeheimes unterwegs, besuchten alte Freunde und Bekannte, hielten bei Menschen inne, welche nur noch mit ihrem Körper in dieser Welt weilten, machten neue Bekanntschaften. In einigen Zimmern wohnten Patienten, die kein Interesse daran hatten, einen Hund und seine Begleitung kennenzulernen – und das respektierten wir. So war es bisher im Fall von Mrs. Murphy, einer alten Dame, welche immer noch Wert auf ein gepflegtes Äußeres legte, und das, obwohl sie die meiste Zeit nicht mehr fähig war, ihren Raum selbstständig zu verlassen. Ihr Gesicht zeigte meistens eine Mischung von Verbitterung, Trauer und Abwesenheit. Zurückgezogen war sie in eine Welt, in die ich ihr nicht folgen konnte. Sie saß häufig in ihrem Rollstuhl, die Hände in ihrem Schoß, und schaute fern. In den Monaten, in denen wir dieses Pflegeheim besuchten, wurde unsere Frage, ob wir sie besuchen dürften, nie beantwortet, kein Blickkontakt aufgenommen, die Tür zu ihrer Persönlichkeit blieb für uns verschlossen. Heute war etwas anders. Das leichte Zögern meines Hundes

Sooner, einem drei Jahre alten, von der Therapy Dog International TDI als Therapiebegleithund anerkannten Bloodhound Rüden, lenkte meine Aufmerksamkeit zurück in dieses Zimmer. Sooner stand jetzt still und schaute direkt auf die zierliche Person im kalten weißen Raum und sein Blick wurde erwidert. ›Möchten Sie meinen Hund kennenlernen Mrs. Murphy?‹ fragte ich. Keine Antwort, aber die Augen schienen interessiert, sie leuchteten. So wagten wir einen Schritt ins Zimmer, immer noch keine Antwort, aber auch keine abweisenden Reaktionen. Darauf vertrauend, dass Sooner genügend empathische Fähigkeiten besaß – was er auch wiederholt bewiesen hatte, indem der sich nie aufdrängte, aber doch dem eine freundliche Begegnung anbot, der dazu bereit war – ließ ich mich von ihm führen. Langsam ging er auf die alte Dame im Rollstuhl zu, stoppte kurz vor ihr und setzte sich hin. Sie schauten einander an. Mrs. Murphy bewegte die Hände in ihrem Schoß, leicht und zögerlich, und schon schob sich der Hundekopf in die Nähe der Hand. Lange Zeit der Ruhe, der Stille, ich ließ sie geschehen – die Kommunikation zwischen Mensch und Hund – dann übernahm die Hand die Führung und berührte, zuerst zögerlich, dann mutiger das seidene Fell des Hundes, suchte sich den Weg über den Kopf, den Hals, die langen Ohren. Mrs. Murphys Augen leuchteten, sie erkannten einander, ein Lebewesen das andere, auf einer tiefen, wortlosen Ebene … Nach Minuten, wie viele weiß ich nicht, hielt die Hand inne, die Dame zog sich wieder in ihr Inneres zurück. Ohne zu zögern stand Sooner auf, drehte sich um und führte mich zur Tür hinaus, den Gang hinunter und ins Freie.«

Speziell geschulte Hunde legen heute Zugänge in Bereiche des menschlichen Daseins, vor denen die »Welt der Gesunden« unsicher und hilflos steht oder schlicht kapituliert. Wer hat nicht schon erlebt, wie vergleichsweise einfach es ist, auf einen Behinderten zuzugehen, der einen Assistenzhund bei sich hat. Den Hund zu bewundern heißt, sich in der Kommunikation mit einem behinderten Menschen auf etwas anderes zu fokussieren als auf dessen Handicap und einen Gesprächsgegenstand zu teilen, der erfreut und vereint. Dabei leisten die modernen Assistenzhunde, für die in Amerika mittlerweile 135 (!) Aufgabengebiete bekannt sind, weitaus mehr als dem Blinden den Weg zu weisen, dem Gehörlosen Geräusche zu melden oder den Epilepsiekranken vor einem bevorstehenden Anfall zu warnen. Sie geben diesen Gehandicapten psychische Stabilität, uneingeschränkte soziale Akzeptanz und Kameradschaft in einer Welt, in der gesund, jung oder maximal im besten Alter sein muss, wer nach heutigen Kriterien erfolgreich und somit wahrgenommen sein will.

Hunde scheinen fähig, in noch weit verschlossenere Gebiete Brücken zu bauen. In der schwierigen Arbeit mit Demenzkranken in Pflegeheimen beschreiben die dort Tätigen, wie problematisch Kontaktaufnahme, Aktivierung und Verbesserung des Wohlbefindens der Betroffenen ist, die von Tag zu Tag eine verunsichernde Verschlechterung ihrer Fähigkeiten erleben und denen ihre Biografie schlicht mehr und mehr entgleitet. Tieren nun, und insbesondere Hunden, gelingt es mitunter in einem Maße Einfluss zu nehmen, wie es erprobten Therapiekonzepten oft nicht möglich ist. In einem Alten- und Pflegeheim in Zweibrücken wurde mit einem ausgebildeten und hauseigenen Hund gearbeitet. Auffallend waren seine beruhigende Wirkung, eine deutliche Aggressionsreduktion bei den Desorientierten und eine erhöhte Motivation, sich körperlich zu bewegen. Offenbar schaffen es Hunde auch, alte Gedächtnisinhalte zum Vorschein zu bringen, die mit früheren Tier-Erfahrungen zusammenhängen, und mit all dem eine Basis für weitere Aktivitäten zu legen.

Auf die Ausschüttung von Dopamin und Endorphin, Botenstoffe des Glücks und Wohlbefindens, die durch liebevolle Berührung erreicht wird, setzt eine Ärztin im österreichischen Graz, die auf der Wachkoma-Station des Geriatriezentrums der Stadt tätig ist und von der berichtet wurde, sie habe den Schwerkranken einmal die Woche im Rahmen eines mehrstündigen Besuches die Kontaktaufnahme zu Tieren ermöglicht. Dabei hätten die Patienten zuvor nicht beobachtete Reaktionen gezeigt. Da, wo Worte und die moderne Medizin an ihre Grenzen stoßen und den Menschen nicht erreichen, kann die Sprache eines kontaktfreudigen Hundes oder auch eines anderen Tieres, offenbar auf seine Weise stimulieren und herkömmliche Therapien helfend begleiten; mit einer halben Millionen hirnschädeltraumatisierter oder neurologisch schwerstgeschädigter Menschen jährlich allein in Deutschland wäre der Bedarf groß genug.

Der Einzug von Hunden in Krankenhäuser zum Nutzen der Patienten geht hierzulande langsam vonstatten, und der Großteil der Tiere kommt in psychiatrischen Kliniken oder Instituten für Schwer- und Mehrfachbehinderte zum Einsatz. Mit ihren Hunden leisten hier Vereine wie »Tiere helfen Menschen e. V. « im Verbund mit den entsprechenden Einrichtungen viel. In einer Würzburger Blindeninstitutsstiftung werden tierbesuchserfahrene und ruhige Hunde mit behinderten Kindern und Jugendlichen zusammengebracht mit dem Ziel, sozial-emotionale, motorische und kognitive Bereiche der Kinder zu fördern und ihrem Bedürfnis nach Kontakt mit anderen Lebewesen zu entsprechen. Die Erzählung eines Heilpädagogen der Anstalt schildert die schwierige Arbeit der Pädagogen und der Hunde – und die Erfolge dieser Verbindung:

»Phillip, 17 Jahre alt, ist mehrfach behindert und reagiert auf jegliche körperliche Nähe oder Berührungen mit Schreien und autoagressivem Verhalten ... Phillip ist vollblind, geistig hochgradig retardiert und sitzt auf Grund einer starken körperlichen Behinderung in einem Rollstuhl. Ihm vertraute Personen und Handlungen, wie z. B. essen, trinken, waschen usw. und die dabei nicht vermeidbaren Berührungen kann er akzeptieren. Beinhalten diese Handlungen jedoch etwas Unbekanntes, wird er unsicher, bekommt Angst, wird ein starkes Blockadeverhalten ausgelöst. Um auf Phillips Sicherheitsbedürfnis einzugehen, begannen wir … den Hundebesuch mit einem Symbol (kleiner flauschiger Stoffhund) anzukündigen. Phillips Betreuer legt ihm den Stoffhund in den Schoß und führt Phillips Hände zu dem Stofftier. Gleichzeitig kündigt der Betreuer verbal an: ›Du triffst die Hunde!‹ Auch wenn Phillip dies von seinem Sprachverständnis möglicherweise nicht aufnehmen kann, ist unsere Hoffnung und Erfahrung, dass er bei mehrmaligem Sagen des Wortes ›Hund‹ zumindest den Wortklang erkennt und die folgenden Abläufe damit verbinden kann. Beim Eintreffen am Hundebesuchsraum erhält Phillip ein weiteres akustisches Signal zum Beginn der Einheit. Einer der Besuchshunde bellt auf Kommando dreimal. Auch am Ende des Besuches wird dieses Bellen wiederholt, um Phillip einen klaren akustischen Rahmen zu geben. Die ersten Treffen zwischen Phillip und den Hunden gestalteten sich durch die körperliche Kontaktangst entsprechend laut. Sowohl das Herausheben aus dem Rollstuhl, das Legen auf eine Matte, die Nähe zum Hund als auch die Berührungen der Betreuer waren Phillip unangenehm. Er reagierte mit Ablehnung. Wir legten Phillip und den Hund Akira nebeneinander auf den Boden. Sie hatten keinen Körperkontakt und wir beobachteten und warteten, ob Phillip sich beruhigen würde. Nach wiederholten Besuchen entwickelte er eine Sicherheit, konnte das Herausheben aus dem Rollstuhl sowie eine kurze Berührung vom Hund zulassen. Wir wollten diese kurzen Berührungen zwischen Hund und Phillip für eine weitere Nähe-Distanz-Entwicklung nutzen und positionierten Leckerlis gezielt, sodass Akira beim Suchen der Leckerlis Phillip berührte. Phillip hielt die direkten Körperkontakte immer besser aus. Körpersprachliche Zeichen, wie große klare Augen, Hinwendung seines Kopfes zum Geschehen, Innehalten, zeigten uns sein steigendes Interesse. Als wir seinen Kopf an Akiras Bauch legten, führte Phillip eine Hand zum Fell und spürte mit großer Aufmerksamkeit den lebendigen, warmen Körper des Hundes. Seine normalerweise stark angespannte Haltung lockerte sich sichtlich und wir konnten ihn noch näher an Akira lagern. Phillip öffnete sich sichtlich diesem besonderen Kontakt, ein wirklich großer Schritt für ihn.«

Das Fazit des Pädagogen lautet: »Für Kinder und Jugendliche, die regelmäßig von dem Hundebesuch profitieren können, hat die Begegnung mit den Tieren in ihrem Leben einen für sie bedeutenden Platz eingenommen. Viele Kinder/Jugendliche konnten durch die Begegnung mit den Hunden Ängste in anderen Alltagssituationen abbauen und wurden allgemein aufgeschlossener. Dies beeinflusste auch pädagogisch und therapeutisch begleitete Entwicklungen der Kinder/Jugendlichen positiv, welche nicht direkt in Zusammenhang mit dem Hundebesuch standen.«

Die Erfahrung einer segensreichen Auswirkung von Hunden auf Kinder macht man auch in Klassenzimmern, wo das Projekt »Schule mit Jule« 2002 Aufsehen erregte. Allein die bloße Anwesenheit einer freundlichen Labradorhündin in einer Schule in Sulzburg bewirkte hier eine ebenso freundliche Atmosphäre, verbale und körperliche Aggressionen gingen zurück, die Kinder zeigten sich aufgeschlossen und freudiger, was vor allem bei schüchternen Schülern beobachtet werden konnte.

Eine Studie zu Kurzzeiteinflüssen von Hunden auf das Sozialverhalten von Grundschülern, die in Wien durchgeführt wurde, traf ähnliche Aussagen. 10 Mädchen und 14 Jungen aus aller Herren Länder wurden ein Semester lang, dreimal pro Woche je eine Stunde, während des Unterrichts von einer Videokamera gefilmt. Den Unterricht erteilte Veronica Poszvek, engagierte Lehrerin und Besitzerin der Therapiehunde Semiramis, Herold und Datura. Auch hier hatten die Hunde »nichts weiter« zu tun, als ruhig zwischen den keineswegs ruhigen Kindern zu liegen.

Zuvor war es der Lehrerin irgendwie gelungen, die Schulhierarchie und nicht zuletzt die zum Teil muslimischen Eltern von der Sinnhaftigkeit ihres Vorhabens zu überzeugen, an dem verschiedene

Verhaltensforscher und Psychologen mitarbeiteten. Die Ergebnisse waren beeindruckend: Alle Schüler waren sich einig, den Unterricht nun lieber zu besuchen als ohne Hund, obwohl einige Kinder zu Beginn skeptisch und zurückhaltend auf die Tiere reagiert hatten und sie bis zum Ende wenig bis gar nicht beachteten. Die Klasse verhielt sich der Lehrerin gegenüber aufmerksamer und mit mehr Achtung, was womöglich durch ihre Autorität als Besitzerin der Hunde erreicht wurde. Die Kinder zeigten sich außerdem wesentlich ruhiger und hatten sich von der Notwendigkeit, das empfindliche Gehör der Tiere zu schonen, überzeugen lassen. Untereinander unterhielten sie nun mehr positive Sozialkontakte, was am augenfälligsten bei verhaltensauffälligen und lauten Schülern war. Geschulte Hunde als pädagogische Partner dort einzusetzen, wo es Lehrer und Schüler besonders schwer haben, war die abschließende Forderung derjenigen, die diese Studie durchführten. Sicherlich Zukunftsmusik und ohne das Engagement unkonventioneller Idealisten, die es immer geben wird, unvorstellbar.

Besonderen Respekt verdient ein Projekt, bei dem Hunde einen großen Beitrag zur sogenannten forensischen Resozialisation von Straftätern leisten. Wie bei vielem, was den gegenwärtigen Einsatz von Hunden betrifft, schlug auch hier die USA zuerst neue Wege ein und schuf im *Washingtoner Corrections Center for Women* Anfang der 80er-Jahre ein *Prison Pet Partnership Program*, in dessen Rahmen inhaftierte Frauen dieses Hochsicherheitsgefängnisses die Möglichkeit erhielten, während ihrer Haftzeit Hunde für Menschen mit Behinderungen auszubilden. Nach einer Ausbildung im Grundgehorsam sollten die Hunde, die man aus örtlichen Tierheimen holte, bei entsprechender Eignung zu Therapiehunden trainiert werden. Von diesem Projekt profitierten alle Beteiligten: Den Hunden wurde das Leben gerettet, da man Tierheimhunde in den USA spätestens nach 21 Tagen einschläfert, die genossene Basiserziehung erhöhte die Vermittlungschancen der Tiere, bei denen es zum Therapiehund nicht gereicht hatte und vielen Behinderten wurden Helfer-Hunde zur

Verfügung gestellt. Das eigentliche Ziel des Projektes aber, die Rückführung und Wiedereingliederung der straffällig gewordenen Frauen in die Gesellschaft, konnte in vollem Umfang erreicht werden: Die Frauen hatten in diesem Rahmen eine Ausbildung zur Tierpflegerin o. Ä. machen können und damit ihre Chancen »draußen« bei der Suche nach Arbeit erhöht. Die Erfahrung, Sinnvolles und Gutes für Benachteiligte zu leisten, ließ in ihnen das Gefühl wachsen, ihre begangenen Taten wiedergutzumachen. Die Erfolgserlebnisse mit den Hunden wirkten sich positiv auf das Selbstbild der Frauen aus – spiegelten sie sich bei ihrer Arbeit doch in einem Wesen, das nicht be- und schon gar nicht abwertet und konstruktives Verhalten ihm gegenüber stets belohnt. Das Erstaunlichste aber an diesem Projekt war, dass keine einzige der Teilnehmerinnen nach ihrer Entlassung aus der Haftanstalt bislang wieder straffällig wurde.

Diese schon fast als sensationell zu bezeichnende, gesellschaftsverbessernde Wirkung der Arbeit und des Zusammenseins mit Hunden bildet sicherlich einen der absoluten Höhepunkte des gegenwärtigen kulturellen und sozialen Austausches zwischen Mensch und Hund.

Alles gut also für den Hund unserer Breitengrade oder war da nicht noch was? Qualzüchtungen menschlicher Eitelkeiten, ein jederzeit möglicher rasanter Abstieg vom Bettgenossen zum Tierheiminsassen, Versuchslaborhunde im Dienste des medizinischen Fortschrittes und aus weitaus nichtigeren Gründen gequälte, vernachlässigte und schlecht gehaltene Hunde? Nichts, was dem Kulturwesen Mensch zur Ehre gereicht und dennoch, in den wunderbaren Beispielen der geschilderten Bereiche, in denen die Bedürftigen unserer Zeit zu Hause sind, ist die Liebe zum Hund und seinen Fähigkeiten dort angekommen, wo schon Konrad Lorenz, Vater der vergleichenden Verhaltensforschung, sie sich hinwünschte und »zum wichtigsten und zentralen Bestandteil der Menschenliebe« geworden.

Überrascht darüber, wie eng Schicksal und Entwicklung von Mensch und Hund in allen Epochen miteinander verwoben waren und sind, und noch immer Lust, Neues und Ungewöhnliches über die engstmögliche Beziehung zwischen Mensch und Tier zu hören? Dann werfen Sie doch einen Blick über den bekannten Tellerrand nach draußen – auf den Hund bei Indianer- und Naturvölkern.

DER HUND BEI INDIANER- UND NATURVÖLKERN

DER HUND IN AFRIKA: REINIGUNGSTRUPP, OPFERTIER UND KULTURBRINGER

Denkt man an Hunde afrikanischer Völker, drängen sich häufig unmittelbar Bilder von halb verhungerten, als unrein beschimpften Pariahunden auf, die noch dazu als Nahrung oder Opfertier herhalten müssen, und bestenfalls gleichgültig behandelt werden. Eine negative Haltung zum Hund für manche Bereiche Afrikas, insbesondere den nördlichen Teil, zu leugnen, wäre sicherlich falsch, und auch rituelle Opferung von Hunden sowie ihr Verzehr sind bei einigen afrikanischen Völkerschaften durchaus verbreitet. Dennoch kann daraus keine grundsätzlich negative oder verachtende Einstellung abgeleitet werden, vielmehr herrschen Ambivalenz und Uneinheitlichkeit, was jedoch selbstredend die Sichtweise einer west- beziehungsweise mitteleuropäischen Kultur ist, der die Weltsicht afrikanischer Völker in der Regel recht unvertraut ist. Tatsächlich aber besitzt die dortige Lebensweise ihre Logik und Folgerichtigkeit, basiert dabei auf einem traditionellen Weltbild und ist angepasst an Lebens- und Umweltbedingungen.

Im muslimisch geprägten Nordafrika wird der Sloughi als Jagdhund sehr geschätzt und entsprechend behandelt. Für einen Stamm im Südwesten der Sahara hat er, sofern gut ausgebildet, denselben Wert wie ein Kamel und bildet einen wichtigen Bestandteil des Brautpreises, der bezahlt werden muss, wenn ein Mann eine Frau heiraten möchte. Als Haustier ist der Hund vor allem bei den Völkern West- und Zentralafrikas anzutreffen. Am häufigsten begegnet man dem sogenannten afrikanischen Paria- oder Basenjihund, der auch andere Bezeichnungen trägt und optisch recht uneinheitlich ist: mittelgroß, gelb oder gelb-rot, mal weiß gefleckt, mit spitzer Schnauze, kurzem Fell, stehenden Ohren und Ringelschwanz. Viele dieser Hunde sind Selbstversorger und müssen sich allein um Nahrung kümmern, andere werden ausreichend gefüttert, gepflegt und zum Schlafen mit in die Hütten genommen. Die Hunde leisten den Menschen durch das Vertilgen von Abfällen und Exkrementen oft unschätzbare Dienste, denn so halten sie ganze Dörfer – und Kinderpopos sauber. Die Frauen der Kassena lassen die Hunde aber nicht nur ihre Säuglinge reinigen. Sobald die Kinder laufen können, doch wegen der Schlangen noch nicht allein in den Wald dürfen, animieren die Mütter ihre Hunde, die Hinterlassenschaften der Kinder in den Hütten zu fressen, was diese bereitwillig tun, und womöglich steht die zuweilen dürftige bis nicht existierende Fütterung der Hunde im Zusammenhang mit dieser so wichtigen Aufgabe und ist schlichte Notwendigkeit. Frauen und Kinder profitieren noch auf andere Weise von den Vierbeinern: Beim Stamme der Dan lassen die Mütter, wann immer sie an die Wasserstellen müssen, ihre Säuglinge völlig unbesorgt bei den Hunden zurück, und es wird berichtet, die Tiere wichen den Kindern währenddessen nicht von der Seite.

Bei Jagd-Völkern ist die Wertschätzung des jagdtauglichen Hundes hoch und einige halten ihn für das einzig nützliche Haustier überhaupt. Wird ein Hund hier auf der Jagd durch einen Menschen verletzt oder gar getötet, hat der Schuldige in der Regel eine Buße zu leisten, die der Höhe eines Brautpreises entsprechen kann. Und als einmal, wie erzählt wird, ein Mann den Hund eines Häuptlings getötet hatte, musste er sogar drei Frauen als Wiedergutmachung abtreten. Derartigen Stellenwert haben Hunde vorwiegend in den Regenwaldgebieten des Kongobeckens und der Feuchtsavanne Zentralafrikas, wo eigene Viehherden schwer zu halten sind und daher gejagt werden muss.

Neben dem existenziellen Nutzwert des Hundes ist das Verhältnis zu ihm eng von einem reichen Schatz mythologischer Erzählungen, Märchen und Fabeln geprägt, mit denen sich die Menschen ihre eigene Herkunft, die des Hundes oder den Besitz bedeutsamer Errungenschaften erklären. Die Rolle, die der Hund hier einnimmt, kann die eines Wohltäters, Lehrers oder Kulturstifters der Menschen sein und bestimmen, wie man im Alltag zu ihm steht. Weitverbreitet sind in Zentral- und Westafrika sogenannte »Feuerbringer-Erzählungen«, die man unter anderem auch in Indonesien findet. Dort betätigt sich der Hund als Prometheus, indem er das Feuer in die Welt der Menschen bringt, wie in dieser Erzählung:

In alter Zeit besaßen die Menschen auf der Erde noch kein Feuer und konnten ihre Nahrung nur zubereiten, indem sie Fleisch zum Trocknen in die Sonne legten und ihr Korn in Wasser einweichten. Eines Tages, als es regnete, sah Orud, der Hund, einen Regenbogen. Er lief los, um sein Ende zu finden, und kam zu einer Höhle, die dem Regenbogen als Wohnung diente. Es hatte aufgehört zu regnen, und der Regenbogen lag einer Schlange gleich schlafend um ein Feuer. Lautlos schlich sich der Hund heran und ergriff vorsichtig einen brennenden Holzscheit, den er in seine Rute wickelte.

Dann kroch er aus der Höhle und machte sich schnell davon. Der Regenbogen wachte auf und verfolgte den Dieb, ohne ihn zu erhaschen. Orud aber schenkte das Feuer den Bäumen und deswegen geben sie heute Feuer, wenn man ihr Holz aneinanderreibt.

Hat der Hund im Erzählgut der Völker eine so bedeutende Funktion, wie die des Feuerbringers, ist man ihm in der Regel freundlich gesinnt. Lebensnotwendiges bringt er den Menschen auch in einer weiteren Geschichte, mit der sich einige Gruppen erklären, wie der Mensch lernte, die Kühe zu nutzen:

Vor langer Zeit lag der Himmel noch so dicht über der Erde, dass die Menschen, die damals nicht wussten, wie man das Vieh melkte, ihre Kühe zum Melken täglich zu Gott Saku in den Himmel schickten. Eines Tages, als der Hund gerade im Himmel war, sah er, wie Saku die Kühe molk und der Milch Blätter eines Strauches zusetzte, um den Säuerungsprozess zu beschleunigen. Der Hund, der damals noch der menschlichen Sprache mächtig war, erzählte den Menschen, was er gesehen hatte und machte es ihnen vor. Dann probierte er von der frischen Milch, bot sie auch den Menschen an und riet ihnen, ihre Kinder damit aufzuziehen. Gott Saku aber begann sich zu wundern, weil ihm kein Vieh mehr zugetrieben wurde, und erfuhr bei einem Besuch auf der Erde, dass die Menschen vom Hund das Melken gelernt hatten und Gottes Hilfe nun nicht mehr benötigten. Zornig sprach er zum Hund: »Du sollst von nun an nur noch mit dem Schwanze und der Schnauze sprechen!« Der Hund aber antwortete keck: »Und du sollst von nun an die Milch nur noch sehen und riechen!« Als der Hund das gesagt hatte, löste sich der Himmel von der Erde und verschwand in weiter Ferne.

Der Hund, der so großen Nutzen bringt, bewirkt gleichzeitig die Trennung von Himmel und Erde und macht den direkten Kontakt der Menschen zu Gott unmöglich. Wie in der biblischen Geschichte von Adam und Eva führt Erkenntnis auch hier zur Beendigung eines zwar naiven, aber paradiesischen Zustandes, für den jedoch nicht die Schlange, sondern der Hund verantwortlich ist. Mythologische Erzählungen haben in diesem Kulturkreis einen festen Sitz im Leben und erklären sogar das Kotfressen der Hunde als von Gott gegebenes Schicksal: Die Dan erzählen, Mensch und Hund hätten ein und dieselbe Stammmutter, und der Hund, der als letztes Kind der gemeinsamen Ahnfrau auf die Welt gekommen sei, habe von Anfang an die Aufgabe gehabt, die kleinen Kinder zu reinigen.

Die Sicht vom Hund als nützlichem Mitglied der Gemeinschaft oder Heilbringer kann in Westafrika zu religiöser Verehrung führen, die für das Tier wiederum ganz unterschiedliche Folgen hat und sowohl Tabuisierung und Verbot von Hundefleisch bewirken kann als auch rituelle Opferung und Verzehr. Letztgenanntes kennen einige Völker des Kongobeckens und Oberguineas im Westen Afrikas mit ausgeprägter Hundemythologie: Da der Hund ihrem Glauben nach bereits in Urzeiten mit Gottheiten zu tun hatte, scheint er offenbar gut geeignet, um als Opfertier den Kontakt zu Göttern oder Ahnen herzustellen. Es kommt vor, dass ein und dieselbe Ethnie, wie die Yoruba, ihrem Schöpfer keine Hunde opfert, weil der Hund diesem einst das Feuer brachte, einem anderen Gott hingegen, dem der Hund einmal Hilfe leistete, Hunde darbringt. Dem Speiseverbot auf der einen Seite und den rituellen Opferungen von Hunden auf der anderen liegen also zumeist tief verwurzelte, religiöse Vorstellungen der Menschen zugrunde.

West- und Zentralafrika besitzt eine Vielzahl sogenannter Todesursprungsmythen, mit denen sich die Menschen erklären, warum sie sterben müssen. In diesen Erzählungen sind es immer wieder die Tiere, die den ursprünglich unsterblichen Menschen durch Fehlverhalten den Tod eingebrockt haben, und im Falle des Hundes wird damit auch gelegentlich begründet, warum man ihn nicht mag:

Am Anfang der Welt sandte Gott, der einen Bruder hatte, diesem einmal einen Hund mit der Botschaft, er solle die Menschen und Tiere nicht sterben lassen. Als der Hund schon aufgebrochen war, schickte Gott für alle Fälle noch eine Katze mit derselben Botschaft hinterher. Der Hund nun fand unterwegs einen Knochen und während er daran nagte, wurde er von der Katze überholt. Dieser lief eine Ratte über den Weg. Die Katze tötete das Nagetier, ließ es aber für den Rückweg liegen und setzte ihren Weg fort. Beim Bruder Gottes angekommen, überbrachte sie die Botschaft. Kurz darauf traf der Hund ein und Gottes Bruder geriet in Zorn: »Warum nur kommst du später als die Katze? Man hat euch doch zugleich ausgesandt!« Da musste der Hund eingestehen, dass man ihn sogar zuerst geschickt hatte, er sich aber eines Knochens wegen unterwegs hatte aufhalten lassen. Gottes Bruder sprach daraufhin: »Wenn euch eine Botschaft über Leben und Tod so wenig wichtig ist, dann sollen Menschen und Tiere künftig sterben.«
So ist der Tod auf die Welt gekommen. Weiter heißt es:
Und wenn ein Hund im Sterben liegt, legt er sein Vorderbein auf die Brust, um zu sagen: »Ich habe mich selbst getötet.«

DER HUND IN SÜD- UND MITTELAMERIKA: UNENTBEHRLICHER JAGDGEHILFE, HEILMITTEL, STAMMVATER UND SEELENGELEITER

Unzählige Berichte von Feldforschern, Völkerkundlern sowie Zoologen des 19. und 20. Jahrhunderts, Erzählungen von Entdeckern, Eroberern, Seefahrern und Missionaren älterer Tage geben Auskunft über das Leben süd- und mittelamerikanischer Indianerstämme und schildern dabei Hunde als stete Begleiter der Indianer.

Hunde als Haustiere sind für das Andengebiet und dessen Ausstrahlungsbereich schon seit vorkolumbischer Zeit nachgewiesen. Die ursprünglichen Hundebestände der Indianer müssen sich jedoch in den Jahrhunderten nach Kolumbus stark verändert haben. Der Entdecker nahm, als er das zweite Mal nach Amerika aufbrach, bereits eine große Zahl europäischer Hunde mit; auch die ihm folgenden spanischen Eroberer hatten Hunde bei sich, die sie für ihren grausamen Kampf gegen die Ureinwohner missbrauchten. Die nachziehenden Siedler machten sich ebenfalls mit großen und starken Hunden auf den Weg, um in der neuen Heimat den Angriffen sich wehrender Indianerstämme zu begegnen. So müssen sich die ursprünglichen Indianerhunde recht schnell mit den europäischen vermischt haben, eventuell wurden sie sogar völlig verdrängt.

Seit Kolumbus' Zeiten erzählten Beobachter von »stummen südamerikanischen Hunden«, wobei diese kaum als stumm im wortwörtlichen Sinne angesehen werden können, doch bellten sie wohl schlicht nicht. Für die Europäer, denen das Bellen die selbstverständlichste Lautäußerung der Hunde überhaupt war, muss der Anblick nicht bellender Vierbeiner so außergewöhnlich gewesen sein, dass sie dies Phänomen immer wieder erwähnten. Durch die Vermischungen aber wurde Hundegebell zu einer allgemein verbreiteten Erscheinung. Optisch lassen die typischen Indianerhunde des 19. und 20. Jahrhunderts häufig einen recht einheitlichen Typ erkennen. Zumeist sind sie mittelgroß, farblich uneinheitlich, haben kurzes

Fell und auffällige Stehohren. Einige Hunde ähneln der Beschreibung nach erstaunlicherweise dem Deutschen Schäferhund.

Einzelne Stämme züchten und verkaufen Hunde ganz gezielt, und nicht selten sind diese Hunde ihr wichtigstes Handelsgut. Die indianischen Züchter legen dabei großen Wert auf die jagdlichen Eigenschaften und geben wenig auf Äußeres. So sind Völker des Guayana-Gebietes, wie die Waiwai, als hervorragende Jagdhundezüchter bekannt, die ihre Tiere, bevor sie sie abgeben, mitunter mehrere Jahre ausbilden. Abnehmer sind zumeist andere Indianerstämme, die die aufwendige Aufzucht den darauf spezialisierten Stämmen überlassen, aber ebenso Weiße wurden als Käufer beobachtet. Beim Handel der Indianer untereinander wird in der Regel getauscht, und so gilt bei einem Stamm in Costa Rica: Hunde gegen lebensnotwendig wärmende Decken.

Der Alltag von Hunden lässt wenig Raum für idealisierende Indianer-Romantik. Mensch und Tier sind gleichermaßen fest an Naturgesetze gebunden und Überlebensnotwendigem wird dabei ein entsprechend höherer Wert beigemessen. Die Indianer hatten und haben nicht wenig zu befürchten, und daher sind die Wächtereigenschaften der Hunde in erster Linie nichtsesshaften Stämmen auf Wanderungen unverzichtbar. Nahrungs- und Holzsuche ist oft Sache der Frauen, die dieser Aufgabe mit einem Säugling oder Kleinkind auf dem Rücken ausschließlich in Begleitung eines Hundes nachgehen, der vor Raubtieren warnen soll, damit die Frauen sich in Sicherheit bringen können. Zu gefährlich sind vor allem Jaguare oder Kaimane, sobald man den Schutz des Lagers verlassen muss. Um ihre Pflanzungen vor den vielen Nagetieren zu schützen, setzen Pflanzervölker erfolgreich auf den Hund und vermeiden so Missernten und Hungersnöte. In den Anden leisten Hunde für die viehhaltenden Stämme als Wächter der Lama- und Alpakaherden unbezahlbare und zum Teil höchst selbstständige Dienste. Ein Forscher, der um 1960 Bolivien bereiste, sah, dass die dortigen Hirtenhunde Ziegenherden ganz ohne Mensch begleiteten. Von den Indianern erfuhr er, dass sie ihre Welpen von Ziegen säugen ließen, damit die Hunde diese später als ihresgleichen betrachten, hüten und verteidigen würden. Ähnlich verfährt auch ein Volksstamm in Argentinien. Seine Hunde, die ebenfalls als Welpen in unmittelbarer Nähe der Ziegen leben, begleiten angeblich Herden mit bis zu 100 Stück Vieh ohne jegliche menschliche Unterstützung – eine Vorgehensweise, die auch von europäischen Hirtenvölkern bekannt ist.

Der Nutzen, den der Hund den Menschen als Jagdbegleiter, Wächter und Warner in den verschiedenen Naturräumen Süd- und Mittelamerikas für das tägliche Überleben bringt und brachte, regiert das Verhältnis zu ihm und zieht eine uneinheitliche Behandlung – von großer Aufmerksamkeit für den Jagdhund bis zur lediglichen Duldung des nicht jagdtüchtigen Hundes – nach sich. Das oft zitierte struppige und ungepflegte Aussehen der dortigen Hunde aber hat einen anderen Hintergrund und kann als Argument für eine allgemeine Vernachlässigung nicht herhalten: In kalten Nächten suchen sie die Feuerstellen der Menschen auf, um dort in der noch wärmenden Asche zu schlafen, weswegen sie schon so vielen Beobachtern verwahrlost erschienen. Von einer regelmäßigen Fütterung der Hunde hingegen kann tatsächlich oft keine Rede sein, und die meisten Hunde ernähren sich von Abfällen oder Exkrementen. Dabei ist ihre Kost eng an das Nahrungs- bzw. Überreste-Angebot der jeweiligen Region gebunden und unterscheidet sich drastisch von den Ernährungsgewohnheiten des mitteleuropäischen Familienhundes. Maniok, eine der wichtigsten südamerikanischen Nahrungspflanzen der Naturvölker, Kochbananen, Fischreste und Papaya sind hier das tägliche Brot der Hunde. Die wertvollen Jagdhunde werden häufig, aber keineswegs immer besser versorgt. Bei den Shuar, einem Volk des Amazonastieflandes östlich der Anden in Ecuador, erhalten sie einen Teil der Beute. Übergewichtigen Hunden würde man so oder so nicht begegnen. Die Vorstellung, dass ein zu gut genährter Hund seine jagdlichen Fähigkeiten und seine Schärfe einbüßt, ist tief verankert, und neben der bloßen Nahrungskonkurrenz durch den Hund einer der Gründe für die insgesamt recht karge Versorgung. Vom erwachsenen Hund erwartet man zudem einfach, dass er allein zurechtkommt, und seine Anspruchslosigkeit, die ihn mit Abfällen aller Art vorliebnehmen lässt, bestätigt die Menschen in dieser Auffassung. Welpen erfahren oft eine intensivere Behütung als erwachsene Hunde, und schon von mehreren Stämmen wurde berichtet, dass deren Frauen Welpen säugen, wobei dies wohl auch in der Absicht geschieht, den Milchfluss der weiblichen Brust anzuregen, nicht versiegen zu lassen und möglichst bis ins hohe Alter zu erhalten.

Indianerstämme setzen ihren Hunden in der Regel klare Grenzen, wenden körperliche Strafen an und dulden weder das Stehlen von Futter noch unnötiges nächtliches Gebell, was etwa die Waiwai, die ihren Hunden ja insgesamt durchaus wohlgesonnen sind, diesen durch gezielte Stockwürfe austreiben. Das Bewerfen mit Gegenständen ist als Erziehungsmaßnahme verbreitet, von einem Stamm heißt es aber auch, er halte seine Hunde lediglich mit sanften Handbewegungen davon ab, zu aufdringlich zu sein, während man mit Stöcken lediglich drohe oder neben sich auf den Boden schlage. Interessanterweise berichteten Forscher, ihre Hunde seien frech und unerzogen gewesen.

Dass die Indianer den Hund als eigentlichen Nutznießer ihres Zusammenlebens betrachten, zeigt eine Erzählung der ursprünglich karibischen Pemón:

Ein Hund, der von einem Jagdzug zurückkehrte, begegnete einer Ameise, die eine schwere Last auf ihrem Rücken schleppte. Der Hund sah die Ameise verwundert an und fragte: »Sag mal, was tust du denn da, mein Bruder?« Die Ameise antwortete: »Nichts Besonderes, ich trage nur mein Essen nach Hause«. »Hast du denn keine Diener, die es dir tragen?«, wollte der Hund wissen. »Nein, Diener haben wir keine«, entgegnete die Ameise. »Wir suchen unser Essen, schneiden es und tragen es auf unseren

Schultern selbst nach Hause.« Der Hund aber sagte: »Das mache ich anders! Ich suche mein Essen und sobald ich es gefunden habe, zeige ich es meinen Dienern, die kümmern sich darum und bringen es nach Hause. Ich brauche nie etwas auf dem Rücken zu schleppen!« Die Ameise fragte den Hund, ob das auch wahr sei und er nicht etwa schwindele. Der Hund antwortete daraufhin: »Nein, ich bin kein Lügner, hast du etwa jemals gesehen, dass ich etwas auf dem Rücken trage?« Die Ameise musste eingestehen, dass sie dergleichen noch nie zu Gesicht bekommen hatte und fragte den Hund: »Wo aber sind denn deine Diener?« Der Hund deutete in die Ferne: »Siehst du dort die Gestalten aus dem Wald kommen? Das sind meine Diener! Bleib nur da und du wirst sehen, wie sie schwer beladen hier vorbeikommen!« Und der Hund entfernte sich mit wichtiger Miene. Die Ameise aber tat, wie ihr geheißen, und sah bald, wie einige Indianer an ihr vorbeiliefen, gebeugt durch das schwere Gewicht ihrer Tragekörbe, in denen sie die Jagdbeute in ihr Dorf trugen. Die Ameise setzte ihren Weg fort und sprach zu sich: »Es stimmt tatsächlich, der Hund ist der Herr der Indianer und diese sind seine Knechte!«

Emotionale Nähe zwischen Mensch und Hund spiegelt sich in den Begräbnis- und Trauerritualen einiger Völker. Bei den Munduruku, die im brasilianischen Amazonasgebiet am oberen Tapajós-Fluss leben und als große Hundefreunde gelten, dürfen die Tiere zu Lebzeiten in den Hängematten ihrer Besitzer liegen und erhalten nach dem Tod ein Begräbnis – wobei es offenbar egal ist, ob das gestorbene Tier ein Jagdhund war oder nicht. Andere Stämme beweinen und begraben ihre Hunde nach deren Tod ebenso wie ihre Menschen, doch manchmal ist es wieder nur der Jagdhund, der, sobald gestorben, bestattet wird. Mitunter ist die Ehrenbezeugung, die dem Tier mit der Bestattung zukommt, aber an die Art des Todes gebunden, was ein weiteres Mal zeigt, von welch hoher Bedeutung die Jagd ist: Die Warrau, die im dichten Regenwald Surinams zu Hause sind, bringen einen toten Hund, der an einer Krankheit gestorben ist, lediglich in den Wald; wurde er hingegen auf der Jagd tödlich verletzt, wird er in ein Palmenblatt gewickelt und begraben. Bei den Selkman Patagoniens wurde beobachtet, dass sie sich beim Tod eines Hundes zum Zeichen der Trauer Schnitte an den Beinen zufügen und die Yanomami, deren Heimat das venezolanisch-brasilianische Grenzgebiet ist, bezeichnen ihre Hunde als Bewohner des Hauses und verbrennen sie ebenso wie ihre Verstorbenen außerhalb des Dorfes am Waldrand. Zu ihrem Begräbnisritual gehört es, die Knochen der Hunde nach der Verbrennung zusammenzusuchen, zu zermahlen und in eine Art Bananensuppe zu mischen. Um die anwesenden Trauergäste mit Fleisch verköstigen zu können, gehen die Besitzer der Hunde auf die Jagd – das Wild und die Bananensuppe wird den Gästen gereicht, der Besitzer aber nimmt nichts davon.

Nicht immer bedeutet das Fehlen eines so beeindruckenden Trauerrituals gleichzeitig eine mangelnde Wertschätzung des Hundes. Die Alakaluf, die noch Anfang des 20. Jahrhunderts bis zur ihrer Ausrottung auf Feuerland siedelten, brachten ihre gestorbenen Hunde lediglich in den Wald und bedeckten sie dort recht oberflächlich. Dennoch betonten die Stammesangehörigen, sie seien dem Hund sehr zugetan.

Der oft pauschal zitierten Vernachlässigung der Hunde steht bei manchen Indianern die Kenntnis und Anwendung vieler Mittel zur Vorsorge und Heilung gegen Plagen aller Art gegenüber. Um ihre Hunde gegen schädliche Geister, Schlangenbisse oder Krankheiten zu schützen, greift man dem naturmystischen Weltbild entsprechend zu magischen Mitteln, wie dem Bemalen mit roter Farbe, dem Behängen mit Tabakkugeln, Maisklümpchen oder Kaimanzähnen; und mit bunten Bändchen schützen die Indianer traditionell sich selbst sowie den Hund vor allen möglichen Gefahren. Gegen Hauterkrankungen, Parasitenbefall und Bissverletzungen weiß man sich mit der Kenntnis vieler pflanzlicher Wirkstoffe zu helfen, die dem Tier auf die entsprechenden Körperpartien aufgetragen werden oder die es zu sich nehmen muss. Auch das Beblasen von Wunden mit Tabakrauch ist verbreitet. Die züchterisch ambitionierten Waiwai sollen durch äußerst kenntnisreiches Schienen Brüche heilen können, und beim Stamm der Warrau werden auch kranke Hunde zur Behandlung zum Medizinmann gebracht. Unterschiede zwischen Mensch und Hund werden hier offenbar keine gemacht.

Das Betreiben dieses Aufwandes zeigt, dass man in diesem Kulturkreis keineswegs nur auf verwahrloste und schlecht behandelte Hunde trifft, so sehr eine gute Behandlung häufig auch mit dem Überlebenswert für den Menschen zusammenfällt.

Innerhalb dieses Weltbildes steht der Mensch in Abhängigkeit von äußeren Kräften, man dünkt sich der Natur nicht überlegen, und insbesondere die Jagd spiegelt die reiche religiöse Vorstellungswelt der Indianer. Vieles, was hier für den Menschen Gültigkeit besitzt, wird auch auf das Tier übertragen und das hat insbesondere für den Jagdhund ganz konkrete Auswirkungen. Eine zentrale Rolle spielen so bezeichnete Tierversöhnungsrituale. Da viele Völker überzeugt sind, dass Tiere eine Seele haben, müssen sich gerade jagende Gruppen mit der Seele des getöteten Jagdtieres versöhnen. Gleichzeitig ist der Glaube an tierische Schutzgeister weitverbreitet. Diese mythischen Herren der Tiere sind ebenso wie die erlegten Jagdtiere zu besänftigen, und weder Jäger noch Hund dürfen ihre Existenz und Gesetze ungestraft ignorieren. Das Gleichgewicht der Natur, in das man durch die Jagd eingreift, muss durch das Einhalten bestimmter Rituale stets wiederhergestellt werden. Daher darf in der Regel nicht sinnlos gejagt und nur so viel Wild getötet werden, wie auch tatsächlich benötigt und verzehrt wird. Die Selkman beispielsweise glauben, dass sie dem jeweiligen Tierherren einst Rechenschaft über ihr Verhalten ablegen müssen und den Herrn der Guanakos nicht verwendetes, achtlos verfaulendes Guanako-Fleisch besonders erbost. Kommt es nun vor, dass ein Hund ein Guanako ohne menschlichen Jagdbegleiter gerissen hat, versucht man, die Stelle, an der das tote Tier oder seine Reste liegen, zu finden, damit sein Fleisch nicht ungenutzt bleibt. Ein wildernder Hund verstößt in Augen der Selkman gegen das Tabu der ungerechtfertigten Tötung von Wild, und ein Jäger, der einen solchen, für ihn dennoch sehr wertvollen Hund besitzt, wird versuchen, ihn außerhalb der gemeinschaftlichen Jagd stets angebunden bei sich zu halten, damit die übrigen Stammesangehörigen nicht verlangen, er möge den Hund töten.

Für das Töten eines Schützlings des Tierherren lässt man manchmal eine Art Entschädigung an der Stelle des Jagdglückes, etwa in Form von Tabakblättern, zurück. Wird dieses Ritual missachtet, so soll der Herr des Wildes den Jäger strafen, indem er seinem Hund schadet.

Der Glaube an die unsterbliche Seele des Tieres verlangt von Mensch und Hund das Einhalten bestimmter Tabus, und daher gilt mancherorts ein Knochen- oder Fleischtabu. Ausgehend vom Glauben, das Skelett sei der Sitz der Seele, gestattet man den Hunden dort nicht, an den Knochen der erlegten Tiere zu nagen und vergräbt sie sehr sorgfältig. Ein Volk verbietet seinen Hunden aus diesem Grund, den Schädel und die Beinknochen des Wildes zu fressen, und von einem weiteren heißt es, es füttere seine Hunde nur mit Bananen, um nicht den Zorn des Jagdwildes auf sich zu ziehen. Dieser Gruppe gilt der fleischliche Körper als Seelenwohnung und man erlaubt den Hunden das Fressen der Eingeweide nicht. Im Falle eines getöteten Wildschweines wird dessen Leber in ein Blatt gewickelt und verbleibt dort, wo das Tier erlegt wurde, damit sie sich wieder in ein Wildschwein zurückverwandeln kann und der Bestand des Jagdwildes gesichert ist.

Der Glaube an Mystisches beeinflusst auch die jagdliche Ausbildung der Hunde. Die Vorbereitung auf die Jagd kommt daher nie nur einer rein technischen Abrichtung auf eine bestimmte Wildart gleich, denn Mensch und Hund unterliegen hier ebenfalls bestimmten Naturgesetzen, denen – möchte man sich das Jagdglück sichern – gehorcht und Genüge getan werden muss.

Rituelle Beschwörungen und kultische Handlungen sind dabei unverzichtbar, und es gibt Indianerstämme, deren Ritus vor dem Jagdzug Beschwörungsgesänge vorsieht, bei denen man die Erdmutter anruft, um für das Wohlergehen der Hunde und eine erfolgreiche Jagd zu bitten. Häufig ist es bei jagdlichen Beschwörungsritualen Ziel, Jagdhund und Wildtier miteinander Kontakt aufnehmen zu lassen und den angestrebten Jagderfolg »durchzuspielen«.

Oft berichteten Feldforscher des vergangenen Jahrhunderts von Initiationsriten, bei denen durch bestimmte Gebräuche die Aufnahme von Jugendlichen – und Jagdhunden – in die Welt der Erwachsenen zelebriert wird: Die Shuar sollen, nachdem die Ausbildung eines Hundes beendet war, ein großes Fest gefeiert haben, das mehrere Tage dauern konnte. Jäger und Hund standen im Mittelpunkt dieses Festes und mussten diverse kultische Handlungen über sich ergehen lassen. Hund und Besitzer behandelte man dabei mit verschiedensten pflanzlichen Substanzen, die diesen eingeflößt wurden. Die Augen des Hundes wusch man mit einer Flüssigkeit und bemalte seinen Körper mit einem pflanzlichen Farbstoff schwarz, um die Jagdtauglichkeit des Tieres zu erhöhen. Bei diesen Riten konnten Mensch und Hund durchaus Blessuren davontragen: Von einer Völkergruppe hieß es, die Mädchen und Jungen stächen sich bei den Feierlichkeiten mit Affenknochen in die Arme, um sich abzuhärten und Mut zu machen. Mit ihren Jagdhunden verfuhren sie gleichermaßen.

Nach Beobachtungen der Forscher soll zur Initiation der Jagdhunde auch das Traktieren mit Ameisen, die Gabe von pflanzlichen, zum Teil auch halluzinogenen Mitteln beziehungsweise das Einreiben mit solchen sowie die Behandlung mit Jagdzauberpflanzen vorgekommen sein. Letzteres hat folgende Bewandtnis: Einige Indianerstämme hängen einem Analogieglauben an, der die Auffassung beinhaltet, zwischen Pflanze und Wildtier bestehe eine einmalige Beziehung und jedes Wildtier entspräche einer bestimmten Pflanze, die äußerlich eine gewisse Ähnlichkeit mit ihm aufweise. Reibe man nun die Nase des Hundes mit einer solchen Jagdzauberpflanze ein, so würde er dem entsprechenden Tier folgen. Zwar gibt es durchaus Rituale, deren praktischer Nutzen Uneingeweihten verborgen bleibt, so bei den Tacana Boliviens, wo der Jäger seinem Hund bei Neumond sein Glied vor die Nase hält. Vielen kultischen Handlungen aber liegt eine genaue Kenntnis pflanzlicher Substanzen zugrunde, mit denen man beispielsweise das Wild in die Irre führen und täuschen kann.

Vertraut klingende Ausbildungstechniken wenden die Stämme zusätzlich an: Fixierung des Hundes auf die Person des Jägers, Abrichtungsbeginn mit einem bestimmten Alter, intensives Vertrautmachen mit den Gerüchen des Jagdwildes sowie die regelmäßige Mitnahme junger und heranwachsender Hunde auf die Jagd an der Seite erwachsener Hunde, um eine Übernahme des gewünschten Verhaltens zu erreichen. Hunde, die bei der Jagd in enge Höhlen und Bauten kriechen sollen, füttert man als Welpen zur Vorbereitung gelegentlich aus Press-Schläuchen, und bei falschem oder unerwünschtem Verhalten auf Jagdzügen kann es durchaus zur Anwendung von Strafen kommen.

Die Jagd selbst ist für die Hunde anspruchsvoll. Bei der Jagd auf das Halsband- oder das noch größere Weißbartpekari, eine Wildschweinart, müssen die Hunde das Absondern einzelner Schweine vom Rest der Herde gut beherrschen, die dann zumeist in Höhlen getrieben und dort erlegt werden. Die Pekaris sind als Beute sehr ertragreich und daher beliebt, doch kann insbesondere das Weißbartpekari Mensch und Hund sehr gefährlich werden, denn diese Tiere sind äußerst wehrhaft und mitunter sind sie es, die die Hunde jagen: Von einem Stamm in Kolumbien wird berichtet, dass die Hunde, nachdem sie auf Wildschweine gestoßen sind, vor diesen in Richtung Jäger fliehen und sie somit eher unfreiwillig, aber dennoch effektiv vor die Waffen treiben. Bei der Jagd auf Tapire, äußerlich schweineähnlichen einheimischen Säugetieren mit einem charakteristischen Rüssel, haben die Hunde die Aufgabe, diese aufzuspüren und zu einer Wasserstelle zu treiben. Dort halten sich die Jäger verborgen, um die Tapire aus nächster Nähe zu erlegen.

Ein ehemals an der Südküste lebender Stamm bildete seine Hunde dahingehend aus, Hirsche an einen Wasserarm zu treiben und so lange zu umkreisen, bis die Jäger nahe genug herankonnten, um sie mit Speeren zu töten.

Im Andenraum spielt das bereits erwähnte Guanako für die Selkman als Beutetier eine große Rolle. Ihre Hunden, die als äußerst scharf und vorzüglich ausgebildet beschrieben werden, hetzen das Wild, stellen und packen es so lange, bis die Jäger schließlich nachgeeilt kommen. Es wurde auch berichtet, dass die Hunde den Jägern, die hinter Felsen warten, die Guanakos selbstständig zutreiben. Die Zuverlässigkeit der Hunde bei der Jagd soll es den Frauen der Selkman erlaubt haben, bei Abwesenheit der Männer allein und ohne Waffen auf die Jagd zu gehen, um den Hunden sowohl das Aufspüren als auch das Hetzen und Töten zu überlassen.

Der Goldhase und das Paka zählen wegen ihres schmackhaften Fleisches zu den typischen Beutetieren südamerikanischer Indianer, gelten ebenfalls als nicht ungefährlich und können die Hunde mit ihren Zähnen durchaus verletzen. Auch beim Kampf gegen den schädlichen Einfluss der Goldhasen an Pflanzungen setzt man auf den Hund, so bei den Shuar. Bei der Jagd auf Wildkatzen, die in erster Linie kultischen Charakter hat und nicht dem Nahrungserwerb dient, haben Hunde die Aufgabe, die Katzen, häufig Jaguare oder Pumas, auf einen Baum zu jagen, wo die Indianer sie schließlich erlegen, und es kommt vor, dass Hunde über Nacht an einen Baum gebunden werden und dem Jaguar als Lockmittel dienen. Dabei warten die Indianer versteckt und töten die Katze, bevor diese dem Hund Schaden zufügen kann. Ein anderer Stamm in Guayana richtet seine Hunde zur Jagd auf Schildkröten ab, wobei es wohl aus nachvollziehbaren Gründen in erster Linie um das Aufspüren der Tiere und weniger um eine Verfolgung gehen dürfte. Unter Wasser sind die Panzertiere schneller und von Hunden nicht so leicht einzuholen.

Bei der Bekämpfung von Erkrankungen des Menschen haben Tiere als Heilmittel eine wichtige Funktion. Manchmal müssen die Tiere dafür ihr Leben lassen, was nicht nur Hunde, sondern auch Katzen, Meerschweinchen und Frösche treffen kann. Bei den Hochlandindianern ist der Glaube verbreitet, Tiere könnten durch Auflegen oder Abreiben der betroffenen Körperstellen den Menschen von seinem Leiden erlösen und seine Krankheit in sich aufnehmen. Dies soll im Glauben mancher Stämme ebenso mit Verwünschungen und Zaubereien funktionieren, die sich gegen den Besitzer des Tieres richten, sowie mit Krankheiten, die dadurch zustande kommen, dass die Berggeister den Menschen Schrecken eingejagt haben, was die ursprünglich in Bolivien und Peru beheimateten Aymara für möglich halten. Die Quechua-Ethnien des Andenraums, die das Tier nach der »Behandlung« töten, vergraben es an der Stelle, wo sich der Mensch die Krankheit oder auch Verletzung vermeintlich zugezogen hat. Mitunter muss der Erkrankte selber das Tier töten, um auf diese Weise das eigene Leben gegen das des Tieres zu tauschen. Sogar anschließende Obduktionen kommen vor, um das Körperinnere einzusehen und so die Ursache der Erkrankung beim Menschen zu erkennen.

Die Tieflandindianer der Urwaldgegenden töten den Hund zu Heilungszwecken nicht, zu wertvoll ist er hier, weniger leicht zu besorgen und zu züchten. Zur Krankheitsheilung vollziehen sie symbolische Handlungen, wie das bloße Auflegen ohne Tötung. In Mittel- und Südamerika kommt dafür bei rheumatischen Beschwerden, bei Asthma und Erkältungskrankheiten der Nackthund zum Einsatz. Aus Argentinien wurde noch in den 1960er-Jahren beeindruckt berichtet, wie sehr man haarlose Hunde dort für diesen Zweck schätze und begehre, und ein Forscher, der zur selben Zeit Hochlandindianer besuchte, erzählte, die dortigen Bewohner nähmen ihre Nackthunde nachts mit in ihre Schlafstätten, um mit Hilfe der hohen Körpertemperatur der Tiere ihre rheumatischen Beschwerden zu heilen.

Bis in unsere Zeit hinein beobachtete man immer wieder die Verwendung bestimmter Teile des Hundes oder seiner Hinterlassenschaften zur Heilung von Krankheiten und Wunden. Um einen Hundebiss auszukurieren, verbrennen die Aymara einige Hundehaare und reiben diese auf die Verletzung, an deren Stelle nach kurzer Zeit nur noch eine Narbe zurückbleibt. Bei anderen, die diese Behandlungsart ebenfalls kennen, muss das Fell von eben dem Hund stammen, der gebissen hat. Übrigens war diese so fremdartig anmutende Methode einstmals in den verschiedensten Winkeln der Welt, von Böhmen und Schlesien bis ins alte Russland und sogar in China, bekannt. Bei der Behandlung von Knochenbrüchen sollen die Aymara eine Salbe anwenden, die unter anderem Hundeblut enthält, für die allerdings kein Tier sein Leben lassen muss: Man entnimmt dem Hundeohr lediglich einige Tropfen und mischt diese mit weiteren Substanzen, die Heilung versprechen. Einreibungen mit warmem Hunde-Urin findet bei diesem Stamm zur Bekämpfung schmerzhafter Entzündungen die Gelenke Verwendung, und einem peruanischen Stamm dient es, um Warzen und unerwünschte Sommersprossen zu entfernen. Andere Völker Perus und Argentiniens verwenden Hundekot in verkalkter, gekochter oder gerösteter Form bei Magenleiden, Lungenentzündungen, Pocken und sogar Fresslust – eine Verwendungsform, die man bis ins 18. Jahrhundert auch in Europa kannte: Das dort gegen Mandelentzündungen gängige Heilmittel Album Grecum wurde ebenfalls aus Hundekot hergestellt.

Neben Kot, Urin und Speichel hält man in Peru das Augensekret des Hundes für ein wundersames Mittel: Reibe man sich dies in die Augen, so solle man Außergewöhnliches sehen können. Dieser Auffassung liegt der Glaube an eine übersinnliche Wahrnehmungsfähigkeit des Hundes zugrunde, den bereits viele Völker der Welt ohne jegliche geografische oder historische Nähe zueinander teilten. Der südamerikanische Stamm der Mosetene zum Beispiel deutet Hundegebell nach dem Tod eines Stammesmitgliedes so, dass dessen Seele noch unter den Lebenden weile und ihren Weg in Jenseits noch nicht angetreten habe. Wie bei den alten Griechen findet sich in Südamerika der Glaube an das Vermögen der Hunde, unruhige Seelen zu erkennen, die keines natürlichen Todes gestorben sind. Das Gebell der Hunde, so meint man, könne diese Unglücklichen, die unter den Lebenden ihr Unwesen trieben, in die Flucht schlagen.

Nächtliches Heulen deuteten unter anderem die mittlerweile vertriebenen Yamana Feuerlands als schlechtes Omen und glaubten, das gemeinsame Anstimmen eines Heulgesanges bei Nacht bedeute das Ausbrechen einer Seuche. Den Tod kündigte ihres Wissens nach folgende Verhaltensweise an: Robbe ein Hund bäuchlings auf einen Menschen zu, so müsse er oder ein Mitglied seiner Familie sterben.

Mensch und Hund bildeten und bilden in diesem Kulturkreis eine Schicksalsgemeinschaft außergewöhnlicher Art, die sich neben dem bislang Beschriebenen auch in dem Erzählschatz der Völker spiegelt. Bemerkenswert sind dabei Erzählungen, die dem Menschen die negativen Folgen der Missachtung des Hundes vor Augen führt:

> Habi Behoroida, ein mythischer Hund, war einst sehr tapfer und tötete sogar einen doppelköpfigen Jaguar, der Feind der Warrau war. Doch zeigten sich diese dem Hund gegenüber undankbar und vergaßen ihn zu füttern. Da fraß er ein Kind, und die Indianer sahen ein, dass sie sich falsch verhalten hatten. Sie verkauften den Hund an die Besatzung eines Dampfers, und seit dieser Zeit haben die Weißen schöne und große Hunde, während sich die Warrau mit kleineren Hunden begnügen müssen.

An anderer Stelle erzählt man sich, einst habe ein Indianer einen Hund mit einer Banane locken wollen. Statt des Hundes jedoch kamen die Weißen und töteten viele Indianer. Und so ist die falsche Nahrung für den Hund in dieser Erzählung der Grund für das Elend, dass den Stamm einstmals heimsuchte. Die Makiritare, eine Ethnie im Amazonasgebiet des südlichen Venezuelas und der benachbarten Regionen des nördlichen Brasiliens, kennen eine ähnlich interessante Geschichte. Bei ihnen heißt es:

Ein Indianer vergaß einst, seinen Hund zu füttern. Ein Weißer aber teilte sein Brot mit ihm und wurde dafür vom Schöpfergott mit dem Besitz von Papier, Werkzeug, Geld und Maschinen belohnt. Und so kommt es, dass die Weißen heute so reich sind, während die Indianer nichts besitzen. Auch Handlungsanweisungen für die Gegenwart halten diese moralischen Erzählungen bereit: Die Tacana erzählen sich, dass arme Leute, die ihr karge Nahrung mit dem Hund teilen, von diesen gewarnt werden, wenn eine Sintflut droht. Diejenigen aber, die den Hund davonjagen und ihm nichts abgeben, kommen bei der großen Flut um, da der Hund sie nicht warnen wird.

Schlechte Behandlung und Vernachlässigung erhalten durch solche Geschichten eine Art natürliches Regulativ – ähnlich dem Tierschutzgesetz unserer Breitengrade.

Eine ebenfalls reiche Sagenwelt besitzen die Indianerstämme zum Ursprung der Hunde und der Menschen, die hier oft eine ungewöhnliche Verbindung eingehen. Verbreitet ist das Motiv der Erschaffung des Hundes aus Bienenwachs oder Lehm durch einen göttlichen Schöpfer, wobei man mit den unterschiedlichen Lehmfarben die Verschiedenheit der Hunde erklärt.

Nicht selten scheint bei diesen Mythen die ambivalente Haltung durch, die Hunde im Alltag erfahren:

Vater Gott schuf einst alle Tiere ohne Schwanz,
aber zugleich lebte auch ein böser Geist und schuf
diejenigen Tiere, die einen Schwanz besitzen.

Oder: Eine alte Frau fing ein Geschwisterpärchen mit der Absicht, es zu verspeisen. Die Kinder aber konnten sich befreien und warfen die Alte ihrerseits ins Feuer, wo sie verbrannte. Was bis an diese Stelle an Hänsel und Gretel erinnert, nimmt nun jedoch eine andere Wendung, denn aus den Körperteilen der alten Frau entstanden die Tiere, vor allem aber die Hunde.

In einer Version der Waiwai besaß der Kulturheros des Stammes namens Mawari einst nur Füchse. Nun wollte er eine Frau haben und lief zum Fluss. Dort fischte er zwei Frauen aus dem Wasser, von denen die zweite, als sie auftauchte, zwei Hunde auf dem Arm hielt. Mawari gab sie seinem Zwillingsbruder zur Gattin. Die Füchse aber entließ er nun in den Wald und nahm statt ihrer die Hunde zu sich. So geschah es, dass die Hunde zu den Waiwai kamen.

Die Munduruku glauben an ein Land der Hunde, aus dem die Tiere kommen und in das ihre Seelen nach dem Tod wieder zurückkehren. In der Vorstellung der Menschen liegt dieser Ort an einer Stelle, die die Grenze zwischen Himmel und Erde, zwischen Diesseits und Jenseits, markiert. In einer ihrer Erzählungen über dieses Land sagen die Hunde bei einer Begegnung zu den Menschen: »Ja, wir wissen von eurem Volk. Sie misshandeln unsere Enkelkinder und geben ihnen außer Knochen nichts zu essen.«

Die erstaunlichsten Herkunftsmythen aber sind diejenigen, die die Herkunft des Hundes aus einer Verbindung zwischen Mensch und Hund erklären:

Ein Fremder von hundeartigem Wesen erschien einst in der Siedlung und ließ sich mit einem Mädchen ein. Danach verließ er das Mädchen, welches schwanger geworden war und sich nun vor dem Rest des Dorfes und vor allem vor seinen Brüdern in Sicherheit bringen und fortan allein durchschlagen musste. Fernab des Stammes brachte das Mädchen Welpen zur Welt, die zu starken und überaus tüchtigen Jägern heranwuchsen und ihre Mutter mit Wild versorgten. Von den ruhmreichen Erfolgen bei der Jagd erfuhren die Brüder des Mädchens und holten sie mit ihren Kindern ins Dorf zurück, wo sie freudig aufgenommen und als ihresgleichen anerkannt wurden. Und seit dieser Zeit gibt es Hunde.

Was in unserer an Mythen so armen Gegenwart geradezu unmoralisch anmutet, das Motiv der ehelichen Verbindung oder Liebesbeziehung zwischen Mensch und Hund, ist vor dem Hintergrund des Glaubens an eine enge Wesensverwandtschaft zwischen Mensch und Hund zu sehen und der Vorstellung, dass sich die Tiere vom Menschen weitestgehend durch ihr Äußeres, ihr Fell oder ihr Federkleid unterscheiden. Legten sie diese äußere Hülle ab, seien sie mit dem Menschen identisch.

In anderen Geschichten gehen aus einer Mensch-Hund-Verbindung sogar die Stammeltern der Menschen hervor, wie in diesem mittelamerikanischen Beispiel:

Ein Mann lebte einst allein auf der Welt. Er hatte nur eine kleine Hündin, die bei ihm heranwuchs. Als er eines Tages von der Arbeit zurück nach Hause kehrte, sah er, dass jemand Tortillas gemacht hatte. Er wollte herausfinden, wer das wohl gewesen sein könnte und legte sich heimlich auf die Lauer. Die Hündin aber, als sie sich allein glaubte, legte ihr Fell ab, begann, Mais zu mahlen und Tortillas zu backen. Der Mann, der das sah, sprang schnell hinzu und warf das Fell der Frau ins Feuer, die über diesen Verlust bitterlich weinte. Der Mann aber heiratete sie, und aus diesem Urelternpaar erklärt sich ein mexikanischer Stamm seine Herkunft.

Zahlreiche Variationen solcher Hundegattenerzählungen, in denen eine Hündin durch die Verbindung mit dem Mann zur Urmutter eines ganzen Stammes wird, sind in ganz Süd- und Mittelamerika bekannt. Ohne sie ist die Erzähltradition dieser Regionen nicht vorstellbar.

Aus der mythischen Erzählwelt ist der Hund auch als Götterbote, Richter über die Taten der Menschen und Seelengeleiter auf ihrem Weg ins Jenseits nicht wegzudenken. Die Übertragung dieser Aufgaben zeigt wieder, dass man an seine Verbindung zu Übernatürlichem und Jenseitigem ebenso glaubt, wie an die Existenz einer Seele beim Hund.

Nach dem Tod nun, den man nicht als Ende, sondern lediglich als Übergang in eine andere Welt betrachtet, werde der Hund den Verstorbenen den rechten Weg ins Jenseits zeigen, ihn auf diesem Weg vor Gefahren bewahren und sicher über den Jenseitsfluss ins Reich der Toten bringen. Die freilich außerhalb des südamerikanischen Kulturkreises angesiedelten Papua glauben, die Jenseitshunde Bigami und Wauri wichen bereits dem Sterbenden nicht mehr von der Seite und ergriffen seine Seele zum rechten Zeitpunkt, um sie sicher in die andere Welt zu begleiten.

Doch die Aufgabe der Hunde im Jenseits ist zwiespältig, wie im diesseitigen Leben, denn seine Helferrolle wird ergänzt durch die eines Richter über die Taten der Menschen zu ihren Lebzeiten:

Im alten Peru gehen die Seelen der Verstorbenen nach der Vorstellung der Gebirgsbewohner in ein Land mit Namen Upamarca, was so viel bedeutet wie das Land der Stummen. Um dorthin zu gelangen, muss man mithilfe von schwarzen Hunden einen Strom hinter sich lassen, über den eine dünne Brücke, nur aus Haaren bestehend, führt.

Der Fluss als Scheideweg zwischen Diesseits und Jenseits, der nur an der Seite des Hundes überwunden werden kann, kommt auch in mexikanischen Erzählungen vor, und an dieser Schwelle nun wird der Hund zum Richter.

Wie hilfsbereit er sich bei der Überwindung des Flusses zeigt, hängt nämlich von der Behandlung ab, die der Mensch zu Lebzeiten Hunden zuteil werden ließ. Die Aymara glauben, der Hund trage die Seelen der guten Menschen in seinem Ohr über den Jenseitsfluss und erspare ihnen so die Sicht auf den gefährlichen und furchteinflößenden Strom. Habe sich der Verstorbene aber im Diesseits dem Hund gegenüber schlecht verhalten, werde er ihm einen Platz im Ohr nicht gestatten. Ans andere Ufer werde die Seele zwar gebracht, denn dies sei schließlich die Aufgabe des Hundes. Doch müsse sie sich auf der Schnauze des Hundes festhalten und werde dabei durch den Anblick des Wassers so stark erschreckt, dass man den Sterbenden laut aufstöhnen höre.

In den Anden existiert der Glaube, der Hund beobachte stets das Tun seines Herren und werde nach dessen Tod in der jenseitigen Welt Zeugnis darüber ablegen, ob dieser im Diesseits gut und gerecht zu ihm gewesen sei. Bei den Taulipang der Karibik ist die Milchstraße der Seelenweg, der ins Jenseits führt. Die Verstorbenen müssen hier den mythischen Tierherren der Hunde, Aimalaga-podole, passieren. Habe man nun zu Lebzeiten seinen Hund schlecht behandelt, so gehe die Seele des Tieres zu seinem Vater Aimalaga-podole und lege Rechenschaft über den ehemaligen Herren ab. Der Vater der Hunde nun befehle seinen Schützlingen in einem solchen Fall, ihre schlechten Herren endgültig zu töten.

Der Glaube an den Seelengeleiter Hund zieht bestimmte Riten nach sich, wie die Beigabe von Hunden in menschliche Gräber, was bei einigen Stämmen üblich, aber nicht allgemein Sitte ist. In Nordwestargentinien kommt es vor, dass nach dem Ableben eines Menschen ein Hund getötet wird und man ihn wie ein Pferd aufzäumt, damit er die menschliche Seele auf seinem Rücken ins Jenseits befördern kann. Zusätzlich versieht man ihn mit Gebäck und Brot. Ähnliches ist, wie bei den Tieropferungen zur Heilung, auch in übertragener Weise bekannt. Einige Kulturen zeichnen den Hund oder geben ihn als Tontierchen in die Gräber der Toten, und andere glauben, im Jenseits gäbe es bereits genügend Hunde für diese Aufgabe.

Interessant ist, wie die schon häufig erwähnten Selkman hier verfahren. Niemals würden sie einen Hund nach dem Tod zur Begleitung seines Herren töten. Stattdessen geben sie diesen an einen entfernten Verwandten, um nicht zu sehr an den Verstorbenen erinnert zu werden.

DER HUND BEI DEN INDIANERSTÄMMEN NORDAMERIKAS: LASTENTRÄGER UND NUTZTIER

Nordamerikanische Indianerstämme, die im 19. Jahrhundert von Forschern intensiv erforscht wurden, kennen und kannten ähnlich wie die Völker Süd- und Mittelamerikas den Hund als Protagonisten mythischer Erzählungen und Schöpfungsgeschichten. Hier wie dort beeinflussten sich dabei der praktische Alltagsnutzen der Hunde, die naturmystische Weltwahrnehmung der Menschen sowie die unvergleichliche Bindung und Nähe, die der Hund zum Menschen aufbaut, gegenseitig und ließen das Tier zum Bestandteil eines Gesamtweltbildes werden.

Ein Inuitstamm des südlichen Alaskas erzählt, einst ließ sich die Tochter eines Zauberers mit einem Hund ein und brachte fünf Kinder zur Welt. Der Zauberer war darüber sehr erzürnt und verbannte seine Tochter auf eine einsame Insel. Der Hund suchte, von Kummer überwältigt, nach seiner Frau und seinen Kindern, entdeckte sie schließlich auf der Insel. Doch als er zu ihnen schwimmen wollte, ertrank er. Die Hundekinder waren mittlerweile aufgewachsen, und ihre Mutter hatte ihnen den Grund für die Verbannung erzählt. Dies hatte sie derart zornig gemacht, dass sie den Großvater, als er einmal wieder auf die Insel kam, in Stücke rissen. Ihre Mutter kehrte nach diesem Ereignis wieder in ihre Heimatgegend zurück, die Jungen aber ließ sie laufen, wohin sie wollten. Einige zog es nach Norden, andere kamen nach Alaska und gingen von dort aus südwärts, wo sich vermehrten und zu Ahnen der jetzigen Bevölkerung wurden.

Eine Variante dieser Geschichte erklärt, woher die Weißen kommen und woher die Feinde der Inuit:

Es war einmal ein Mädchen, das alle Männer verschmähte. Ihr Vater geriet darüber so in Wut, dass er sie eines Tages mit ihrem Hund auf eine einsame Insel hinausruderte. Der Hund nahm das Mädchen zur Frau, und nach einiger Zeit brachte das Mädchen junge Hunde zur Welt. Der Vater des Mädchens brachte regelmäßig Fleisch auf die Insel, damit seine Tochter nicht verhungerte. Als ihre Kinder eines Tages groß geworden waren, sprach die Mutter zu ihnen: »Wenn euer Großvater das nächste Mal zu uns kommt, sollt ihr ihm entgegenschwimmen und sein Boot umkippen«, denn sie wollte Rache nehmen, weil ihr Vater sie dereinst gezwungen hatte, einen Hund zu heiraten. Die Hunde taten, wie ihnen geheißen, und der Großvater ertrank. Von nun an aber brachte niemand mehr Fleisch und das Mädchen schnitt die Sohlen aus ihren Pelzstiefeln und legte sie ins Wasser. Dann sprach sie einen Zauber über die eine Sohle und setzte einige Hunde darauf: »Reist in die Welt hinaus und werdet kunstfertig in all eurer Arbeit!«, sagte sie. Die Sohle verwandelte sich in ein Schiff, segelte fort ins Land der weißen Männer, wo die Hunde selbst zu Weißen wurden. Von ihnen, so sagt man, stammen alle weißen Männer. Die übrigen Hunde setzte das Mädchen auf die zweite Sohle und sprach folgenden Zauber über sie: »Rächt, was euer Großvater getan hat und zeigt euch blutdurstig gegen jeden Menschen vom Inuitvolk, dem ihr begegnet. Die Hunde trieben zu einem fremden Land, wo sie zu hundegestaltigen Menschen wurden. Von diesen stammen die Indianer ab, vor denen sich unsere Vorväter fürchteten, weil sie alle Inuit, derer sie habhaft werden konnten, töteten. Und das taten sie, bis ihre Brüder, die weißen Männer vom See Anarnigtoq, sich in ihrem Land niederließen und ihnen einen milderen Sinn gaben.

Nicht alle Hundestammvater- oder Hundegattenerzählungen Nordamerikas gehen heilvoll für den Hund aus, nicht selten wird der Hundegatte von seiner eigenen Frau erschlagen, mitunter tötet sie ihre hundegestaltigen Kinder, rächt sich für die schlechte Behandlung wie im erzählten Beispiel, oder der Hundegatte verwandelt sich samt seiner Kinder zu Stein, was zeigt, dass die eheliche Mensch-Hund-Verbindung hier offenbar anders bewertet wird als bei südamerikanischen Stämmen. Im Großen und Ganzen ist die Verbindung einer Menschenfrau mit einem Hund in den Mythen nordamerikanischer Indianer Grund zur Abgrenzung, und die Frau wird, auch wenn sie völlig schuldlos getäuscht wurde, von ihrem Stamm verlassen oder vertrieben. Sie schämt sich der zur Welt gebrachten Hundekinder, doch in der Regel hat eine Verwandte, oft die Großmutter des Mädchens, Mitleid und lässt ihr heimlich glühende Kohlen oder ein Feuer zurück. Immer ist die Mutter in dieser erzählerischen Welt bemüht, ihre Kinder zu Menschen zu machen, nachdem sie beobachtet hat, dass diese sich verwandeln können und während ihrer Abwesenheit die Felle ablegen. Sie beobachtet sie, überrascht sie und verbrennt ihre Felle, um ihnen die Rückkehr zur Hundenatur unmöglich zu machen. Doch auch wenn eine Mensch-Hund-Liaison in den Erzählungen stets sanktioniert und das Mädchen durch Ausstoßung streng bestraft wird, werden aus ihren Kindern ausgezeichnete Jäger, manches Mal sogar Häuptlinge oder Stammväter, was einerseits Achtung und Respekt vor dem Hund spiegelt, andererseits aber deutlich macht, dass man ihn ab einer gewissen Grenze tabuisiert, was wohl deswegen nötig scheint, da er dem Menschen so nahe kommt wie kein anderes Tier. Auch Versöhnungen zwischen dem Mädchen, ihren Kindern und dem Rest des Stammes kommen in den Erzählungen vor und einmal werden dabei die Hundesöhne von den Dorfgenossen sogar mit Tänzen empfangen. Bei einem weiteren glücklichen Ausgang heißt es einmal, die Stammesgenossen hätten die Kinder als Ihresgleichen sogleich erkannt und in die Gemeinschaft aufgenommen.

Im Alltag nordamerikanischer Indianerstämme hatte und hat der Hund eine gänzlich andere Aufgabe als seine südamerikanischen Gefährten – bei ähnlich zwiespältiger Haltung seiner Besitzer. Die Plainsindianer (Plains = Ebene) der Sioux und Cheyenne als nomadisierende Bisonjäger benötigten den Hund als Lastenträger, denn anders als so mancher Wildwestfilm suggeriert, war der Besitz von Pferden keineswegs allgemein verbreitet, und bevor man das Pferd als solches überhaupt besaß, war der Hund der einzige vierbeinige Lastenträger. In der Regel ersetzte ihn das Pferd nie ganz, denn Hunde konnten problemlos gerade kleinere Alltagsgegenstände schleppen und sich dabei trotzdem recht schnell, insbesondere im harten Schnee, mit der Gruppe bewegen. Ganze Lager zogen so mit Hilfe von Hunden von einer Lagerstätte zur nächsten, und vor allem den Frauen nahmen die Tiere dabei eine schwere Last ab. Als Jagdgehilfe hatten sie bei den Stämmen der Plains nur eine untergeordnete Bedeutung und mussten bei der Jagd eher ruhig gehalten werden, damit sie die Herden nicht auseinandertrieben. Ihre Arbeit begann in der Regel nach dem erfolgreichen Beutezug der Indianer, die etwa bei der Winterbisonjagd die Herde erst einkreisten, dann in tieferen Schnee trieben und schließlich mit Pfeilen töteten. Die Hunde nun transportierten die erlegten Tiere zum Lager. Dort angekommen, ließ man sie zu den Stellen, wo das Wild getötet worden war, zurücklaufen und ihren Hunger an den Resten stillen. Trächtige und säugende Hündinnen wurden in der Regel geschont und mussten keine Transportdienste leisten. Häufig aber liefen diese von sich aus zu den Beutestellen, die durchaus mehrere Meilen entfernt sein konnten, um erst sich selbst zu versorgen und hernach ihren Welpen einen Teil der Beute vorzuwürgen.

In den nördlichen Gebieten wurden die Hunde zum Transport vorwiegend bepackt, während die Indianerstämme der offenen Plains die Hunde in sogenannte Travois einspannte, die man sich als einfachen Schlitten vorstellen kann, auf den eine Last gelegt wurde. Bestehend aus zwei langen Stangen, die dem Hund mit ihrem

V-förmigen Ende an einem Geschirr auf den Rücken gebunden wurden, schleiften die hinteren Enden der Stangen auf dem Boden. Zwischen ihnen befand sich ein Gestell, das die Ladefläche bildete. Travoishunde sollen bis zu 80 Pfund getragen haben und das Gros des Gepäcks machten, wenn es nicht um den Transport erlegter Beutetiere ging, bei Wanderungen wohl die Tipizelte der Indianer aus. Die Hunde zogen auch Kinder oder alte Menschen, wobei es durchaus schon mal zu Pannen kam, denn nicht immer deckten sich die Absichten der Indianer mit denen der Hunde. So war bei den Plainsindianern die Geschichte eines Hundes im Umlauf, der einmal ein Kind hatte ziehen sollen, jedoch ein Wildtier entdeckte, zur Verfolgung ansetzte und das Kind dabei verlor.

Die ersten Ausbildungsschritte der Hunde zum Zugtier unternahmen zumeist die Frauen, die ja bei Wanderungen die Hauptlast zu tragen hatten und denen die Zugkraft der Hunde somit am meisten von Nutzen war. Im Alter von einigen Monaten banden sie den Hunden eine Leine um und ließen sie bei steter Anrufung ihres Namens hinter sich herlaufen. Sobald die Tiere den Frauen ohne Leine folgten, spannten sie sie in ein zunächst noch unbeladenes Travois, welchem schließlich Stück für Stück etwas mehr Gepäck, zum Beispiel in Form von Holz, hinzugefügt wurde, bis der Hund das gewünschte Gewicht ziehen konnte.

Die Hunde, die von Forschungsreisenden äußerlich fast einstimmig als wolfs- oder kojotenähnlich beschrieben wurden, erhielten in der Regel individuelle Namen, die mit ihren äußeren oder charakterlichen Merkmalen zusammenhängen konnten.

Das Phänomen der Namengebung ist bemerkenswert. Obwohl die Hunde in der Regel zum Besitz der Frauen gehörten, scheinen es die Männer gewesen zu sein, die den Tieren Namen gaben – und damit auf ihre eigenen ruhmreichen Taten hinwiesen. Bei den Cree oder den Hidatsa kamen so Hundenamen wie »Federlanzenträger«,

»Nahm-das-Pferd-des-Feindes« oder »Tötete-viele-Feinde« zustande. So verewigt sich jede menschliche Gemeinschaft auf ihre Weise.

Zum Schutz gegen unangenehme Witterungsverhältnisse und als Wurflager für Hündinnen kannte man Hundehütten, die entweder kleinen Tipizelten ähnelten oder grubenförmig waren und dabei mit Holzbalken, Erde und Gras bedeckt wurden. Mutterlose Welpen überließ man nicht ihrem Schicksal, sondern bemühte sich, diese mit der Hand aufzuziehen. Um zu starken Wurmbefall bei jungen Tieren zu verhindern, erhielten diese, anders als erwachsene Hunde, kein rohes Fleisch. Innerhalb des Lagers konnten sich die Hunde recht ungezwungen bewegen, doch eine freie Wahl des Schlafplatzes in der Nähe des Menschen war ihnen nicht gestattet. Das Privileg, in den Zelten ihrer Menschen zu nächtigen, besaßen, wenn überhaupt, gemäß ihrem Wert nur die Travoishunde, denen mitunter ein Plätzchen in der Nähe des Eingangs zugestanden wurde.

Fleischdiebstahl bestrafte man streng, und ganz allgemein scheinen die Stämme Wert darauf gelegt zu haben, dass die Hunde sich dem Menschen unterordneten. Reisende erzählten von den Hunden der Plains, diese ließen sich von jedermanns Befehlen beeindrucken oder durch bloßes Drohen mit einem Stock vertreiben.

Die Anzahl der Hunde in den Lagern muss zum Teil immens gewesen sein, und nicht selten berichteten Forscher von mehreren Hundert (oder gar mehr) Vierbeinern, die einzeln oder in Gruppen zwischen den Zelten »herumgelungert«, auf der Suche nach Fressbarem die Menschen von ihren Abfällen befreit, miteinander gespielt oder Händel ausgetragen hätten. Der Lärm muss zuweilen unvorstellbar gewesen sein, woran auch die verschiedensten Lautäußerungen der Hunde ihren Anteil hatten. Ein Forscher, der 1835 die Pawnee besuchte, beschrieb dies ganz unverblümt:

»Sie hatten 1835 etwa 4000 Leute in ihren Lagern mit etwa 600 Bisonhaut-Tipis, mit mehreren tausend Pferden und Maultieren und etwa 7000 (!) halbwilden Hunden. Bei Tag und vor allem in der Nacht waren die Geräusche, die diese Ansammlung von Pawnee, Pferden, Maultieren und wilden Hunden verursachte, ungeheuerlich. Den ganzen Tag lang und bis in die Nacht hinein redeten die Männer, sangen ihre Kriegslieder, während die schrillen Stimmen der Frauen niemals verstummten. Kranke Babys und kleine Kinder jammerten und weinten ... bis ihre Mütter erschienen, um sie zu beruhigen. Pferde wieherten, Maultiere schrien und in der Nacht versammelten sich Tausende von Hunden, halb Wolf, halb Köter, zu Haufen und heulten den Mond an ... es ist kein Wunder, dass feindliche Kriegstruppen das Lager bei Nacht leicht fanden, hineinschlichen, die besten Pferde losbanden und mit ihnen flohen. Die einzige Wache bestand aus kleinen Gruppen junger Männer, die bei Nacht in alle Richtungen aus dem Lager gingen und sich ins Gras legten ... Als Wachen waren sie praktisch wertlos. Wurde eine sich nähernde feindliche Gruppe entdeckt, so war es mehr Unfall als erwartetes Erlebnis.«

Als Wächter jedenfalls, der nur dann Laut gab, wenn Gefahr drohte, sich ansonsten aber ruhig verhielt, hatte der Hund in Lagern wie diesen keine Nische, und wie immer passte er sich dabei seiner Umgebung hervorragend an. Zudem ließ er sich, wie erwähnt, von Fremden durch entsprechendes Auftreten durchaus beruhigen; seine Fähigkeit und Bereitschaft, vor Gefahren zu schützen, war den Indianern dieser Breitengrade offenbar schlicht nicht wichtig.

Die große Anzahl Hunde ist sicherlich einer der Gründe, dass man bei vielen Präriestämmen Nordamerikas der unkontrollierten Vermehrung der Hunde zuweilen eine rigorose Geburtenkontrolle entgegensetzte. So kam es vor, dass man spätestens ab dem zweiten Wurf höchstens drei bis vier der bestentwickelten, meist männlichen Welpen am Leben ließ, auch um die Mutterhündin durch die Aufzucht eines größeren Wurfes nicht überzustrapazieren. Rüden kastrierte man, womit man neben der Fortpflanzung das Weglaufen der Tiere verhindern wollte. Die Kastrationen wurden mit ungefähr einem Jahr durchgeführt, wobei man unterschiedliche Methoden anwandte, die denen europäischer Tierarztpraxen relativ unähnlich waren und nicht ausführlicher beschrieben werden müssen.

Die unromantische Härte des Alltags und gelegentlicher Hundefleischverzehr, häufig mit rituellem Hintergrund, bei einigen Indianern wie den Cheyenne, den Sioux und den Cree sollten einen differenzierten und gerechten Blick nicht verstellen. »Sie sind unsere Freunde und aus diesem Grund ist es falsch, sie zu essen.« Diese ebenfalls verbreitete Maxime und die Tatsache, dass die nordamerikanische Mythologie ohne den Hund genauso wenig auskommt wie die anderer Völker der Welt, zeigt, dass man dem Hund auch hier das Seine zugestand und zugesteht: Zuneigung und Wertschätzung des Menschen, zeit- und kulturübergreifend.

QUELLEN

Aghte, Marion. Das Bild des Hundes in Albrecht Dürers Gesamtwerk. Darstellung und Deutungsversuch. Bochum 1987.

Albertus Magnus. Von Falken, Hunden und Pferden. Hg. v. K. Lindner. Berlin 1962.

Aristoteles. Kleine naturwissenschaftliche Schriften. Übers. u. hrsg. von E. Dönt. Stuttgart 1997.

Arrian. Alexanders des Grossen Siegeszug durch Asien. Eingeleitet und neu übertragen von Wilhelm Capelle. Die Bibliothek der Alten Welt. Hrsg. v. Karl Hoenn. Griechische Reihe. Zürich 1950.

Bartholomaeus, Enno. Zur Kulturgeschichte des Hundes unter Berücksichtigung seiner Erkrankungen. Friedland Diss. 1998.

Benecke, Norbert. Der Mensch und seine Haustiere: die Geschichte einer jahrtausendlangen Beziehung. Stuttgart 1994.

Berkenhoff, Hans Albert. Tierstrafe, Tierbannung und rechtsrituelle Tiertötung im Mittelalter. Leipzig 1937, Sammlung Heitz 7, 4.

Berliner Illustrierte Zeitung. 1899 - 1914.

Birkhan, H. Germanen und Kelten bis zum Ausgang der Römerzeit. Österreichische Akademie der Wissenschaften. Phil.-Hist. Kl. Sitzungsbericht 272, 1970.

Bloomfield, Maurice. Cerberus, the dog of Hades. The history of an idea. Chicago and London 1905.

Boone, Alan. Kinship with all life. Harper & Brothers New York 1954.

Böttger, Paul. Hunde im Dienste der Kriminalpolizei unter besonderer Berücksichtigung d. Mordfalls Seefeldt. (Zeitschrift für Hundeforschung N.F. Bd. 5). Leipzig: Schöps 1937.

Brackert, Helmut u. Kleffens, Cora von. Von Hunden und Menschen. Geschichte einer Lebensgemeinschaft. München 1989.

Brant, Sebastian. Das Narrenschiff. Nach der Erstausgabe (Basel 1494) mit den Zusätzen der Ausgabe von 1495 und 1499 sowie den Holzschnitten der deutschen Originalausgaben. Hg. v. Manfred Lemmer. 4., erw. Aufl. Tübingen 2004.

Brehm, A. E. Brehms Thierleben. Allgemeine Kunde des Thierreichs. 2. Aufl., 1. Bd., Leipzig 1876.

Brehmer, Eugen. Tiergestützte heilpädagogische Förderung seh- und mehrfachbehinderter Kinder und Jugendlicher. In: Erhard Olbrich u. Carola Otterstedt (Hg.). Menschen brauchen Tiere. Grundlagen und Praxis der tiergestützten Pädagogik und Therapie. Stuttgart 2003. S. 280-286.

Breitenborn, Konrad. Bismarck. Kult und Kitsch um den Reichsgründer. Frankfurt/Main 1995.

Bremmer, J. N. Götter, Mythen und Heiligtümer im antiken Griechenland. Darmstadt 1996.

Brückner, Gustav Heinrich. Der Hund im Kriege. Leipzig: Schöps 1944, 2 Bde.

Brunner Ungricht, Gabriela. Die Mensch-Tier-Verwandlung: eine Motivgeschichte unter besonderer Berücksichtigung des deutschen Märchens in der ersten Hälfte des 19. Jahrhunderts. Bern u.a. 1998.

Buchner, Jutta. Im Wagen saßen zwei Damen mit einem Bologneserhündchen. Zur städtischen Hundehaltung in der wilhelminischen Klassengesellschaft um 1900. In: Mensch und Tier.

Kulturwissenschaftliche Aspekte einer Sozialbeziehung (=Hessische Blätter für Volks- und Kulturforschung, Bd. 27). Hg. v. der Hessischen Vereinigung für Volkskunde durch Siegfried Becker und Andreas C. Bimmer. Marburg 1991.
Buchner, Jutta. Kultur mit Tieren. Zur Formierung des bürgerlichen Tierverständnisses im 19. Jahrhundert. Münster u.a. 1996.
Buchner-Fuhs, Jutta. Das Tier als Freund. Überlegungen zur Gefühlsgeschichte im 19. Jahrhundert. In: Münch, Paul (Hg.). Tiere und Menschen. Geschichte und Aktualität eines prekären Verhältnisses. Paderborn u. a. 1998. S. 275-294.
Bungartz, Jean. Der Luxushund. Anleitung zur Kenntnis, Aufzucht und Abrichtung aller nicht zur Jagd benutzten Hunde. Berlin 1888.
Bungartz, Jean. Damen und kleine Luxushunde. Jena 1890.
Bürgers Sämtliche Werke. Bd. 1, Berlin 1823.
Burhenne, Verena. Da liegt der Hund begraben. Wohin mit toten Heimtieren? In: Landschaftsverband Westfalen-Lippe und Westfälisches Museumsamt (Hg.): Tiertod – Wirklichkeiten und Mythen. Münster 1996. S. 101-112.
Busch, Wilhelm. Gesammelte Werke: alles, was Busch bekannt und berühmt gemacht hat. München 1966.
Čechov, Anton Pavlovič. Dama s sobačkoj i drugye rasskazy. Mockva 1978.
Claudius Aelianus. Werke. Thiergeschichten. Übers. v. Friedrich Jacobs. Stuttgart: Metzler 1840.
Dalby, David. Lexicon of the Mediaeval German Hunt. Berlin 1965.
Das Jagdbuch des Mittelalters: Ms. fr. 616 der Biblioteque Nationale in Paris. Kommentar von W. Schlag und M. Thomas. Graz 1994.
Das Lexikon für Hundefreunde. Hrsg. v. Heinrich Zimmermann unter Mitarbeit von namhaften Kynologen, Züchtern, Tierärzten, Hundesportlern und Kulturhistorikern. Berlin 1933/34.
Dembeck, Hermann. Tiere machen Geschichte. Fünf Jahrtausende im Dienste des Menschen. Bergisch Gladbach 1969.
Der Hund. 1. Jahrgang, Januar 1952.
Der Hund. 1. Jahrgang, April 1952.
Der Kleine Pauli. Lexikon der Antike in fünf Bänden. München 1979.
Der Sanitätshund auf dem Schlachtfeld. Nach Berichten aus der Front. Hg. v. Dt. Verein für Sanitätshunde. Um 1915.
Dinzelbacher, Peter (Hg.) Mensch und Tier in der Geschichte Europas. Stuttgart 2000.
Duve, Karin u. Thies, Volker. Lexikon berühmter Tiere. Frankfurt 1997.
Eckhart, H. Herrschaftliche Jagd, bäuerliche Not und bürgerliche Kritik. Göttingen 1976.
Ehrenstein, H. W. von. Schild und Waffen gegen Tierquälerei. Ein Beitrag zur allgemeinen Förderung der Menschlichkeit. Leipzig 1840.
Einleitung in die griechische Philologie. Hg. v. Heinz-Günter Nesselrath. Stuttgart/Leipzig 1997.
Eliade, Mircea. Die Schöpfungsmythen. Zürich 1964.
Feddersen-Petersen, Dorit Urd. Hundepsychologie. Sozialverhalten und Wesen, Emotionen und Individualität. 4., neu bearb. Aufl., Stuttgart 2004.
Floessel, Ernst. Der Hund, ein Mitarbeiter an den Werken des Menschen. Ein Beitrag zur Geschichte des Hundes. Wien/Leipzig 1906.

Fontane, Theodor. Ausgewählte Werke in vier Bänden. Stuttgart o. J.
Fortenbaugh William W., Quellen zur Ethik Theophrasts, Amsterdam 1984.
Frank, Barbara. Die Rolle des Hundes in den afrikanischen Kulturen. Studien zur Kulturkunde, Bd. 17. Wiesbaden Diss. 1965.
Frei, Sylvester. Der Polizeihund. Seine Geschichte, Zucht und Abrichtung. Berlin o. J. [1911].
Freytag, Gustav. Soll und Haben. Roman in sechs Bänden. Stuttgart 1977.
Friedrich II. von Preußen. Der Antimachiavelli. 1740. Die Werke Friedrichs des Großen. Bd. 7: Antimachiavell und Testament. Hg. v. G. B. Volu 1913.
Gall, Lothar. Bismarck. Der weiße Revolutionär. Frankfurt 1980.
Gaston Phoebus. Le livre de la chasse. 2. Buch. Graz 1976.
Genutzt – Geliebt – Getötet. Tiere in unserer Geschichte. Hg. v. Schülerwettbewerb Deutsche Geschichte um den Preis des Bundespräsidenten. Hamburg 2000.
Gernsbach, Robert. Dressur und Führung des Polizeihundes. 2. verb. Aufl., Berlin o. J. [1909]
Giebel, Marion. Tiere in der Antike. Von Fabelwesen, Opfertieren und treuen Begleitern. Darmstadt 2003.
Goethe, Johann Wolfgang von. Werke. Hamburger Ausgabe in 14 Bänden. München 1988.
Göhde, Hildegard. Vom Hirtenhund zum Göttersymbol: Die Bedeutung des Hundes im alten Mesopotamien vom Beginn bis zum Untergang. Münster Diss. 1998.
GR: Germanenrecht. 10 Bde. Texte und Übersetzungen. Ed. v. Karl August Eckhardt. Weimar 1935 ff.
Greiffenhagen, S. u. Buck-Werner, O. N. Tiere als Therapie. Neue Wege in Erziehung und Heilung. Mürlenbach 1997.
Gummerus, Herman. Der römische Gutsbetrieb als wirtschaftlicher Organismus nach dem Werken des Cato, Varro und Columella. Aalen 1963.
Gusella, Sonja. Forensische Resozialisation mit Tieren. In: Erhard Olbrich u. Carola Otterstedt (Hg.). Menschen brauchen Tiere. Grundlagen und Praxis der tiergestützten Pädagogik und Therapie. Stuttgart 2003. S. 430 – 437.
Henck, Wilhelm. Der Hund auf dem Schlachtfeld: Briefe über seine Geschichte, Erz. und Verwendung im Felde. Cassel: Weber 1915.
Hermand, Jost. Gehätschelt und gefressen: Das Tier in den Händen des Menschen. In: R. Grimm u. J. Hermand (Hg.). Natur und Natürlichkeit. Stationen des Grünen in der deutschen Literatur. Königstein/Ts. 1981.
Herodot. Geschichten und Geschichte. 2 Bde. Übers. v. Walter Marg. 2. Aufl. Zürich/München 1990.
Herrmann, Bernd (Hg.). Mensch und Umwelt im Mittelalter. 2. Aufl., Stuttgart 1986.
Himmelheber, Hans u. Ulrike. Die Dan. Stuttgart 1958.
Hippel, Robert von. Die Tierquälerei in der Strafgesetzgebung des In- und Auslandes. Berlin 1891.
Hoffmann, E.T.A. Sämtliche Werke. Hg. v. Hartmut Steinecke. München 1960/1976.
Holmsten, Georg. Friedrich II. in Selbstzeugnissen und Bilddokumenten. Reinbeck 1969.
Homann, Wilfried. Der Hund bei den Plainsindianern. Wyk auf Föhr 1994.
Homer. Odyssee. Übers. v. Thassilo von Scheffer. 2, neu durchges. Aufl. Berlin 1922.
Homer/ Sophokles: Homer's Odyssee im Versmaß der Urschrift übersetzt von F. W. Ehrenthal / Sophokles. Übersetzt von Heinrich Bischoff. 4 Bd. in 1 Bd. Hildburghausen 1865/1866.
Horatius Flaccus Quintus. Opera. Ed. D. R. Shackleton Bailey. 4. Ausg. Monachii 2001.
Hyde, George E. The Pawnee Indians. Norman & London 1988.

Illustriertes Deutsches Familienblatt. 1900 – 1914.
Irsigler, Franz und Lassotta, Arnold. Bettler und Gaukler, Dirnen und Henker. Außenseiter in einer mittelalterlichen Stadt. München 1989.
Jutzler-Kindermann, Henny. Können Tiere denken? Hg. v. Matthias Dräger. St. Goar 1996.
Kaiser, Hermann. Ein Hundeleben. Von Bauernhunden und Karrenkötern. Zur Alltagsgeschichte einer geliebten und geschundenen Kreatur (Materialien zur Volkskultur nordwestliches Niedersachen, 19). Cloppenburg 1993.
Kant, Immanuel. Die Metaphysik der Sitten [1797]. Hg. v. Wilhelm Weischedel. Werkausgabe, 2. Aufl., Frankfurt/Main 1978, Bd. 8.
Keller, Otto. Die antike Tierwelt. Erster Band: Säugetiere. Hildesheim 1963.
Keller, O. Tiere des klassischen Altertums in kulturgeschichtlicher Beziehung. In: ÖJH 8, 1905, S. 242 - 269. Innsbruck 1887.
Kerény, Karl. Die Mythologie der Griechen. Bd. I: Die Götter- und Menschheitsgeschichten. 11. Aufl., München 1988.
Kerény, Karl. Die Mythologie der Griechen. Bd. II: Die Heroengeschichten. 10. Aufl., München 1988.
Ketz. Streiflichter zur Ziehhundfrage. In: Berliner und Münchner Tierärztliche Wochenschrift, Nr. 8, 1940, S. 89 – 93.
Klein, Tim. Der Kanzler. Otto von Bismarck in seinen Briefen, Reden, Erinnerungen, sowie in Berichten und Anekdoten seiner Zeit. Mit 16 Bildnissen. Ebenhausen bei München 1937.
Klever, Ulrich. Die dickste Freundschaft der Welt. München 1966.
König, R. u. Winkler, G. Plinius der Ältere. Leben und Werk eines antiken Naturforschers. München 1979.
Körber-Archiv Nr. 930497: GK Geschichte Gymnasium Uhlenhorst-Barmbek. Wo der Hund begraben liegt. Tierfriedhöfe zwischen Trauer und Tragikkomik.
Kotrschal, Kurt u. Ortbauer, Brita. Kurzzeiteinflüsse von Hunden auf das Sozialverhalten von Grundschülern. In: Erhard Olbrich u. Carola Otterstedt (Hg.). Menschen brauchen Tiere. Grundlagen und Praxis der tiergestützten Pädagogik und Therapie. Stuttgart 2003. S. 267-272.
Kretschmar, Freda. Hundestammvater und Kerberos. Studien zur Kulturkunde, Bd. 4. Repr. d. Ausg. Stuttgart 1938. New York/London.
Krickeberg, W. Märchen der Azteken und Inkaperuaner. Jena 1928.
Kurzamann, Rupert. Der Hund im Kriegsdienst. Bielefeld: Hundesport und Jagd 1918.
Landschaftsverband Westfalen-Lippe und Westfälisches Museumsamt (Hg.): Tiertod – Wirklichkeiten und Mythen. Münster 1996.
Laichmann, Michaela. Hunde in Wien. Geschichte des Tieres in der Großstadt. Wiener Geschichtsblätter Beiheft 1/1998.
Langkavel, B. Hunde und Naturvölker. In: Internationales Archiv für Ethnographie Bd. VIII, 1895.
Latocha, Hartwig. Die Rolle des Hundes bei den südamerikanischen Indianern. Hohenschäftlarn 1982.
Laufer. Die Kynologie in der Polizeihundbewegung. In: Der Diensthund. Beilage der Zeitschrift „Die Polizei" 1. Jg. 1904/05, S. 499-501.
Lenz, Harald Othmar. Zoologie der alten Griechen und Römer deutsch in Auszügen aus deren Schriften. Unver. Neudr. d. Ausg. v. 1856. Wiesbaden 1966.

Leskovar, Jutta. Frühkeltische Siedlung und ein Frauengrab mit Hund und Schwein. Linzer Archäologische Forschungen. Sonderheft XVII. Linz 1996.

Lexikon der Alten Welt. 3 Bände. Andresen, C., Erbse, H. u. a. (Hg.). Zürich/München 1990.

Lindner, Kurt. Geschichte des deutschen Waidwerks. 2. Bde. Berlin 1937 – 1940.

Löfgren, Orvar. Natur, Tiere und Moral. Zur Entwicklung der bürgerlichen Naturauffassung. In: Volkskultur der Moderne. Probleme und Perspektiven empirischer Kulturforschung. Hg. v. Utz Jeggle u. a. Reinbeck bei Hamburg 1986. S. 122 – 144.

Lorenz, Konrad. So kam der Mensch auf den Hund. München 1983.

Lucretius, Carus Titus. Von der Natur: lateinisch-deutsch. Hg. u. übers. v. Hermann Diels. München 1993.

Lühdorff, Eduard. Zum Verständnis der Arbeit des Deutschen Vereins für Sanitätshunde: Eine Skizze. 1915.

Lurker, Manfred. Lexikon der Götter und Dämonen. Namen, Funktion, Symbole/Attribute. 2., erw. Aufl. Stuttgart 1989.

Magerstedt, Adolph Friedrich. Die Viehzucht der Römer. Unveränd. Nachdr. d. Ausg. v. 1859. Vaduz/Liechtenstein 1984.

Marcus Tullius Cicero an seine Freunde (M. Tulli Ciceronis Epistularum ad Familiares libri XVI), lateinisch und deutsch hg. v. Helmut Kasten, 3. Auflage, München 1980.

Martialis Marcus Valerius. Epigramme. Lateinisch-deutsch. Hg. u. übers. v. Paul Barié und Winfried Schindler. Düsseldorf/Zürich 1999.

Mann, Heinrich. Der Untertan. München 1994.

Mann, Thomas. Die Erzählungen. Frankfurt 1986.

Mann, Thomas. Königliche Hoheit. Frankfurt 1988.

Markgraf, H. B. 100 Jahre Tierschutz. In: 100 Jahre Tierschutz in Berlin. Hg. v. Tierschutzverein Berlin und Umgebung. Berlin o. J. [1941].

Martha, Paul. Wolf, Fuchs und Hund bei den Germanen. Wien: Halosar 1981.

Mathieu, W. Ist eine Sonderregelung des Zughundewesens nötig? In: Berliner Tierärztliche Wochenschrift, Bd. 24, Berlin 1936. S. 398 – 400.

Maurach, Gregor. Seneca: Leben und Werk. Darmstadt 1991.

Meer, Lothar. Der Hund im Dienste des Menschen. Hannover 1947.

Müller, Harald. Ein Tag Friedrichs des Großen in Sanssouci. Berlin 1993.

Müller, Sabine. Haltung und Fütterung von Jagdhunden im 17. bis 19. Jahrhundert. Hannover: Tierärztliche Hochschule, Diss. 1992.

Münch, Paul (Hg.). Tiere und Menschen. Geschichte und Aktualität eines prekären Verhältnisses. Paderborn u. a. 1998.

Narr, Dieter u. Narr, Roland. Menschenfreund und Tierfreund im 18. Jahrhundert. In: Studium Generale 20, 1967. S. 293 - 303.

Nolde. Galerie edler Hunderassen. 1876.

Oeser, Erhard. Hund und Mensch. Die Geschichte einer Beziehung. Darmstadt 2004.

Ohr, Renate u. Zeddies, Götz. Ökonomische Gesamtbetrachtung der Hundehaltung in Deutschland. Göttingen November 2006.

Olbrich, Erhard u. Otterstedt, Carola. Menschen brauchen Tiere. Grundlagen und Praxis der tiergestützten Pädagogik und Therapie. Stuttgart 2003.

Omieczynski, M. Hundezucht und Hundekrankheiten in der Literatur des klassischen Altertums. Berlin Diss. 1924.

P. Ovidius Naso: Metamorphosen. In deutsche Prosa übertr. sowie mit einem Nachwort, einer

Zeittafel zu Ovid, Anmerkungen, einem Verzeichnis der Eigennamen und bibliographischen Hinweisen vers. von Michael von Albrecht. 6. Auflage. München 1991.
Paulys Real-Encyclopädie der Classischen Altertumswissenschaft. Stuttgart 1913.
Perfahl Jost (Hg.). Wiedersehen mit Argos und andere Nachrichten über Hunde in der Antike. Kulturgeschichte der antiken Welt, Bd. 15. Mainz 1983.
Peters, Hermann. Die Hundehaltung im Vorkriegsdeutschland. Heidelberg 1953.
Placht, W. Die Darstellung des Hundes auf griechischen Bildwerken. Wien Diss. 1933.
Planitz, H. Edler v. d. Die Tiere im Dienste der Kriegsführung. In: H. Kraemer (Hg.), Der Mensch und die Erde. Berlin und Leipzig 1906.
Plinius der Ältere: Naturkunde, 37 Bücher. Lat. u. dt. hrsg. von R. König und G. Winkler. Gesamtausgabe lat.-dt.: Tusculum (Artemis) und WBG.
Plutarch's Werke II: Moralische Schriften: Über das Fleischessen. Über den Verstand der Land- und Wassertiere. Über die Vernunft der unvernünftigen Tiere. Übers. v. C. F. Schnitzer. Stuttgart 1860/61 (Griech. Prosaiker in neuen Übersetz. Bd. 35/16).
Probst, Ernst. Deutschland in der Steinzeit. Jäger, Fischer und Bauern zwischen Nordseeküste und Alpenraum. München 1991.
Ranke-Graves von, Robert. Griechische Mythologie. Quellen und Deutung. Hamburg 1984.
Reiss, I. Aus der Arbeit mit einem Therapiehund bei dementen Menschen im Alten- und Pflegeheim. In. Tackenberg, P. u. Abt-Zeglin, A. (Hg.) Demenz und Pflege. Eine interdisziplinäre Betrachtung. Frankfurt/Main 2000. S. 188 – 190.
Retzlaff, B. Zur Schule mit Jule. Langzeitbeobachtung „Sozialpartner Hund im Unterricht". Vortrag beim Seminar „Tiere in der Schule". Berlin 2002.
Rittmeister von Stephanitz. Der deutsche Schäferhund in Wort und Bild. München 1901.
Rittmeister von Stephanitz. Der deutsche Schäferhund in Wort und Bild. 7. Aufl. München 1923.
Römhild. Dorothee. Belly'chen ist Trumpf. Poetische und andere Hunde im 19. Jahrhundert. Bielefeld 2005.
Rothel, David. The Great Show Business Animals. San Diego/New York 1980.
Sachsenspiegel (Landrecht) nach der ältesten Leipziger Handschrift. Ed. v. Julius Weiske. 6. Aufl. ed. v. R. Hillebrand. Leipzig 1882.
Scheidt, W. M. Is humaneness canine? Human Ethology Bulletin 13 (4), 1998, S. 1 - 4.
Schlerath, Bernfried. Der Hund bei den Indogermanen. In: Paideuma. Mitteilungen zur Kulturkunde Bd. VI, 1954/58, S. 25 - 40.
Schmidt, Friedo. Polizeihund-Erfolge deutscher Schäferhunde und Neue Winke für Polizeihundführer, -Liebhaber und Behörden. Augsburg 1911.
Schmidt, Friedo. Verbrecherspur und Polizeihund. Praktische Versuche, Beobachtungen und Winke für Polizeihundmänner u. Behörden. Augsburg 1910.
Schoberwalter, Anton. Mensch & Hund. Geschichte(n) einer Beziehung. Katalog des Europäischen Hundemuseums Kloster Marienberg, Österreich.
Scholz, Herbert. Der Hund in der griechisch-römischen Magie und Religion. Berlin 1937.
Schopenhauer, Arthur. Parerga und Paralipomena. Bd. 2. In: Sämtliche Werke, Bd. 6. Wiesbaden 1961.
Schübél-Heckmann, Erika. Berichte und Geschichten über das Leben der Hunde um 1900. Weiterstadt 1983.
Schwabenspiegel. Ed. v. Heinrich Gottfried Gengler. 2. Aufl., Erlangen 1875.
Seibt, Ferdinand. Glanz und Elend des Mittelalters. Eine endliche Geschichte. Berlin 1987.

Seneca. Ausgewählte Schriften: Vom wahren Leben, Die menschliche Gemeinschaft, Das Göttliche. Mit einer Einleitung über Mensch und Werk, Lehre und Wirkung von A. Th. Lang. Gütersloh 1958.

Simplicissimus. Illustrierte Wochenschrift. 1/1986, Heft 13.

Stein, Gottfried. Kurzweiliger Hundespiegel. München 1958.

Strunz, Elisabeth. Das Grosse Kommissar Rex Buch. Hamburg 1995.

Thümmel, Moritz, August von. A. M. von Thümmel's sämmtliche Werke. 5 Bd. in 2 Büchern. Leipzig 1863.

Toynbee, J. M. C. Tierwelt der Antike. Mainz 1983.

Tschudi Friedrich. Thierleben der Alpenwelt. Naturansichten und Thierzeichnungen aus dem schweizerischen Gebirge. 8. verb. Aufl. m. Titelportr. u. Bildtaf. v. E. Rittmeyer u. W. Georgy. Leipzig 1868.

Volz, Gustav Berthold (Hg.) Friedrich der Große und Wilhelmine von Baireuth. 2 Bde. Leipzig 1926.

Wacha, G. Tier und Tierhaltung in der Stadt. In: Das Leben in der Stadt des Spätmittelalters. S. 230 – 249.

Wachtel, Hellmuth. Das Buch vom Hund. Die Symbiose zwischen Mensch und Hund. Lüneburg 2002.

Wilke, G. Art. Tierbestattung. In: Eberts Reallexikon der Vorgeschichte 13. Sp. 300 ff. 1929.

Wimschneider, Anna. Herbstmilch. Lebenserinnerungen einer Bäuerin. München 1984.

Wippermann, Wolfgang u. Berentzen, Detlef. Die Deutschen und ihre Hunde. Ein Sonderweg der Mentalitätsgeschichte? München 1999.

Xenophon & Arrian. On hunting (Kynegetikos). Ed. with an introd., transl. and commentary by A. A. Phillips. Warminster, Wilts. 1999.

Zähner, Marlene. Kann man den Therapiebegleithund züchten? In: Erhard Olbrich u. Carola Otterstedt (Hg.). Menschen brauchen Tiere. Grundlagen und Praxis der tiergestützten Pädagogik und Therapie. Stuttgart 2003. S. 367 – 377.

Zerbel, Miriam. Tierschutz im Kaiserreich. Ein Beitrag zur Geschichte des Vereinswesens. (Münchner Studien zur neueren und neuesten Geschichte, 4). Frankfurt/Main u. a. 1993.

Zerling, Clemens. Lexikon der Tiersymbolik. Mythologie, Religion, Psychologie. München 2003.

Zlotogorska, Maria. Darstellung von Hunden auf griechischen Grabreliefs: Von der Archaik bis zur römischen Kaiserzeit. Schriftenreihe Antiquates Bd. 12. Hamburg 1997.

Zukowsky, Ludwig. Tiere um große Männer. Frankfurt 1938.Impressum

Hoefs/Führmann

Was liest der Hund am Laternenpfahl?

€/D 12,95

ISBN 978-3-440-11063-8

„Der Reiz des Buches besteht natürlich auch darin, dass man nach der Lektüre Geschichten erzählen kann, die verblüffen."

FAZ

Warum beißen Hunde so gern ins Gras? Können sie Ärger riechen? Haben gähnende Hunde zu wenig Schlaf? Und warum gräbt mein Vierbeiner den ganzen Garten um? Amüsant und mit Schalk im Nacken wird aufgedeckt, was Hundefreunde schon immer wissen wollten – ob kurios, erstaunlich oder überraschend alltäglich.

www.kosmos.de/hunde

KOSMOS

Umschlaggestaltung von eStudio Calamar unter Verwendung einer Farbzeichnung von Martin Haake.

Unser gesamtes lieferbares Programm und viele weitere Informationen zu unseren Büchern, Spielen, Experimentierkästen, DVD, Autoren und Aktivitäten finden Sie unter **www.kosmos.de**

Gedruckt auf chlorfrei gebleichtem Papier

ISBN: 978-3-440-11223-6
Redaktion: Ute-Kristin Schmalfuß
Produktion: Eva Schmidt
Printed in The Czech Republic / Imprimé en République Tchèque